机电系统设计

主　编　杨林建　　冯华勇　　涂　馨　　武志强

副主编　徐化文　　刘桂华　　刘新峰

参　编　刘淑香　　周乐安

主　审　冯锦春　　黄　佳

U0234298

北京理工大学出版社

BEIJING INSTITUTE OF TECHNOLOGY PRESS

内 容 简 介

本教材是依据机械工程、机械电子工程专业的机电系统设计课程标准编写的规划教材。从应用角度出发，介绍机电一体化产品的组成、工作原理和产品特点；零部件和元器件的原理、作用和选用原则；控制元件与控制电路的分析和选择方法；机电一体化产品应用实例等。书中内容新颖、符合专业应用要求。

教材共分 8 个项目，项目一介绍机电一体化的概述、机电一体化系统的组成。项目二介绍机电一体化机械系统设计；项目三介绍机电一体化系统总体设计；项目四介绍可编程序控制器；项目五介绍机电一体化动力系统设计；项目六介绍传感器及其接口设计；项目七介绍机电一体化控制系统设计；项目八介绍典型机电一体化系统设计。

教材内容为机电系统设计基础、机械系统、传感器和可编程序控制器、典型机电系统设计，深浅适中，特别适合机械工程应用专业和机械电子工程和机器人工程专业的学生学习使用。本书也可作为从事机电一体化技术、机电一体化工作的技术人员的参考资料。

图书在版编目（CIP）数据

机电系统设计 / 杨林建等主编 . -- 北京 ： 北京理工大学出版社，2023.7
ISBN 978 - 7 - 5763 - 2658 - 1

Ⅰ. ①机… Ⅱ. ①杨… Ⅲ. ①机电系统 - 系统设计 -
教材 Ⅳ. ①TH - 39

中国国家版本馆 CIP 数据核字（2023）第 139734 号

责任编辑：张鑫星　　　**文案编辑**：张鑫星
责任校对：周瑞红　　　**责任印制**：李志强

出版发行 ╱ 北京理工大学出版社有限责任公司
社　　址 ╱ 北京市丰台区四合庄路 6 号
邮　　编 ╱ 100070
电　　话 ╱ （010）68914026（教材售后服务热线）
　　　　　　　（010）68944437（课件资源服务热线）
网　　址 ╱ http：//www.bitpress.com.cn

版 印 次 ╱ 2023 年 7 月第 1 版第 1 次印刷
印　　刷 ╱ 涿州市新华印刷有限公司
开　　本 ╱ 787 mm × 1092 mm　1/16
印　　张 ╱ 21.25
字　　数 ╱ 493 千字
定　　价 ╱ 89.00 元

前　言

机电一体化在大规模集成电路和微型计算机为代表的微电子技术高度发展、精密机械高速发展、机械与电子技术高度结合的现代工业基础上，综合应用机械技术、微电子技术、自动控制技术、信息技术、传感测试技术、电力电子技术、接口技术、信号变换技术以及软件编程技术等群体技术，从根本上改变了产品的结构，为人类带来了巨大的经济效益。

本教材是为机械工程和机械电子工程专业的机电系统设计课程编写的规划教材。从应用角度出发，介绍机电一体化产品组成和工作原理、产品特点；主要零部件和元器件的原理、作用和选用；对主要控制元件与控制电路进行介绍、分析、选择；机电一体化产品应用实例等。书中内容新颖、符合专业应用要求。教材具有以下特色：

（1）挖掘课程思政元素，落实立德树人根本任务。本书在每个项目开始前增加了"学思融合"栏目，自然地引入胸怀祖国、服务人民的爱国精神，勇攀高峰、敢为人先的创新精神，公平、公正、科学、严谨的工作作风等课程思政点。

（2）项目驱动，产教融合。在内容的安排上，本书优化重构了课程体系，以职业素养和职业能力培养为重点组织教学内容，突显了应用型本科教育特色。

（3）校企合作，双元开发。本书由学校教师和企业工程师共同开发。书中将项目实践与理论知识相结合，新工艺、新方法、新材料，拓展了学生的专业知识面。

（4）教材不断创新，针对重难点自主开发动画、微课、视频并生成二维码嵌入教材，利于学生理解和掌握。建有电子教案、电子课件、教学录像、习题库及答案等全套数字化资源，可在北京理工大学出版社旗下工云网校平台在线教学、学习，实现翻转课堂与混合式教学。教材采用双色印刷，图文并茂、可读性强。配套丰富的立体化教学资源。书中对重难点知识配备了视频，以二维码的形式插入书中。本书还提供 PPT 课件、教学大纲、教学质量标准、课程考纲等配套教学资源。

（5）机电融为一体，紧扣产业发展。

聚焦产业高端和高端产业，紧扣装备制造业发展和技术变革趋势，产教深度融合，行业特色鲜明。机电复合，将机械与电气相结合，融知识传授、能力培养和价值引领于一体；技术先进，以现代机电设备机电系统设计领域代表性技术案例为载体，知识综合、重点突出、选材典型；内容新颖、实用性强、针对性更强。

通过本书的学习，可以使学生在全面了解典型机电一体化产品的基础上，培养对一般机电一体化产品运行原理、故障等初步分析、判断的能力，提高初步的维护、维修能力，也为深入学习和从事机电一体化设计工作打下良好的基础。

　　本书项目一、项目二由杨林建教授和武志强（企业）高级工程师编写；项目三由刘淑香和武志强（企业）高级工程师编写；项目四、六由冯华勇副教授和刘新峰（企业）高级工程师编写，项目五、七由徐化文和刘新峰（企业）高级工程师编写，项目八由刘桂花和周乐安（企业）编写。昆明冶金高等专科学校涂馨副教授提供参考资料和宝贵建议。全书由杨林建教授统稿。冯锦春教授和黄佳（企业）总工程师主审。

　　由于编者水平有限，书中所涉及的内容多范围广，难免存在不妥，敬请读者批评指正。

编　者

目 录

《机电系统设计》教材教学组织实施导程表

项目序列	学生课堂工作任务	课堂教学内容	建议学时分配
项目一　概述	任务 1.1　机电一体化的基本概念	机电一体化概念 机电一体化的内涵	0.5
	任务 1.2　机电一体化的组成要素	机电一体化系统的组成要素 机电一体化接口技术	0.5
	任务 1.3　机电一体化系统的共性技术	总线技术；机械技术；驱动技术；检测技术；控制技术；机电一体化技术与其他技术的区别	0.5
	任务 1.4　机电一体化系统的设计类型和设计方法	机电一体化系统的设计类型、机电一体化技术设计方	0.25
	任务 1.5　机电一体化的现状与发展趋势	机电一体化的现状、机电一体化技术发展趋势	0.25
项目二　机电一体化机械系统设计	任务 2.1　机械传动部件及其功能要求	减速装置、谐波齿轮传动、螺旋传动及预紧、链传动、同步带传动	2
	任务 2.2　导向支承部件的结构形式选择	导向部件组成、种类、导轨的设计要求和特点、导轨的种类及选用	2
	任务 2.3　旋转支承的类型与选择	旋转支承的种类及特点	2
	任务 2.4　轴系部件的设计与选择	标准轴承、非标准轴承、磁悬浮轴承	1
	任务 2.5　常用执行机构	连杆机构、凸轮机构、棘轮机构	1
项目三　机电一体化系统总体设计	任务 3.1　系统设计依据和技术指标的确定	统设计依据、技术参数和技术指标确定	0.5
	任务 3.2　系统评价标准及系统设计	系统匹配性分析、性能评价、系统可靠性评价、总体设计的步骤、机电一体化系统原理设计、CNC 数控机床原理和功能、结构设计方案、机电一体化测控方案设计、DDC、DCS、FCS 结构和系统设计	4
	任务 3.3　机电有机结合设计	机电系统平稳运行的条件、负载特性、机械特性、动态性能指标、动态设计、机械传动系统、PID 控制原理	4

续表

项目序列	学生课堂工作任务	课堂教学内容	建议学时分配
项目四　可编程序控制器	任务4.1　可编程序控制器概述	PLC 的发展概况、特点及应用、发展趋势	1
	任务4.2　可编程序控制器的组成和工作原理	PLC 的基本组成、工作原理、工作过程、SFC 等 PLC 编程语言。西门子公司、AB 公司、OMRON 公司、三菱公司和国产 PLC 介绍。	4
	任务4.3　可编程序控制器应用设计的内容和步骤	型号选用、I/O 接线图、软件设计、PLC 控制梯形图	4
项目五　机电一体化动力系统设计	任务5.1　三相交流异步电动机	交流电动机的结构、工作原理和调速方法和调速特性	4
	任务5.2　直流电动机		2
	任务5.3　控制电动机	步进电动机原理、工作方式、工作过程、交流伺服电动机、直流伺服电动机	4
项目六　传感器及其接口设计	任务6.1　传感器的概念	基本概念、传感器性能指标、动态特性	4
	任务6.2　传感器的特性和技术指标	位移和位置传感器、速度和加速度传感器、力和压力及扭矩传感器、温度和视觉传感器等	4
	任务6.3　机电一体化中常用传感器	电位器、光栅、编码器、测速发电机、压电超声波传感器	2
	任务6.4　传感器的选用原则及注意事项	传感器的选用原则、传感器与计算机接口技术、A/D、D/A 转换、运算放大器、转换器与计算机	2
项目七　机电一体化控制系统设计	任务7.1　计算机控制技术	点位和轨迹控制、计算机控制技术和硬件技术及分类	
	任务7.2　机电一体化控制系统设计基础	系统设计的基本要求、软硬件设计及调试、数学建模方法、PID 控制模型及仿真、常用控制单元及接口技术、总线技术、通信技术、模糊控制、神经网络控制算法、模糊控制算法	2
项目八　典型机电一体化系统设计	任务8.1　机电有机结合系统设计	系统稳态设计 系统动态设计	2
	任务8.2　数控机床系统设计	总体设计、机械系统设计、检测系统设计、数控化改造	6
	任务8.3　四摆臂六履带机器人系统设计	四摆臂六履带机器人总体设计 四摆臂六履带机器人系统设计	2

二维码索引

序号	名称	二维码	序号	名称	二维码
1	混合式步进电机工作原理		2	SETH－赛斯智能装备步进电机VS伺服电机1	
3	交流伺服电动机工作原理		4	步进电机引入 动画演示步进电机的原理 学了这么多年电工终于搞明白了	
5	常用传感装置的工作原理及接线方法		6	滚珠丝杠螺母副的分类	
7	汇川PLC在自动线上应用		8	交流感应电动机结构	
9	认识闭式静压导轨		10	认识滑动导轨	
11	认识开式静压导轨		12	消除双螺母丝杠间隙的方法－螺纹调隙式	
13	旋转磁场的产生		14	直流电动机部分全课时	
15	直流电机结构和工作原理		16	管道安装	

项目一　概　述

项目导入		随着计算机、信息技术和物联网的迅猛发展和广泛应用，机电一体化技术获得了前所未有的发展，成为一门综合计算机与信息技术、自动控制技术、传感检测技术、伺服传动技术和机械技术等的系统技术，正向光机电一体化、微机电一体化和智能机电一体化的方向发展，应用范围越来越广。现代化的自动生产设备几乎可以说都是机电一体化的设备，如数控机床、机器人等。"机电一体化"是一个处于不断演进中的概念，为了准确理解它的内涵和外延，结合典型的机电一体化系统，剖析机电一体化系统的组成要素和其中的关键技术，研究机电一体化系统的设计方法，并分析机电一体化的未来发展方向，为机电一体化技术应用和系统设计奠定基础
工匠引领		有一群劳动者，追求职业技能的完美和极致，靠着传承和钻研，凭着专注和坚守成为顶级工匠，成为一个领域不可或缺的人才。他们技艺精湛，有人能在牛皮纸一样薄的钢板上焊接而不出现一丝漏点，有人能把密封精度控制到头发丝的五十分之一。还有人检测手感精准度堪比 X 光，令人叹服。我们也要像他们一样，精益求精、追求极致，用匠心筑梦
学习目标	知识目标	机电一体化的基本概念，机电一体化系统的组成要素、共性技术、设计方法，以及机电一体化的发展趋势，使学生理解机电一体化的定义、内涵和外延，了解机电一体化系统的一般组成，知道机电一体化的未来发展
	技能目标	重在介绍机电一体化技术和系统的基本概念和基础知识。对于本章的学习，建议学生将课内与课外、理论与实践结合起来，并通过查阅相关的资料文献，以及网上丰富的数控机床、机器人的介绍资料和视频资源，加深对典型机电一体化系统的认知，同时结合已修课程理解机电一体化的共性技术和系统设计方法
	素质目标	对大国工匠产生敬佩之情，从而激发学生学习热情；分享不合格产品在生产中的危害，教育学生树立质量安全意识和认真严谨的工作态度

任务 1.1　机电一体化的基本概念

1.1.1　机电一体化的定义

机电一体化又称"机械电子工程"或"机械电子学"，英文为 Mechatronics，由英文机械 Mechanics 的前半部分与电子学 Electronics 的后半部分组合而成。总体而言，机电一体化是广义的"机械"技术和"电"技术进行有机结合的一种综合性技术；广义的"机械"技术是指机械传动、支承和执行，电动机和液压缸等动力元件属于一种广义的机械装置；广义的"电"技术是与信息获取、变换、处理、控制和驱动相关的软硬件技术，状态监测、诊断与维护属于一种新"电"技术；"机"与"电"的一体化是通过连接（接口）实现的，接口包括机机接口、机电接口、电电接口等，不仅有"硬"接口，还有"软"接口。

　　机电一体化最早出现在 1971 年日本杂志《机械设计》的副刊上。随着科学技术的快速发展，机电一体化的概念早已被我们广泛地接受，得到普遍应用。早期，日本机械振兴协会经济研究所对机电一体化的定义是：机电一体化是指在机械的主功能、动力功能、信息功能和控制功能上引进微电子技术，并将机械装置与电子装置用相关软件有机结合而构成系统的总称。美国机械工程师协会的定义：机电一体化是指由计算机信息网络协调和控制，用于完成包括机械力、运动和能量流等动力任务的机械和（或）机电部件相互联系的系统。随着机电一体化的发展，普遍认可的机电一体化的定义是：机电一体化是一种技术，是机械工程技术吸收微电子技术、信息处理技术、控制技术、传感技术等而形成的一种新技术。这一概念强调"电"技术对"机械"技术的改造和创新作用，将更多、更先进的"电"技术恰当地用于机械系统中，实现自动化、数字化、信息化和智能化是机电一体化的关键所在。

1.1.2　机电一体化的内涵

　　机电一体化首先是一种"技术"，应用该技术能够产生新的"产品"或"系统"。因此，机电一体化具有"技术"和"产品"两个方面的内涵：一方面是机电一体化技术，主要包括技术原理和使机电一体化产品或系统得以实现、使用和发展的技术，是机械工程技术吸收微电子技术、信息处理技术、控制技术、传感技术等而形成的一种新技术；另一方面，是机电一体化产品，它是通过将应用机电一体化技术设计开发的机械系统和微电子系统有机结合，从而获得新的功能和性能的新一代产品。

1. 功能替代型机电一体化产品

　　这类产品的主要特征是在原有机械产品的基础上采用电子装置替代机械控制系统、机械传动系统、机械信息处理机构和机械的主功能，实现产品的多功能和高性能。

　　（1）将原有的机械控制系统和机械传动系统用电子装置替代。例如，数控机床用微机控制系统和伺服传动系统替代传统的机械控制系统和机械传动系统，在质量、性能、功能、效率和节能等方面与普通机床相比有了很大的提高。电子缝纫机、电子控制的防滑制动装置、电子照相机和全自动洗衣机等都属于功能替代型机电一体化产品。

　　（2）将原有的机械信息处理机构用电子装置替代，例如，电子表、电子秤和电子计算器等。

　　（3）将原有机械产品本身的主功能用电子装置替代，例如，电火花线切割机床、电火花成形机床和激光手术刀用电的方式代替了原有的机械产品的刀具主功能。

2. 机电融合型机电一体化产品

　　这类产品是应用机电一体化技术开发出的机电有机结合的新一代产品，例如，数字照相机、数字摄像机、磁盘驱动器、激光打印机、CT 扫描仪、3D 打印机、无人驾驶汽车、智能机器人等。这些产品单靠机械技术或微电子技术无法获得，只有当机电一体化技术发展到一定程度才能实现。

1.1.3 机电一体化的外延

随着计算机、信息和通信等领域的科学技术飞速发展，机电一体化技术和系统也取得了突破性进展。机电一体化技术已经从原来的"以机为主"拓展到了"机电融合"，并且"电的作用和价值越来越大；机电一体化产品也不再局限于某一个具体的产品（单机）范围内，而是扩展至产品生产制造甚至使用过程所涉及的各环节组成的整体大系统，如柔性制造系统、计算机集成制造系统和现代智能制造系统，特别是机电一体化系统，它向智能化发展的趋势不可阻挡。此外，对传统机电设备的自动化、智能化改造，也属于机电一体化的范畴。例如，对普通车床、普通铣床的传动系统进行数控化改造，以提高普通车床、普通铣床的加工效率和质量，是典型的机电一体化改造实例。

目前，人们已经普遍认识到纯机械产品将被越来越多的机电一体化产品取代，机电一体化技术也不是机械技术、微电子技术和其他新技术的简单组合和拼凑，而是有机地互相结合或融合，是有自身客观规律的现代化新技术。因此，机电一体化具有其理论基础、共性技术，以及独有的系统设计理念、思路和方法。

拓展资源

机电一体化技术主要是指其技术原理和使机电一体化系统（或产品）得以实现、使用和发展的技术。机电一体化产品主要是指机械系统和微电子系统有机结合，从而赋予新的功能和性能的新一代产品。机电一体化技术的发展有一个从自发状况向自为方向发展的过程。早在"机电一体化"这一概念出现之前，世界各国从事机械总体设计、控制功能设计和生产加工的科技工作者，已为机械与电子的有机结合自觉不自觉地做了许多工作，如电子工业领域的通信电台的自动调谐系统、计算机外围设备和雷达伺服系统。目前人们已经开始认识到机电一体化并不是机械，而是有机地相互结合或融合，是机电一体化系统的组成要素，随着以 IC、LSI、VLSI 等为代表的微电子技术的惊人发展，计算机本身也发生了根本变革，以微型计算机为代表的微电子技术逐步向机械领域渗透，并与机械技术有机地结合，为机械增添了"头脑"，增加了新的功能和性能，从而进入以机电有机结合为特征的机电一体化时代。众所周知，1 g 铀能够释放约相当于 10^6 g（1 t）石油所具有的能量，这 10^6 的变化可称得上是能源技术的变革。如果说 10^6 的变革称得上革命的话，那么计算机已完成了这种（从计算速度和体积上看）革命性变化。这种变革与单纯的改良、改善有本质的区别。曾以机械为主的产品，由于应用了微型计算机等微电子技术，使它们都提高了性能并增添了"头脑"。这种将微型计算机等微电子技术用于机械并给机械以智能的技术革新潮流可称为"机电一体化技术革命"。机电一体化的目的是使系统（产品）多功能化、高效率化、高可靠化、省材料省能源化，并使产品结构向轻、薄、短、小巧化方向发展，不断满足人们生活的多样化需求和生产的省力化、自动化需求。因此，机电一体化的研究方法应该改变过去那种拼拼凑凑的"混合"设计法，应该从系统的角度出发，采用现代设计分析方法，充分发挥边缘学科技术的优势。

任务 1.2   机电一体化的组成要素

1.2.1   机电一体化系统的组成单元

以数控机床为例，机电一体化系统包括机械单元、驱动单元、检测单元、控制单元和执行单元五个基本组成要素，如图 1-1 所示。

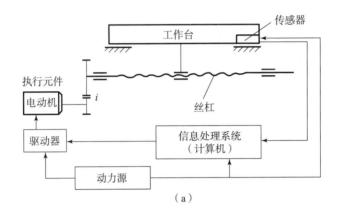

（a）

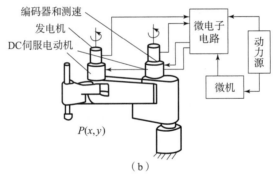

（b）

图 1-1   机电一体化系统基本组成

（a）闭环控制系统；（b）半闭环控制系统

1. 机械单元

机电一体化系统中的机械单元主要是传动、支承部分，包括机械本体、机械传动机构、机械支承机构、机械连接机构。例如，床身、变速齿轮箱、轴承、丝杠、导轨等。

2. 驱动单元

机电一体化系统中的驱动单元是为系统提供能量和动力，使系统正常运转的装置，由动力源、驱动器和动力机等组成，一般分为电、液、气三类。例如，步进电动机、交/直流伺服电动机及其驱动系统。

3. 检测单元

机电一体化系统中的检测单元包括各种传感器及其信号检测电路，用于对系统运行中本身和外界环境的各种参数和状态进行检测，使这些参数和状态变成控制器可识别的信号。传感信息方式有光、电流体、机械等。例如，检测工作台位置和速度的传感器及其测量系统，以及检测主轴、齿轮箱振动和温度的传感器及其监测系统。

4. 控制与执行单元

机电一体化系统中的控制单元用于处理来自各传感器的信息和外部输入命令，并根据处理结果，发出相应的控制指令控制整个系统，使系统有目的地运行。控制单元一般为单片机、计算机可编程序控制器等。例如，西门子、发那科、华中数控、广州数控等机床专用数控系统。

机电一体化系统中的执行单元根据控制指令，通过动力传输来驱动执行机构完成动作，是实现目的功能的直接参与者。执行单元性能的好坏决定着系统性能。例如，机床的刀具系统、机器人的末端机构。

机电一体化系统的以上组成要素都具有各自相应的独立功能，即构造功能、驱动功能、检测功能、控制功能和执行功能，它们在工作中各司其职、互相补充、互相协调，共同完成所规定的目的功能。如果把人体看作系统，则人体也由以上五大要素组成并具有相应的功能。人体与机电一体化系统的五大要素及其功能对应关系如图 1-2 所示。

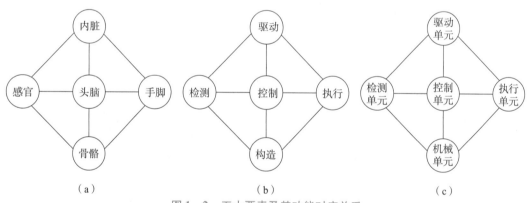

图 1-2　五大要素及其功能对应关系

(a) 人体的五大部分；(b) 人体和机电一体化产品的五大功能；(c) 机电一体化系统的五大部分

1.2.2　机电一体化系统的单元接口

从广义上讲，机电一体化系统是人-机电环境这个超系统的子系统，因此，可将机电一体化系统称为内部系统，将人与环境构成的系统称为外部系统。内部系统与外部系统之间存在着一定的联系，它们相互作用、相互影响，如图 1-3 所示。

机电一体化系统的组成要素之间需要进行物质能量和信息的传递和交换，因此，机电一体化各组成要素之间必须具备一定的联系条件，该联系条件即为接口。从系统内部看，机电一体化系统是通过许多接口将系统组成要素的输入和输出联系为一体的系统。基于此观点，系统的性能取决于接口的性能，各组成要素之间的接口性能是系统性能好坏的决定

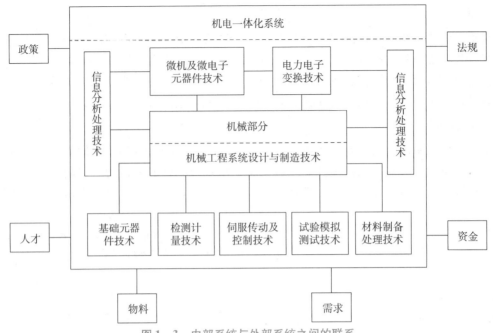

图 1-3　内部系统与外部系统之间的联系

因素。从某种意义上讲机电一体化系统的设计关键在于接口设计。

根据接口的输入/输出功能,可将接口分为机械接口、物理接口、信息接口和环境接口四种。

机电一体化系统中的接口技术如图 1-4 所示。

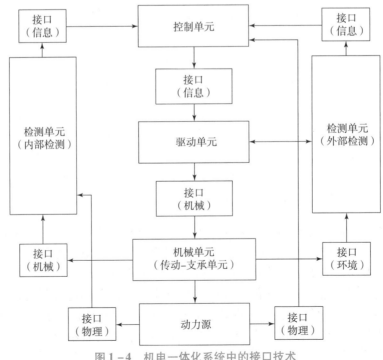

图 1-4　机电一体化系统中的接口技术

1. 机械接口

机械接口主要是检测单元、驱动单元与机械单元之间的接口，具体是指根据输入/输出部位的形状、尺寸、精度配合、规格等进行机械连接的接口。例如，传感器在执行机构上的安装接口、电动机与传动轴连接所用的各种装置、接线柱、插头、插座等。

2. 物理接口

物理接口主要是动力源与检测单元、控制单元之间的接口，具体是指受通过接口部位的物质、能量与信息的具体形态和物理条件约束的接口。例如，受电压、电流、扭矩、压力和流量等约束的接口，各种供电接口及电磁阀等。

3. 信息接口

信息接口主要是检测单元、驱动单元与控制单元之间的接口，具体是指受标准、规格、法律语言和符号等逻辑或软件约束的接口。例如：受国家标准 GB、国标标准 ISO、ASCII 码、RS232C、C 语言等约束的接口。

4. 环境接口

环境接口主要是检测单元与机械单元之间的接口，具体是指对周围环境条件（温度、湿度、磁场、火、振动、放射能、水、气、灰尘）有保护作用和隔绝作用的接口。例如，防尘过滤器、防水连接器、防爆开关等。

拓展资源：工业三大要素

机电一体化系统（或产品）是由若干具有特定功能的机械与微电子要素组成的有机整体，具有满足人们使用要求的功能（目的功能）。根据不同的使用目的，要求系统能对输入的物质、能量和信息（即工业三大要素）进行某种处理，输出所需要的物质、能量和信息。因此，系统必须具有以下三大"目的功能"：①变换（加工、处理）功能；②传递（移动、输送）功能；③储存（保持、积蓄、记录）功能。以物料搬运、加工为主，输入物质（原料、毛坯等）、能量（电能、液能、气能等）和信息（操作及控制指令等），经过加工处理，主要输出改变了位置和形态的物质的系统（或产品），称为加工机。例如：各种机床（切削、锻压、铸造、电加工、焊接设备、高频淬火等）、交通运输机械、食品加工机械、起重机械、纺织机械、印刷机械、轻工机械等。以能量转换为主，输入能量（或物质）和信息，输出不同形式能量（或物质）的系统（或产品），称为动力机。其中输出机械能的为原动机，例如电动机、水轮机、内燃机等。以信息处理为主，输入信息和能量，主要输出某种信息（如数据、图像、文字、声音等）的系统（或产品），称为信息机，例如各种仪器、仪表、电子计算机、电报传真机以及各种办公机械等。

任务 1.3　机电一体化系统的共性技术

根据机电一体化的内涵和外延以及系统设计与运行的过程，现代机电一体化系统的共性技术包括总体技术、机械技术、驱动技术、检测技术和控制技术等。

1.3.1　总体技术

机电一体化系统总体技术是指从系统整体目标出发，用系统工程的观点和方法，将总体分解成若干功能单元，找出能完成各个功能的技术方案，再将功能和技术方案组合成方案组进行分析、评价和优选的综合运用技术。

机电一体化系统总体技术的内容很多，如总体方案技术、机电有机结合技术、单元接口技术、软件架构技术、微机应用技术，以及控制系统成套和成套设备自动化、智能化技术等。总体方案是整个系统设计的纲领，其中原理方案的设计是否合理决定着系统应用的成败。因此，方案设计要求设计人员具有极强的宏观思维和创新思维以及丰富的设计开发经验，与其他单元性的技术有显著的不同。机、电两部分在稳态、动态特性方面的匹配设计是一项重要内容，体现了机电有机结合的一体化设计思想，能够保证系统特性的最优化。即使各个部分的性能和可靠性都很好，如果整个系统不能很好地协调，系统也很难保证正常地运行。因此，单元间的接口技术是系统总体技术中极其重要的内容，是实现系统各部分有机连接的重要保障。机电一体化系统总体技术是最能体现机电一体化特点的技术，它的原理和方法还在发展和完善中。

1.3.2　机械技术

机械技术是机电一体化中的基础技术，涉及传动、支承和执行等诸多方面的具体技术。机电一体化系统中的机械技术关注的是从系统最优设计的角度来设计或选择机械单元的实现方案，着眼点在于机械技术如何与机电一体化技术相适应，机械和电的技术如何更好地结合，不用于一般的机械零部件设计。

机械单元的结构质量、体积、刚性和耐用性对机电一体化系统有着很重要的影响。例如导轨、丝杠、轴承和齿轮等部件的结构设计，材料的选用和制造质量对机电一体化系统的性能影响极大。可利用其他一些高新技术来更新概念，实现机械结构、材料和性能的变更，从而满足减轻质量、缩小体积、提高精度、增大刚度和改善性能等方面的要求。例如，结构轻量化设计齿轮和丝杠的消隙设计、高刚度支承设计和电磁轴承取代滚/滑动轴承以减小摩擦的设计，都是机电一体化系统中典型的机械技术。

机电一体化系统中的新材料和新结构在制造时采用新工艺，使零件模块化、标准化和规格化，提高装配和维修效率，还要考虑整体构型是否合理、机器与人是否和谐等因素。

1.3.3　驱动技术

伺服系统是使执行机构的位置方向、速度等输出能跟随输入量或给定值的任意变化而变化的自动控制系统。驱动技术就是面向伺服系统设计的核心技术。伺服传动或驱动技术是实现从控制信号到机械动作的控制转换技术，对机电一体化系统的动态特性、控制质量和技术功能具有决定性的影响。

伺服传动装置包括动力源、驱动器和机械传动装置。控制系统通过接口与伺服传动装置相连接，控制伺服传动装置的运动，使执行机构进行回转直线运动和其他运动。常用的伺服驱动装置主要有电液马达脉冲油缸、步进电动机、直流伺服电动机和交流伺服电动机，它们不同于常规的电、液动力装置。由于变频技术的交流伺服驱动技术取得了突破性进展，为机电一体化系统提供了高质量的伺服驱动单元，极大地促进了机电一体化技术的发展。

相比之下，伺服机械传动装置的发展要落后于伺服驱动装置，伺服机械传动装置有时满足不了高端机电一体化系统的精密设计需求。深入研究伺服机械传动技术，用伺服机械传动代替传统机械传动，是机电一体化技术对传统机械系统进行智能化改造的必然选择。

1.3.4　检测技术

检测技术是传感技术和信息处理技术的综合，是机电一体化技术发展最快、最活跃的领域。传感器是机电一体化系统的感受器官，它与系统的输入端相连并将检测到的信号输送至信息处理部分。传感和检测是实现自动控制、自动调节的关键环节，检测精度的高低直接影响机电一体化系统的好坏。现代工程技术要求传感器能够快速、精确地获取丰富的信息，并且经受住各种严酷使用环境的考验。不少机电一体化系统难以达到满意的效果或无法实现预期设计的关键原因主要是没有合适的传感器。因此，大力开展传感器研发对机电一体化技术的发展具有十分重要意义。

信息处理技术包括对传感器获得的信息进行预处理、数字化、运算分析、存储和输出等技术。信号的处理和分析是否恰当、准确、可靠和高效，直接影响机电一体化系统的性能，因此，信息处理技术是机电一体化的关键技术之一。信息处理的硬件主要是计算机，另外还需要输入/输出设备和接口等。信息处理的软件主要是人工智能技术、专家系统技术、神经网络技术、网络与通信技术和数据库技术等。

对于智能化的机电一体化系统，检测技术还需要智能传感器技术、多信息融合技术、运行状态智能监测技术、诊断与维护技术，系统的健康状态监控是系统智能是否可靠的关键保障技术。例如，通过分布式无线振动传感器对高端数控机床的主轴进给单元等进行运行状态实时监测，通过信息处理和分析技术识别其状态，找到故障部位和原因，并采用主动平衡、可调阻尼和误差补偿等技术进行主动修正，可实现加工过程的在线不停机维护，保证机床的连续、可靠工作。

1.3.5　控制技术

控制理论分为经典控制理论和现代控制理论两大类别。经典控制理论主要研究系统的运动稳定性、时间域和频率域中系统的运动特性（过渡过程、频率响应）、控制系统设计原理和校正方法等，包括线性控制理论、采样控制理论、非线性控制理论等。1960 年前后，出现了以状态空间法为基础和以最优控制理论为特征的现代控制理论。在现代控制理论中对控制系统的分析和设计主要通过对系统的状态变量进行描述来进行，基本方法是时间域方法。现代控制理论所能处理的控制问题比经典控制理论所能处理的控制问题广泛得多，包括线性系统和非线性系统、定常系统和时变系统、单变量系统和多变量系统，现代控制理论更适合在数字计算机上处理问题。

运用控制理论对具体的控制装置和系统进行设计，涉及高精度定位控制技术，速度控制技术，自适应控制技术，控制系统的自诊断、自校正、自补偿技术，以及现代控制技术等。控制技术的难点是现代控制理论的工程化和实用化，以及优化控制模型的建立和复杂控制系统的模拟仿真等。由于微机的广泛应用，自动控制技术越来越多地与计算机控制技术联系在一起，成为机电一体化中十分重要的关键技术，常用的控制器有单片机、STD 总线控制系统、普通 PC 控制系统、工业 PC 控制机和可编程控制器等。根据传感器的安装位置和控制系统的结构，还可以采用开环控制、半闭环控制和闭环控制等不同策略。

拓展资源：机电一体化技术与其他技术的区别

机电一体化技术有着自身的显著特点和技术范畴，想要正确理解和恰当运用机电一体化技术，必须认识机电一体化技术与其他技术之间的区别。

1. 机电一体化技术与传统机电技术的区别

传统机电技术的操作控制主要通过以电磁学原理为基础的各种电器（如继电器、接触器等）实现，在设计中不考虑或很少考虑彼此间的内在联系，机械本体和电气驱动界限分明，整个装置是刚性的，不涉及软件和计算机控制。机电一体化技术以计算机为控制中心，在设计过程中强调机械部件和电学部件间的相互作用和影响，整个装置在计算机控制下具有一定的智能性。

2. 机电一体化技术与自动控制技术的区别

自动控制技术的重点是讨论控制原理、控制规律、分析方法和自动系统的构造等。机电一体化技术是将自动控制原理及方法作为重要支撑技术，将自控部件作为重要控制部件，应用自控原理和方法对机电一体化系统进行分析和性能测算。

3. 机电一体化技术与计算机应用技术的区别

机电一体化技术只是将计算机作为核心部件应用，目的是提高和改善系统性能。计算机在机电一体化系统中的应用仅是计算机应用技术中的一部分，它还可在办公、管理及图像处理等方面广泛应用。机电一体化技术研究的是机电一体化系统，而不是计算机应用本身。

任务1.4　机电一体化系统的设计类型和设计方法

1.4.1　机电一体化系统的设计类型

1. 开发性设计

在进行机电一体化系统开发性设计时，没有可以参照的同类产品，仅根据工程应用的技术要求，抽象出设计原理和要求，设计出在性能和质量上能够满足目的要求的产品。机电融合型产品的设计就属于开发性设计，开发性设计通常可以申请发明专利。

2. 适应性设计

在进行机电一体化系统适应性设计时，在总体原理方案基本保持不变的情况下，对现有产品进行局部改进，采用现代控制伺服单元代替原有机械结构单元。功能替代型产品的设计就属于适应性设计，适应性设计根据创新程度可以申请发明专利或实用新型专利。

3. 变异性设计

在进行机电一体化系统变异性设计时，在产品设计方案和功能不变的情况下，仅改变现有产品的规格尺寸和外形设计等，使之适应于不同场合的要求。例如，便携式计算机的设计就属于变异性设计。变异性设计通常可以申请外观设计专利。

1.4.2 机电一体化系统的设计方法

1. 系统工程与并行工程

1）系统工程

1978 年，我国著名科学家钱学森指出：系统工程是组织管理系统的规划、研究、设计、制造、试验和使用的科学方法，是一种对所有系统都具有普遍意义的方法。它是以大型复杂系统为研究对象，按一定目的进行设计、开发、管理与控制，以期达到总体效果最优的理论与方法。一个系统的运行有两个相反的规律：一是整体效应规律：系统各单元有机地组合成系统后，各单元的功能不仅相互叠加而且相互辅助、相互促进与提高，使系统整体功能大于各单元功能的简单之和，即"整体大于部分和"；另一个相反的规律是系统内耗规律：由于各单元的差异，在组成系统后，若对各单元的协调不当或约束不力，会导致单元间的矛盾和摩擦，出现内耗，内耗过大可能出现"整体小于部分和"的情况。机电一体化系统设计是一项系统工程，因此在设计时应自觉运用系统工程的观念和方法，把握好系统的组成和作用规律，以实现机电一体化系统功能的整体最优化。

2）并行工程

1988 年，美国国家防御分析研究所完整提出了并行工程的概念，即"并行工程是集成地、并行地设计产品及其相关过程（包括制造过程和支持过程）的系统方法"。这种方法要求产品开发人员在一开始就考虑产品整个生命周期中从概念形成到产品报废的所有因素，包括质量、成本、进度计划和用户要求。并行工程的目标为提高质量、降低成本、缩短产品开发周期和产品上市时间。并行工程的具体做法是：在产品开发初期，组织多种职能协同工作的项目组，使有关人员从一开始就获得对新产品需求的要求和信息，积极研究涉及本部门的工作业务，并将所需要求提供给设计人员，使许多问题在开发早期就得到解决，从而保证设计的质量，避免大量的返工浪费。将并行工程的理念引入机电一体化系统的设计中，可以在设计系统时把握好整体性和协调性原则，对设计的成功起关键性的作用。

2. 仿真设计

仿真设计是将仿真技术应用于设计过程，最终获得合理的设计。随着系统建模方法的发展，仿真设计在机电一体化系统设计中得到了广泛应用。仿真设计的基本步骤如下：

1）建立系统数学模型

机电一体化系统仿真设计的关键是建立逼近真实情况的仿真模型。仿真模型可以是物理模型，也可以是对物理模型进行抽象的数学模型。建立数学模型的基本方法主要有解析法和数值法两种，解析法用于可建立系统精确数学模型的简单系统，数值法用于无法建立系统精确数学模型的复杂系统。物理模型通常用于解决复杂系统的设计问题。例如，齿轮传动系统的动力学仿真，可以将齿轮轮齿简化为悬臂梁按照力学知识进行解析求解，也可以在动力学软件中建立齿轮对应的悬臂梁的结构进行分析计算，还可以直接建立齿轮的轮齿进行更真实的三维分析。

根据设计目的不同，仿真可以分为机械结构仿真、电路设计仿真、信号处理仿真和控制方法仿真等。其中，机械结构仿真又根据不同的物理场分为固体力学场仿真、流体力学场仿真、热学场仿真、电学场仿真、磁学场仿真和多场耦合仿真等。例如，电动机的设计需要进行转子轴承系统的动力学仿真、电动机定子冷却与轴承润滑的流场仿真、温度场仿真、驱动电路仿真、定转子磁场仿真以及热耦合变形分析、场路耦合电磁设计等。

广义的仿真技术还包括半物理仿真、实验仿真等，采用部分物理样机和控制程序相结合的仿真方法，或缩小比例的实验样机，实现对真实系统的设计研究。

2）开发系统仿真程序

仿真模型的求解首先需要选择合适的仿真算法及程序语言，将仿真模型转换为计算机程序。进行机械结构仿真的工具主要有 SolidWorks、PRO/E、ADAMS、Romax、ABAQUS、ANSYS、COMSOL 等。电路设计仿真主要通过 PROTEL、ORCAD 等进行测控电路的仿真。信号处理仿真主要通过 MATLAB、LABVIEW、PYTHON 等进行动态信号处理算法的仿真。控制方法仿真主要通过 C、MATLAB/SIMULINK、LABVIEW 等进行各种控制方法的仿真，其中通过 C、MATLAB、PYTHON 等语言开发程序难度较大，但灵活可控；而通过其他平台进行仿真容易上手，但可控性相对较差。

3）进行系统仿真计算

基于仿真程序，利用计算机完成计算，获得初步设计方案。对仿真模型的求解，根据所用的工具或平台不同，有些需要设计者自己编写求解代码，如 C 语言；有些也需要设计者自己编写求解程序，但相对简单，如 MATLAB；还有些无须设计者自己编写代码，只需按步骤进行操作，如 ANSYS。在进行仿真研究时，通常采用变量控制方法和优化设计方法。变量控制方法是保持其他参量不变，每次只改变一个参量来进行，该参数取多个不同值的结果对比，以确定该参量对设计方案的影响规律和合理的取值范围；优化设计方法是将该参量作为优化参数，开发自动优化程序，通过计算机自动实现最优参数的求解和确定。

4）进行仿真结果评价

对仿真得出的初步设计方案需要进行综合评价与决策。评价的目标可以是体积/质量、性能或成本，以求得轻量化设计、性能最优设计或低成本设计，性能设计还存在单一性能最优或多个性能综合最优的问题。采用不同的工具或平台，评价方法略有差异，通过用 MATLAB 等编写代码的方式可以容易地自主设计评价方案，方案灵活可控；而通过ADAMS、ANSYS 等平台，需要每次修改模型，求解过程是个"黑箱"，只能通过经验或多次尝试进行方案调整，以实现设计结果的评价。

3. 可靠性设计

机电一体化系统的可靠性是指在规定条件和时间内完成规定功能的概率，可用系统的可靠性、失效率、寿命、维修度和有效度来评价。可靠性设计是指在系统设计过程中为消除潜在缺陷和薄弱环节、防止故障发生，以确保满足规定的固有可靠性要求所采取的技术活动，可靠性设计是可靠性工程的重要组成部分，是实现产品固有可靠性要求最关键的环节，是在可靠性分析的基础上通过制定和贯彻可靠性设计准则来实现的。在系统研制过程中，常用的可靠性设计原则和方法有元器件选择和控制、热设计、简化设计、降额设计、冗余和容错设计、环境防护设计、健壮设计和人为因素设计等。系统的可靠性设计贯穿设计、制造和使用等各个阶段，但主要取决于设计阶段。

1）可靠性设计的内容

可靠性设计的主要内容有以下三项：

（1）建立可靠性模型，进行可靠性指标预计和分配。

要进行可靠性指标预计和分配，首先应建立可靠性模型。为了选择方案、预测可靠性水平、找出薄弱环节以及逐步合理地将可靠性指标分配到系统各个层面，应在系统设计阶段反复多次进行可靠性指标预计和分配。

（2）进行各种可靠性分析。

进行故障模式影响和危机度分析、故障树分析、热分析、容差分析等，以发现和确定薄弱环节，在发现隐患后通过改进设计，消除隐患和薄弱环节。

（3）采取各种有效的可靠性设计方法。

制定和贯彻可靠性设计原则，把可靠性设计方法和系统性能设计结合，减少系统故障的发生，最终实现可靠性要求。

2）提高可靠性的方法

进行机电一体化系统的开发性设计时，主要从以下三个方面提高可靠性

（1）系统的可靠性分析与预测。

对构成系统的部件和子系统进行分析，对影响系统功能的子系统应采取预防和提高可靠性的措施，在分析和预测中充分运用各种行之有效的方法，确保系统设计的可靠性。

（2）提高系统薄弱环节的可靠性。

系统故障往往是由某个薄弱环节造成的，在设计时应根据具体情况采用不同措施提高薄弱环节的可靠性。例如，选择可靠性高的器件，采用冗余配置，加强对失效率高的器件的筛选和试验，采用最佳组合设计法等。

（3）加强系统的可靠性管理。

机电一体化系统的特点是技术要求高、材料新、工艺新，所以它的可靠性管理工作更为重要。对大型机电一体化系统和精密机电一体化系统，应设立管理机构，按可靠性管理规程进行监管，确保所设计的系统可靠。

4. 反求设计

反求设计又称为逆向设计，属于反向推理、逆向思维体系。反求设计是以现代设计理论、方法和技术为基础，运用各种专业人员的工程设计经验、知识和创新思维，对已有产品或系统进行剖析、重构和再创造的一种设计方法。反求设计是设计者根据现有机电一体化系统的外在功能特性，利用现代设计理论和方法，设计能实现外在功能特性要求的内部子系统并构成整个机电一体化系统的设计。再具体一点，反求设计是设计者对产品实物样件表面进行数字化处理（数据采集、数据处理），并利用可实现逆向三维造型设计的软件来重新构造实物的 CAD 模型（曲面模型重构），并进一步用 CAD/CAE/CAM 系统实现分析、再设计、数控编程、数控加工的过程。反求设计广泛应用于曲线、曲面的设计，如凸轮叶片、汽车轮廓和船体轮廓等。

拓展资源：机电一体化系统设计的考虑方法

机电一体化系统（或产品）的主要特征是自动化操作。因此，设计人员应从其通用性、耐环境性、可靠性、经济性的观点进行综合分析，使系统（或产品）充分发挥机电一体化的三大效果。为充分发挥机电一体化的三大效果，使系统（或产品）得到最佳性能，一方面要求设计机械系统时应选择与控制系统的电气参数相匹配的机械系统参数，同时也要求设计控制系统时，应根据机械系统的固有结构参数来选择和确定电气参数，综合应用机械技术和微电子技术，使二者密切结合、相互协调、相互补充，充分体现机电一体化的优越性。机电一体化系统设计方法通常有：机电互补法、结合（融合）法和组合法。其目的是综合运用机械技术和微电子技术各自的特长，设计最佳的机电一体化系统。

1. 机电互补法

也可称为取代法。该方法的特点是利用通用或专用电子部件取代传动机械产品（或系统）中的复杂机械功能部件或功能子系统，以弥补其不足。如在一般的工作机中，用可编程逻辑控制器（PLC）或微型计算机来取代机械式变速机构、凸轮机构、离合器、蜗轮蜗杆等机构，代替插销板、拨码盘、步进开关、时间继电器等，以弥补机械技术的不足，不但能大大简化机械结构，而且还可提高系统（或产品）的性能和质量。这种方法是改造传统机械产品和开发新型产品常用的方法。

2. 结合（融合）法

它是将各组成要素有机结合为一体构成专用或通用的功能部件（子系统），其要素之间机电参数的有机匹配比较充分。某些高性能的机电一体化系统（或产品），如激光打印机的主扫描机构的激光扫描镜，其扫描镜转轴就是电动机的转子轴，这是执行元件与执行机构结合的一例。在大规模集成电路和微机不断普及的今天，随着精密机械技术的发展，完全能够设计出执行元件、执行机构、检测传感器、控制与机体等要素有机地融为一体的机电一体化新产品（或系统）。

3. 组合法

它是将结合法制成的功能部件（或子系统）、功能模块、像积木那样组合成各种机电一体化系统，故称组合法。例如将工业机器人各自由度（伺服轴）的执行元件、执行机构、检测传感元件和控制等组成机电一体化的功能部件（或子系统），可用于不同的关节，组成工业机器人的回转、伸缩、俯仰等各种功能模块系列，从而组合成结构和用途不同的工业机器人。在新产品（或系统）系列及设备的机电一体化改造中应用这种方法，可以缩短设计与研制周期，节约工装设备费用，且有利于生产管理、使用和维修。

任务1.5　机电一体化的现状与发展趋势

机电一体化是其他高新技术发展的基础，它的发展又依赖于其他相关技术的发展。可以预料，随着信息技术、材料技术、生物技术等新兴学科的飞速发展，在数控机床、机器人、微机械、家用智能设备、医疗设备现代制造系统等产品及领域，机电一体化技术将得到更加蓬勃的发展。

1.5.1 机电一体化的发展现状

近年来，随着人工智能、大数据、云计算和物联网技术的巨大进步，催生了第四次工业革命——"工业4.0"，在此背景下，机电一体化技术向大规模智能化方向发展。由于机电一体化技术对现代工业和技术发展具有巨大的推动力，因此世界各国均将它作为工业技术发展的重要战略之一，我国于2015年也制定了"中国制造2025战略"。表1-1详细对比了中国制造2025、德国工业4.0和美国制造业复兴的战略内容、特征等信息，从这些内容来看，整个工业领域正在经历一场制造业的大变革，这个大变革将引领传统制造业迈向定制化、信息化、数字化和绿色化。

表1-1 中国制造2025、德国工业4.0和美国制造业对比

项目	中国制造2025	德国工业4.0	美国制造业复兴
发起者	工信部牵头，中国工程院起草	联邦教研部与联邦经济技术部资助，德国工程院、弗劳恩霍夫协会、西门子公司建议	智能制造领袖联盟（SMLC）、26家公司、8个产业财团、6所大学和1个政府实验室
发起时间	2015年	2013年	2011年
定位	国家工业中长期发展战略	国家工业升级战略，第四次工业革命	美国"制造业回归"的一项重要内容
特点	信息化和工业化深度融合	制造业和信息化结合	工业互联网革命，倡导将人、数据和机器连接起来
目的	增强国家工业竞争力，在2025年迈向制造强国行列，建国100周年时占据世界强国领先地位	增强国家制造业竞争力	专注于制造业、出口、自由贸易和创新，提升美国竞争力
主题	互联网+智能制造	智能工厂、智能生产、智能物流	智能制造
实现方式	通过智能制造，带动产业数字化、智能化水平提高	通过价值网络实现横向集成、工程端到端数字集成，横跨整个价值链，垂直集成和网络化制造系统	以"软"服务为主，注重软件、网络、大数据等对工业领域服务方式的颠覆

1.5.2 机电一体化的发展趋势

1. 智能化

智能化是机电一体化技术的重要发展方向。这里所说的"智能化"是对机器行为的描述，是在控制理论的基础上，吸收人工智能运筹学、计算机科学、模糊数学、心理学、生理学和混合动力学等新思想、新方法，模拟人类智能，使机器具有判断推测、逻辑思维、

自主决策等能力，以求得到更高的控制目标。诚然，使机电一体化产品具有与人类完全相同的智能是不可能的，但高性能、高速度微处理器可使机电一体化产品被赋予低级智能或人的部分智能。

2. 模块化

机电一体化产品的种类和生产厂家繁多，研制和开发具有标准机械接口、电气接口、动力接口、环境接口的机电一体化产品单元是复杂而又重要的任务。研制集减速、智能调速、电动机于一体的动力单元，具有视觉图像处理识别和测距的控制单元，以及各种能完成典型操作的机械装置等标准单元，有利于迅速开发出新的产品，同时可以扩大生产规模。标准的制定对于各种部件、单元的匹配和接口来说是非常重要和关键的，它的牵扯面广，有待进一步协调。无论是对生产标准机电一体化单元的企业来说，还是对生产机电一体化产品的企业来说，模块化都将为其带来好处。

3. 网络化

网络技术的兴起和飞速发展给科学技术、工业生产及人们的日常生活带来了巨大变革。各种网络将全球经济、生产连成一片，企业间的竞争也日益全球化。由于网络的普及和 5G 技术的兴起，基于网络的各种远程控制和监视技术方兴未艾，而远程控制的终端设备就是机电一体化产品。现场总线和局域网技术使家用电器网络化成为大势所趋，使人们在家里就能充分享受各种高技术带来的便利和快乐。机电一体化产品无疑正朝着网络化方向发展。

4. 微型化

微型化是指机电一体化向微型化和微观领域发展的趋势。国外将微型机电一体化产品称为微电子机械系统（MEMS）或微机电一体化系统，它泛指几何尺寸不超过 1 cm 的机电一体化产品，并向微米至纳米级发展。微机电一体化产品具有轻、薄、小、巧的特点，在生物医疗、军事、信息等方面具有不可比拟的优势。微机电一体化发展的瓶颈在于微机械技术。微机电一体化产品的加工采用精细加工技术，即超精密技术（包括光刻技术和蚀刻技术）。

5. 绿色化

机电一体化产品的绿色环保化主要是指使用时不污染生态环境，可回收利用，无公害。工业的发达给人类及其生活带来了巨大的变化：一方面，物质丰富，生活舒适；另一方面，资源减少，生态遭受到严重的污染。于是，人们呼吁保护环境资源，绿色产品应运而生，绿色化成为时代趋势。绿色产品在设计、制造、使用和销毁的生命周期中，符合特定的环境保护和人类的健康要求，对生态环境无害或危害极少，资源利用率较高。

6. 人性化

未来的机电一体化更加注重产品与人类的关系，机电一体化产品的最终使用者是人，如何赋予机电一体化产品人的智能、感情、人性显得越发重要，特别是家用机器人，它的最高境界就是人机一体化。另外，模仿生物生理研制各种机电一体化产品也是人性化的体现。

7. 集成化

集成化既包括各种分项技术的相互渗透、相互融合和各种产品不同结构的优化与复合，又包括在生产过程中同时处理加工、装配检测和管理等多种工序。智能工厂和智能车间是集成化研究的重要对象。

1.5.3 机电一体化系统（或产品）的设计步骤

机电一体化系统（或产品）（以工作机为主）的设计流程如图 1 – 5 所示。其具体说明如下：

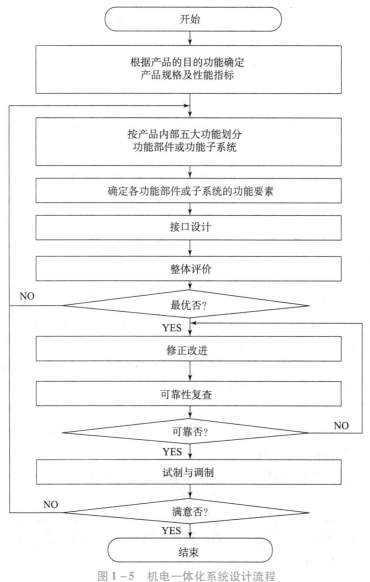

图 1 – 5　机电一体化系统设计流程

1. 根据目的功能确定产品规格、性能指标

工作机的目的功能，不外乎是用来改变物质的形状、状态、位置尺寸或特性、规定的运动，并提供必要的动力。其基本性能指标主要是指实现运动的自由度数、轨迹、行程、精度、速度、动力、稳定性和自动化程度。用来评价机电一体化产品质量的基本指标，是那些为了满足使用要求而必须具备的输出参数：运动参数——用来表征机器工作运动的轨迹、行程、方向和起、止点位置正确性的指标。动力参数——用来表征机器输出动力大小的指标，如力、力矩和功率等。品质指标——用来表征运动参数和动力参数品质的指标，例如运动轨迹和行程的精度（如重复定位精度）、运动行程和方向的可变性，运动速度的高低与稳定性，力和力矩的可调性或恒定性等。

以上基本性能指标通常要根据图 1-5，机电一体化系统设计流程工作对象的性质、用户要求，有时还要通过实验研究才能确定。因此，要以能够满足用户使用要求为度，不需要追求过高的要求，在满足基本性能指标的前提下，还要考虑以下一些指标：

工艺性指标，对产品结构提出的方便制造和维修的要求，要做到容易制造和便于维修。

"人-机工程学"指标，考虑人和机器的关系，针对人类在生产和生活中所表现出来的卫生、体型、生理和心理学等方面对产品提出的综合性要求，例如操作方便、噪声小等。

美学指标，对产品的外部性质，如仪容、风格、匀称、和谐、色泽，以及与外部环境的协调等方面提出的要求。

标准化指标，即组成产品的元、部件的标准化程度。

2. 系统功能部件、功能要素的划分

工作机必须具备适当的结构才能满足所需性能。要形成具体结构，要以各构成要素及要素之间的接口为基础来划分功能部件或功能子系统。复杂机器的运动常由若干直线或回转运动组合而成，在控制上形成若干自由度。因此也可以按运动的自由度划分成若干功能子系统，再按子系统划分功能部件。这种功能部件可能包括若干组成要素。各功能部件的规格要求，可根据整机的性能指标确定。功能要素或功能子系统的选用或设计是指特定机器的操作（执行）机构和机体，通常必须自行设计，而执行元件、检测传感元件和控制器等功能要素既可自行设计也可选购市售的通用产品。

3. 接口的设计

接口问题是各构成要素间的匹配问题。执行元件与执行机构之间、检测传感元件与执行机构之间通常是机械接口，机械接口有两种形式，一种是执行元件与执行机构之间的联轴器和传动轴，以及直接将检测传感元件与执行元件或执行机构连接在一起的联轴器（如波纹管、十字接头）、螺钉、铆钉等，直接连接时不存在任何运动和运动变换。另一种是机械传动机构，如减速器、丝杠、螺母等；控制器与执行元件之间的驱动接口、控制器与检测传感元件之间的转换接口，是电子传输、转换电路。因此，接口设计问题也就是机械技术和电子技术的具体应用问题。

4. 综合评价（或整体评价）

根据项目一所述，对机电一体化系统（或产品）的综合评价主要是对其实现目的功能的性能、结构进行评价。机电一体化的目的是提高产品（或系统）的附加价值，而附加价值的高低必须以衡量产品性能和结构质量的各种定量指标为依据。不同的评价指标可选用不同的评价方法。具体设计时，常采用不同的设计方案来实现产品的目的功能、规格要求和性能指标。因此，必须对这些方案进行综合评价，从中找出最佳方案。关于评价和优化的具体方法，可参考现代设计方法中的有关具体内容。

5. 可靠性复查

机电一体化产品（或系统）既可能产生电子故障、软件故障又可能产生机械故障，而且容易受到电噪声的干扰，因此，可靠性问题显得格外突出，也是用户最关心的问题之一。在产品设计中，除采用可靠性设计方法外，还必须采取必要的可靠性措施，在产品设计初步完成之后，还需要进行可靠性复查和分析，以便发现问题及时改进。

6. 试制与调试

样机试制是检验产品设计的制造可行性的重要阶段，并通过样机调试来验证各项性能指标是否符合设计要求。这个阶段也是最终发现设计中的问题以便及时修改和完善产品设计的必要阶段。

项目一　机电一体化系统设计概述

任务工单

任务 名称	机电一体化系统设计概述	组别	组员：

一、任务描述

　　机电一体化的基本概念，机电一体化系统的组成要素、共性技术、设计方法，以及机电一体化的发展趋势，使学生理解机电一体化的定义、内涵和外延，了解机电一体化系统的一般组成，知道机电一体化的未来发展。

二、技术规范

三、计划（制订小组工作计划）

工作流程	完成任务的资料、工具或方法	人员安排	时间分配	备注

四、决策（确定工作方案）

1. 小组讨论、分析、阐述任务完成的方法、策略，确定工作方案。

2. 教师指导、确定最终方案。

五、实施（完成工作任务）

工作步骤	主要工作内容	完成情况	问题记录

六、检查（问题信息反馈）

反馈信息描述	产生问题的原因	解决问题的方法

任务名称	机电一体化系统设计概述	组别	组员：

七、评估（基于任务完成的评价）

1. 小组讨论，自我评述任务完成情况、出现的问题及解决方法，小组共同给出改进方案和建议。
2. 小组准备汇报材料，每组选派一人进行汇报。
3. 教师对各组完成情况进行评价。
4. 整理相关资料，完成评价表。

任务名称					姓名	组别	班级	学号	日期
		考核内容及评分标准			分值	自评	组评	师评	均分
三维目标	素质	自主学习、合作学习、团结互助等			25				
	认知	任务所需知识的掌握与应用等			40				
	能力	任务所需能力的掌握与数量度等			35				
加分项	收获（10分）	有哪些收获（借鉴、教训、改进等）：	你进步了吗？					加分	
			你帮助他人进步了吗？						
	问题（10分）	发现问题、分析分问题、解决方法、创新之处等：						加分	
总结与反思								总分	

八、拓展（基于本任务延伸的知识与能力）

九、备注（需要注明的内容）

指导教师评语：

任务完成人签字：　　　　　　　　　　　　　　　日期：　　年　　月　　日
指导教师签字：　　　　　　　　　　　　　　　　日期：　　年　　月　　日

习题与思考题

1. 机电一体化的含义是什么？如何理解机电一体化的内涵？

2. 机电一体化系统包括哪些组成要素？各要素之间如何连接？

3. 机电一体化系统有哪些共性技术？机电一体化技术与相近技术有何区别？

4. 机电一体化系统有哪些设计方法？举一个例子谈一谈你对仿真设计的理解。

5. 机电一体化技术的发展方向是什么？如何理解智能化的内涵？

6. 请你以生产生活中常见的某一种机电一体化产品为例，分析其组成，研究其技术，思考其设计，预测其发展，并与大家分享。

项目二　机电一体化机械系统设计

项目导入		机械系统是机电一体化的重要组成部分，是实现机电一体化产品功能最基本的部件。随着机械行业不断向前发展，各种新型技术不断创新，尤其是电子技术被广泛应用于机械系统，越来越多的机电一体化设备横空出世，有可上九天揽月的月球车，也有下五洋捉鳖的水下机器人。这些成果均是在满足对机械系统，特别是精密机械系统较高要求的前提下取得的。如今，与机械系统，特别是精密机械系统相关的技术广泛地应用于国民经济、国防等各个领域，如科学仪器、自动化仪表、精密加工机床、医疗器械、计算机外围设备、仿生技术中的机械臂机器人、宇航技术火箭卫星和测控伺服系统等
工匠引领		刘先林，中国工程院院士。测绘是把地球"搬回家""画成图"，刘先林就是为测量地球做"量尺"的人。多年来，他始终从事测绘仪器的研发，凭借百折不挠、勇于创新的精神把"量尺"做到了极致，将中国测绘仪器的水平推进到国际领先。他连续两次获得国家科技进步一等奖，是第一个把计算机技术用在了航空测量的人，也成为第一个把测量方法写入《航空摄影测量作业规范》的中国人
学习目标	知识目标	本章主要讲述机电一体化系统（精密）机械部件设计，使学生理解机电一体化系统机械部件的概念及任务。通过对本章的学习，学生应在机械系统力学特性基础上，掌握机械传动系统的类型、完成机械传动部件、导向机构及执行系统的设计及要求，完成机械传动部件、导向机构及执行系统的设计
	技能目标	机电一体化机械系统的设计要考虑产品总体布局、机构选型、结构造型的合理化和最优化。对于本章的学习，建议将课内与课外、理论与实践结合起来，进行高精密仪器设备的机械系统分析，查阅相关的资料文献，以加深对典型（精密）机械系统的学习
	素质目标	以爱国主义为核心的民族精神和以改革创新为核心的时代精神，是中华民族生生不息、发展壮大的坚实精神支撑和强大道德力量。要深化改革开放史、新中国历史、中国共产党历史、中华民族近代史、中华文明史教育，弘扬中国人民伟大创造精神、伟大奋斗精神、伟大团结精神、伟大梦想精神，倡导一切有利于团结统一、爱好和平、勤劳勇敢、自强不息的思想和观念，构筑中华民族共有精神家园。要继承和发扬党领导人民创造的优良传统，传承红色基因，赓续精神谱系。要紧紧围绕全面深化改革开放、深入推进社会主义现代化建设，大力倡导解放思想、实事求是、与时俱进、求真务实的理念，倡导"幸福源自奋斗""成功在于奉献""平凡孕育伟大"的理念，弘扬改革开放精神、劳动精神、劳模精神、工匠精神、优秀企业家精神、科学家精神，使全体人民保持昂扬向上、奋发有为的精神状态

机电一体化系统的机械传动系统与一般的机械传动系统相比，除要求具有较高的定位精度之外，还应具有良好的动态响应特性，就是说响应要快、稳定性要好。一个典型的机电一体化系统，通常由控制部件、接口电路、功率放大电路、执行元件、机械传动部件、导向支承部件，以及检测传感部件等组成。这里所说的机械传动系统一般由减速器、螺旋传动、齿轮传动及蜗杆传动等各种线性传动部件以及连杆机构、凸轮机构等非线性传动部件、导向支承部件、旋转支承部件、轴系及机架等机构组成。为确保机械传动精度和工作稳定性，在设计中，常提出无间隙、低摩擦、低惯量、高刚度、高谐振频率及适当的阻尼比等要求。为达到上述要求，主要从以下几方面采取措施：

（1）缩短传动链，简化主传动系统的机械结构。主传动常采用大转矩、宽调速的直流或交流伺服电动机直接与螺旋传动连接以减少中间传动机构。

（2）采用摩擦因数很低的传动部件和导向支承部件，如采用滚动螺旋传动、滚动导向支承、动（静）压导向支承和塑料滑动导轨等。

（3）提高传动与支承刚度，如采用施加预紧的方法提高滚动螺旋传动和滚动导轨副的传动与支承刚度，丝杠的支承设计中采用两端轴向预紧或预拉伸支承结构等。

（4）选用最佳传动比，以提高系统分辨率，减少等效到执行元件输出轴上的等效转动惯量，尽可能提高加速能力。

（5）缩小反向死区误差。在进给传动中，一方面采用无间隙的传动装置和元件，如既消除间隙又减少摩擦的滚珠丝杠副、预加载荷的双齿轮齿条副等，另一方面采用消除间隙、减少支承变形的措施。

（6）改进支承及架体的结构设计，以提高刚性、减少振动、降低噪声，如选用复合材料等来提高刚度和强度，减轻质量、缩小体积使结构紧密化，以确保系统的小型化、轻量化、高速化和高可靠性。

任务2.1　机械传动部件及其功能要求

常用的机械传动部件有螺旋传动、齿轮传动、同步带传动、高速带传动、齿形带传动以及各种非线性传动部件等，主要功能是传递转矩和转速。其目的是使执行元件与负载之间在转矩与转速方面得到最佳匹配。机械传动部件对伺服系统的伺服特性有很大影响，特别是其传动类型、传动方式、传动刚性以及传动的可靠性对机电一体化系统的精度、稳定性和快速响应性有重大影响。因此，应设计和选择传动间隙小、精度高、体积小、质量轻、运动平稳及传递转矩大的传动部件。

机电一体化系统中所用的传动机构及其功能见表2-1。可以看出，一种传动机构可满足一项或几项功能要求。对执行机构中的传动机构，既要求能实现运动的变换，又要求能实现动力的变换；对信息机中的传动机构，则要求具有运动的变换功能，只需要克服惯性力（力矩）和各种摩擦阻力（力矩）及较小的负载即可。

表 2 – 1　机电一体化系统中所用的传动机构及其功能

功能 传动机构	运动的变换				动力的变换	
	形式	行程	方向	速度	大小	形式
传动	√				√	√
齿轮传动			√	√	√	
齿轮齿条传动	√		√	√	√	√
摩擦轮传动			√	√	√	
蜗杆传动			√	√	√	
链传动	√					√
带传动	√		√	√	√	
绳传动	√		√	√	√	√
万向节			√			
软轴			√			
杠杆机构		√		√		
连杆机构		√		√		
凸轮机构	√	√	√	√		
间歇机构	√					

随着机电一体化技术的发展，要求传动机构不断适应新的技术要求，主要有：

（1）精密化。对于某种特定的产品来说，应根据其性能的需要提出适当的精密度要求，虽然不是精密性越高越好，但要适应产品的高定位精度等性能的要求。对机械传动机构的精密度要求也越来越高。

（2）高速化。产品工作效率的高低，直接与机械传动部分的运动速度相关，机械传动机构应能适应高速化运动的要求。

（3）小型化、轻量化。随着机电一体化系统精密化、高速化的发展，也要求其传动机构小型轻量化，以提高运动灵敏度（响应性）、减小冲击、降低能耗。为与电子部件的微型化相适应，也要使机械传动部件短小轻薄化。

2.1.1　齿轮传动

齿轮传动是应用最为广泛的一种机械传动机构。它工作可靠、传动比恒定、结构成熟，但制造复杂。一般选择传动形式时，根据传动轴的不同特点，可选用不同的齿轮传动组成传动机构，如表 2 – 2 所示。用于平行轴之间传递运动的直齿轮易于设计制造、成本低，使用最为广泛；斜齿轮可用于高速、重载、要求噪声低的场合，但斜齿轮存在较大的轴向推力；人字齿轮则由于左右齿推力平衡而不产生轴向推力，其中一个齿轮安装应有一定轴向间隙，以便安装。相交轴传动中，直齿锥齿轮为线接触，传动效率较高。交错轴斜齿轮有滑动作用，传动效率低，同时为点接触，只能承受较轻负载。行星齿轮结构紧凑、尺寸小、质量轻，但结构较复杂。

表 2-2　各类常用齿轮传动的性能比较

类型	特点	传动比	承载能力	传动精度	效率	工艺性、经济性
直齿圆柱齿轮传动	平行轴间传动；回转运动到回转运动。圆周速度 $V \leqslant 5$ m/s，在中、低速精密传动中优先采用	单级 $i = 1/10 \sim 10$	中、小载荷	加工精度可以很高	$\eta = 0.95 \sim 0.99$	设计、制造简单方便。只需普通设备，成本最低
斜齿圆柱齿轮传动	平行轴间传动；回转运动到回转运动。圆周速度 $V \geqslant 5$ m/s，在中、高速传动中优先采用	单级 $i = 1/10 \sim 10$	中到大载荷，但有轴向力	运动平稳、噪声小、经济，加工精度可以很高	$\eta = 0.95 \sim 0.99$	加工不如直齿轮方便，相互啮合的斜齿轮要有相同螺旋角，限制了通用性。成本较低
锥齿轮传动	相交轴间传动，适用于低速的直角传动	单级 $i = 1/5 \sim 5$	中、小载荷	一般精度，平稳性较差，在高速运转时易产生冲击和噪声	$\eta = 0.92 \sim 0.98$	加工需采用特殊设备。齿形复杂，限制了加工精度的提高。成本较高
蜗轮蜗杆传动	传递交错轴间的运动，是空间线接触传动，不易磨损，多数不可逆	单级 $i = 10 \sim 80$	中、小载荷	蜗杆加工精度较高，蜗轮加工精度较低	作自锁时 $\eta < 0.5$，蜗杆头数 2、3、4 时 $\eta < 0.6 \sim 0.8$	加工时需专用刀具，蜗轮材料需用铜，成本较高
渐开线少齿差行星齿轮传动	同轴线传动，转动惯量较小、体积小、质量轻	单级 $i = 10 \sim 100$ 双级 $i = 10\ 000$	中、小载荷	由于内齿啮合传动，内外齿轮采用角度变位，精度一般	$\eta = 0.85 \sim 0.9$	设计计算复杂，但加工方便，不需专用机床和刀具，成本低
摆线针轮行星传动	同轴线传动，转动惯量小、体积小、质量轻	单级 $i = 11 \sim 87$ 双级 $i = 121 \sim 5\ 133$	中、小载荷，承受过载和冲击性能好	传动平稳，噪声小，精度一般	$\eta = 0.85 \sim 0.92$	需用专用刀具和机床，设计计算复杂，成本较高
谐波齿轮传动	同轴线传动，体积小，质量轻，可用于高温、高压、高真空环境	单级 $i = 1.001 \sim 500$ 复级 $i = 10^7$	中、小载荷	精度高，可做到无间隙传动，平稳性好，无噪声	$\eta = 0.85 \sim 0.9$	可用专用刀具，也可用普通刀具加工，材料热处理要求高，成本较高

　　蜗杆传动在一定意义上也可看作一种特殊的齿轮传动，其只能用于传递空间垂直交错轴之间的回转运动。一般蜗杆为传动的主动构件，蜗轮为从动构件。蜗杆一般有 1~8 个头，其优点是传动比大、传动平稳、噪声小、可自锁，但传动效率较低。

2.1.2 齿轮传动形式及其传动比的最佳匹配选择

1. 齿轮传动形式

常用的齿轮减速装置有一级、二级、三级等传动形式，如图 2 − 1 所示。

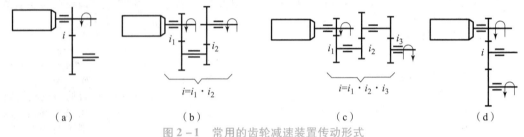

图 2 − 1 常用的齿轮减速装置传动形式
(a) 一级传动（反向）；(b) 二级传动；(c) 三级传动；(d) 一级传动（同向）

设计齿轮传动系统时，齿轮传动比 i 应满足驱动部件与负载之间的位移及转矩、转速的匹配要求，总传动比 i 一般根据驱动电动机的额定转速 n 和负荷所需的最大工作转速 n_{Lmax} 来确定。

用于伺服系统的齿轮减速器是一个力矩变换器，输入电动机为高转速、低转矩，而输出则为低转速、高转矩，来加速负载。因此，不但要求齿轮传动系统传递转矩时要有足够的刚度，还要求其转动惯量尽量小，以便在同一加速度时所需转矩小，即在同一驱动功率时，加速度响应最大。此外齿轮的啮合间隙会造成传动死区（失动量），若该死区是在闭环系统中，则可能造成系统不稳定。为此应尽量采用齿侧间隙较小、精度较高的齿轮传动副。但为了降低制造成本，多采用调整齿侧间隙的方法来消除或减小啮合间隙，以提高传动精度和系统的稳定性。由于负载特性和工作条件的不同，最佳传动比有各种各样的选择方法。在伺服电动机驱动负载的传动系统中常采用使负载加速度最大的方法。

2. 各级传动比的分配原则

当计算出传动比之后，为了使减速系统结构紧凑，满足动态性能和提高传动精度的要求，需要对各级传动比进行合理分配，具体分配原则如下：

（1）等效转动惯量小的原则。利用该原则所设计的齿轮传动系统，换算到电动机轴上的等效转动惯量小。

对于伺服传动系统，要求启动、停止和逆转快。当力矩一定时，转动惯量越小，角加速度越大，运转就越灵敏，这样可使过渡过程短、响应快、减小启动功率。

通过分析计算，可以得出下列结论：按折算转动惯量小的原则确定级数和各级传动比时，由高速级到低速级，各级传动比应逐级递增，而且级数越多，总折算惯量越小，但是级数增加到一定数值后，总折算惯量减小并不显著，再从结构紧凑、传动精度和经济性等方面考虑，级数太多是不合理的。另外还要注意高速轴上的惯量对总折算惯量影响最大。

（2）输出轴转角误差最小的原则，即传动精度高的原则。为了提高机电一体化系统齿轮传动系统的传递运动精度，各级传动比应按先小后大原则分配，以便降低齿轮的加工误差、安装误差以及回转误差对输出转角精度的影响。

在齿轮传动系统中，传动比相当于误差传递系数，对传动精度起缩放作用。因此按传动精度高的原则分配各级传动比时，从高速级到低速级，各级传动比也应逐级递增，尤其最末两级的传动比应取大一些，并尽量提高最末一级齿轮副的加工精度。同时应尽量减少级数，从而减少零件数量和误差来源。

（3）体积质量最小的原则。对于大功率传动装置的传动级数确定主要考虑结构的紧凑性。在给定总传动比的情况下，传动级数过小会使大齿轮尺寸过大，导致传动装置体积和质量增大；传动级数过多会增加轴、轴承等辅助构件，导致传动装置质量增加。设计时应综合考虑系统的功能要求和环境因素，通常情况下传动级数要尽量地少。

对于大功率传动系统，按"先大后小"的原则处理，从高速级到低速级各级传动比应递减，因为高速级传递的力矩小、模数小、传动比大，体积质量不会大；对于小功率传动系统，因为受力不大，若各级小齿轮的模数、齿数、齿宽相等，则各级传动比应该相等。

体积质量常常是精密机械设计的一个重要指标，特别是航天、航空设备上的传动装置，应采用体积质量小的原则来分配各级传动比。

上述三种传动比分配的原则所反映的规律不尽相同，在设计中应根据实际情况的可行性和经济性对转动惯量、结构尺寸和传动精度提出适当要求。具体来讲有以下几点：

（1）对于要求体积小、质量轻的齿轮传动系统可用体积质量最小原则。

（2）对于要求运动平稳、启停频繁和动态性能好的伺服系统的减速齿轮系统，可按最小等效转动惯量和总转角误差最小的原则来处理。对于变负载的传动齿轮系统的各级传动比最好采用不可约的比数，避免同期啮合以降低噪声和振动。

（3）对于要求传动精度和减小回程误差的传动齿轮系，可按总转角误差最小原则。对于增速传动，由于增速时容易破坏传动齿轮系工作的平稳性，应在开始几级就增速，并且要求每级增速比最好大于1:3，以有利于增加轮系刚度，减小传动误差。

（4）对要求较大传动比传动的齿轮系，往往需要将定轴轮系和行星轮系巧妙结合为混合轮系。对于要求特大传动比，并且要求传动精度与传动效率高、传动平稳、体积小、质量轻的齿轮系，可选用新型的谐波齿轮传动。

2.1.3 齿轮传动间隙的调整方法

调整齿侧间隙的方法有以下几种。

1. 刚性消隙法

其包括偏心套（轴）调整法、轴向垫片调整法及斜齿轮法等。

（1）偏心套（轴）调整法。如图2-2所示，将相互啮合的一对齿轮中的一个齿轮4装在电动机输出轴上，并将电动机2安装在偏心套1（或偏心轴）上，通过转动偏心套（偏心轴）的转角就可调节两啮合齿轮的中心距，从而消除圆柱齿轮正、反转时的齿侧间隙。其特点是结构简单、调整方便，常用于电动机与丝杠间的传动。但因其结构限制，不能补偿齿轮偏心误差引起的侧隙。

（2）轴向垫片调整法。如图2-3所示，齿轮1和2啮合，其分度圆弧齿厚沿轴线方向略有锥度，这样就可以用轴向垫片3使齿轮2沿轴向移动，从而消除两齿轮的齿侧间隙。装配时，轴向垫片3的厚度应使得齿轮1和2之间齿侧间隙小，运转灵活。其特点是结构简单，但其侧隙不能自动补偿。

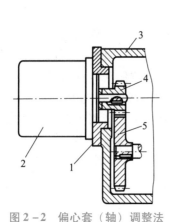

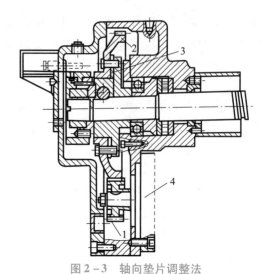

图 2-2　偏心套（轴）调整法　　　　　　　　　图 2-3　轴向垫片调整法

1—偏心套；2—电动机；3—减速箱；4，5—减速齿轮　　　　1，2—齿轮；3—轴向垫片；4—电动机

（3）斜齿轮法。消除斜齿轮传动齿侧隙的方法是用两个薄片斜齿轮与一个宽齿轮啮合，只是在两个薄片斜齿轮的中间隔开了一小段距离，这样它的螺旋线便错开了。图 2-4 所示为斜齿轮轴向垫片错齿调整法，其特点是结构比较简单，但调整较费时，且齿侧间隙不能自动补偿。

2. 柔性消隙法

（1）双片薄齿轮错齿调整法。这种消除齿侧间隙的方法是将其中一个做成宽齿轮，另一个用两片薄齿轮组成。采取措施使一个薄齿轮的左齿侧和另一个薄齿轮的右齿侧分别紧贴在宽齿轮齿槽的左、右两侧，以消除齿侧间隙，反向时不会出现死区，其措施如下：

周向弹簧式错齿调整法（见图 2-5）。在两个薄片齿轮 3 和 4 上各开了几条周向圆弧槽，并在齿轮 3 和 4 的端面上有安装弹簧 2 的短柱 1。在弹簧 2 的作用下使薄片齿轮 3 和 4

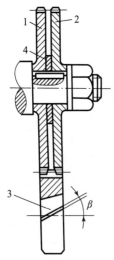

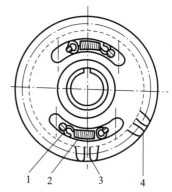

图 2-4　斜齿轮轴向垫片错齿调整法　　　　　图 2-5　周向弹簧式错齿调整法

1，2—薄片齿轮；3—宽齿轮；4—垫片　　　　　1—短柱；2—弹簧；3，4—薄片齿轮

错位而消除齿侧间隙。这种结构形式中的弹簧2的拉力必须足以克服驱动转矩才能起作用。因该方法受到周向圆弧槽及弹簧尺寸限制，故仅适用于读数装置而不适用于驱动装置。

可调拉簧式错齿调整法（见图2-6）。在两个薄片齿轮1和2上装有凸耳3。弹簧的一端钩在凸耳3上，另一端钩在螺钉7上。弹簧4的拉力大小可用螺母5调节螺钉7的伸出长度，调整好后再用螺母6锁紧。

（2）斜齿轮轴向压簧调整法。图2-7所示为斜齿轮轴向压簧错齿调整法，其特点是齿侧隙可以自动补偿，但轴向尺寸较大、结构欠紧凑。

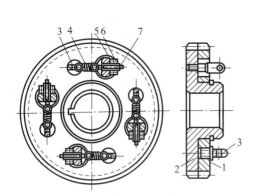

图2-6 可调拉簧式错齿调整法

1，2—薄片齿轮；3—凸耳；

4—弹簧；5，6—螺母；7—螺钉

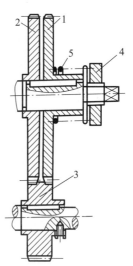

图2-7 斜齿轮轴向压簧错齿调整法

1，2—薄片齿轮；3—宽齿轮；

4—调整螺母；5—弹簧

2.1.4 谐波齿轮传动

谐波齿轮是随空间宇航技术的发展需要而发展起来、由行星齿轮传动演变而来的。由于采用了柔性构件来实现机械传动，从而获得了一系列其他传动所难以达到的特殊功能。与普通齿轮相比，谐波齿轮传动具有传动比大、速比范围宽、传动精度高、回程误差小、噪声小、传动平稳、承载能力强、效率高等优点，故在工业机器人、航空、火箭等机电一体化系统中日益得到广泛的应用。

1. 谐波齿轮传动的工作原理

谐波齿轮传动与少齿差行星齿轮传动十分相似。它是依靠柔性齿轮产生的可控变形波引起齿间的相对错齿来传递动力和运动的，因此它与一般齿轮传动具有本质上的差别。如图2-8所示，谐波齿轮传动由波形发生器3（H）和刚轮1、柔轮2组成。若刚轮1为固定件，则波形发生器H为主动件，由一个转臂和几个辊子组成［见图2-8（a）］，或者由一个椭圆盘和一个柔性球轴承组成［见图2-8（b）］；刚轮或柔轮为从动件。刚轮有内齿圈，柔轮有外齿圈，其齿形为渐开线或三角形，齿距 t 相同而齿数不同，刚轮的齿数 Z_g 比柔轮的齿数 Z_r 又多几个齿。柔轮是薄圆筒形，由于波形发生器的长径比柔轮内径略大，故装配在一起时就将柔轮撑成椭圆形，迫使柔轮在椭圆的长轴方向与固定的刚轮完全啮合（A、

B），在短轴方向的齿牙完全分离（C、D）。当波发生器回转时，柔轮长轴和短轴的位置随之不断变化，从而齿的啮合处和脱开处也随之连续改变，故柔轮的变形在柔轮圆周的展开图上是连续的简谐波形，故称之为谐波传动。工程上最常用的波形发生器有两个触头，即双波发生器，也有三个触头的。刚轮与柔轮的齿数差应等于波的整数倍，通常取其等于波数。具有双波发生器的谐波减速器，其刚轮和柔轮的齿数之差为 $Z_g - Z_r = 2$。当波形发生器逆时针转一圈时，两轮相对位移为两个齿距。当刚轮固定时，则柔轮的回转方向与波形发生器的回转方向相反。

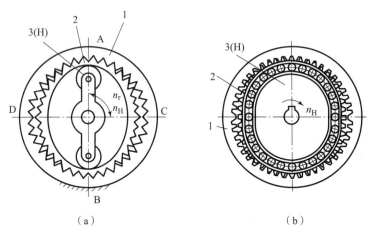

图 2 - 8　谐波齿轮的构造和原理
（a）由转臂和辊子组成；（b）由椭圆盘和柔性球轴
1—刚轮；2—柔轮；3—波形发生器

2. 谐波齿轮传动的传动比

谐波齿轮传动的波形发生器相当于行星轮系的转臂，柔轮相当于行星轮，刚轮则相当于中心轮，故谐波齿轮传动装置（谐波减速器）的传动比可以应用行星轮系求传动比的方式来计算。当波形发生器顺时针回转时，迫使柔轮的齿顺序地与刚轮的齿啮合，由于两轮轮齿周节相等，且柔轮齿数 Z_r 比刚轮齿数 Z_g 少几个齿，故波形发生器顺时针转一周后，柔轮 2 逆时针转了（$Z_g - Z_r$）个齿，也即反转了（$Z_g - Z_r$）/Z_r 周。当刚轮固定时，$n_g = 0$，波形发生器与柔轮的传动比为

$$i_{Hr} = n_H / n_r = - Z_r / (Z_g - Z_r)$$

式中，n_H、n_r——波形发生器和柔轮的转速（r/min）；

Z_g、Z_r——刚轮和柔轮的齿数。

负号表示柔轮与波形发生器的旋转方向相反。

当柔轮固定时，$n_r = 0$，波形发生器与柔轮的传动比为

$$i_{Hg} = n_H / n_g = Z_g / (Z_g - Z_r)$$

结果为正值说明刚轮与波形发生器的旋转方向相同。

2.1.2　滚珠螺旋传动

丝杠螺母机构又称螺旋传动机构。普通的螺旋传动广泛地用于将回转运动转换为直线

运动，有滑动摩擦和滚动摩擦之分。滑动摩擦机构结构简单、加工方便、制造成本低、具有自锁功能，但是在磨损和精度等方面不能满足一些高精度机电一体化系统的要求。滚珠丝杠螺母副是一种为了克服普通螺旋传动的缺点而发展起来的新型螺旋传动机构。它用滚动摩擦螺旋代替滑动摩擦螺旋，具有磨损小、传动效率高、传动平稳、寿命长、精度高、温升低和便于消除传动间隙等优点。虽然制造成本高，但是摩擦阻力小、传动效率高，故应用广泛。

1. 滚珠螺旋的传动原理

滚珠螺旋传动是一种新型螺旋传动结构，在具有螺旋槽的丝杠与螺母之间装有中间传动元件——滚珠，使得丝杠与螺母之间的摩擦由普通螺旋的滑动摩擦变换为滚动摩擦，它由丝杠3、螺母2、滚珠4和滚珠循环返回装置1四个部分组成，如图2-9所示。当丝杠转动时，带动滚珠沿螺纹滚道滚动。为了防止滚珠沿滚道端面排出，在螺母的螺旋槽两端设有滚珠回程引导装置，构成滚珠的循环返回通道，从而形成滚珠流动的闭合通路。

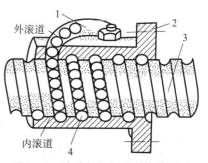

图2-9 滚珠丝杠螺母副构成原理
1—滚珠循环返回装置；2—螺母；
3—丝杠；4—滚珠

滚珠丝杠副的结构类型可以从螺旋滚道的截面形状、滚珠的循环方式和消除轴向间隙的调整方法进行区别。

1）螺旋滚道型面（法向）的形状

螺旋滚道型面的形状常见的有单圆弧〔见图2-10（a）〕和双圆弧〔见图2-10（b）〕两种。在螺旋滚道法向截面内，滚珠与滚道接触点的公法线和丝杠轴线垂直线之间的夹角 α 称为接触角，一般取 $\alpha = 45°$。

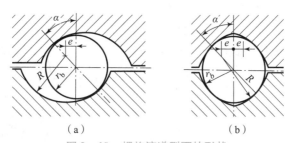

（a）　　　　　　　　（b）

图2-10 螺旋滚道型面的形状
（a）单圆弧；（b）双圆弧

单圆弧滚道加工用砂轮成形比较简单，容易得到较高的加工精度。但接触角 α 随间隙及轴向载荷变化，故传动效率、承载能力和轴向刚度等均不稳定。

双圆弧滚道的接触角 α 在工作过程中基本保持不变，故效率、承载能力和轴向刚度比较稳定。滚道底部与滚珠不接触，其空隙可存贮一定的润滑油和脏物，以减小摩擦和磨损。但磨削滚道在砂轮修正、加工和检验都比较困难。滚道的半径 R 与滚珠直径的比值对承载能力有很大的影响，我国采用 $R/r_b = 1.04$ 和 1.11 两种。

2）滚珠的循环方式

滚珠螺旋传动中滚珠的循环方式有内循环和外循环两种。

（1）内循环。内循环方式的滚珠在循环过程中始终与丝杠表面保持接触。如图2-11

所示，在螺母2的侧面孔内装有接通相邻滚道的反向器4，利用反向器引导滚珠3越过丝杠1的螺旋顶部进入相邻滚道，形成一个循环回路。一般在同一螺母上装有2～4个滚珠用反向器（称为2～4列），并沿螺母圆周均匀分布。这种方式的优点是滚珠循环的回路短、流畅性好、效率高，螺母的径向尺寸也较小；其缺点是反向器加工困难，装配、调试也不方便。

　　浮动式反向器的内循环滚珠丝杠螺母副如图2－12所示。其结构特点是反向器1与滚珠螺母上的安装孔有0.01～0.015 mm的配合间隙，反向器弧面上加工有圆弧槽，槽内安装拱形片簧4，外有弹簧套2，借助拱形片簧的弹力，始终给反向器一个径向推力，使位于回珠圆弧槽内的滚珠与丝杠3表面保持一定的压力，从而使槽内滚珠代替了定位键而对反向器起到自定位作用。浮动式反向器的优点是：在高频浮动中达到回珠圆弧槽进出口的自动对接，通道流畅、摩擦特性较好，更适用于高速、高灵敏度、高刚性的精密进给系统。

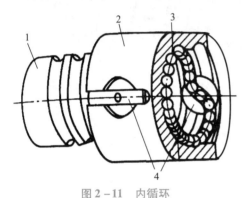

图2－11　内循环

1—丝杠；2—螺母；3—滚珠；4—反向器

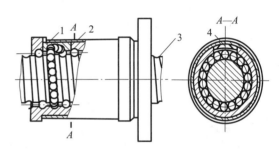

图2－12　浮动式反向器的内循环滚珠丝杠螺母副

1—反向器；2—弹簧套；3—丝杠；4—拱形片簧

　　（2）外循环。滚珠在循环反向时，有一段脱离丝杠螺旋滚道，在螺母体内或体外做循环运动。按结构形式可分为螺旋槽式、插管式和端盖式三种：

　　①螺旋槽式，如图2－13所示。在螺母2的外圆柱表面上铣出螺旋凹槽，槽的两端钻出两个通孔与螺旋滚道相切，螺旋滚道内装入两个挡珠器4引导滚珠3通过这两个孔，同时用套筒1盖住凹槽，构成滚珠的循环回路。这种结构的特点是工艺简单、径向尺寸小、易于制造。但是挡珠器刚性差、易磨损。

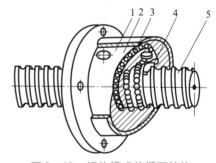

图2－13　螺旋槽式外循环结构

1—套筒；2—螺母；3—滚珠；4—挡珠器；5—丝杠

　　②插管式，如图2－14所示。用弯管1代替螺旋凹槽，弯管的两端插入与螺纹滚道5相切的两个内孔，用弯管的端部引导滚珠4进入弯管，构成滚珠的循环回路，再用压板2和螺钉将弯管固定。插管式结构简单、容易制造，但是径向尺寸较大，弯管端部用作挡珠器比较容易磨损。

　　③端盖式，在螺母1上钻出纵向孔作为滚子回程滚道（见图2－15），螺母两端装有两块扇形盖板2或套筒，滚珠的回程道口就在盖板上。滚道半径为滚珠直径的1.4～1.6倍。这种方式结构简单、工艺性好，但滚道连接和弯曲处圆角不易做准确而影响其性能，故应

用较少。常以单螺母形式用作升降传动机构。

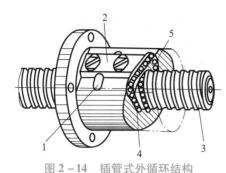 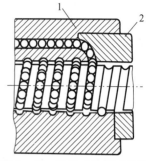

图 2−14　插管式外循环结构　　　　　图 2−15　端盖式外循环结构

1—弯管；2—压板；3—丝杠；4—滚珠；5—螺纹滚道　　　1—螺母；2—扇形盖板

3）滚珠丝杠螺母副轴向间隙调整与预紧

滚珠丝杠螺母在承受负载时，其滚珠与滚道面接触点处将产生弹性变形。换向时，其轴向间隙会引起空回，这种空回是非连续的，既影响传动精度，又影响系统的动态性能。单螺母丝杠副的间隙消除相当困难。实际应用中，常采用以下几种调整预紧方法：

（1）双螺母螺纹预紧方法。如图 2−16（a）所示，螺母 3 的外端有凸缘，而螺母 4 的外端虽无凸缘，但加工有螺纹，并通过两个圆螺母固定。调整时旋转圆螺母 2 消除轴向间隙并产生一定的预紧力，然后用锁紧螺母 1 锁紧。预紧后两个螺母中的滚珠相向受力［见图 2−16（b）］，从而消除轴向间隙。其特点是结构简单、刚性好、预紧可靠、使用中调整方便，但不能精确定量地调整，可靠性较差。

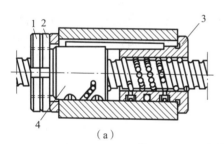 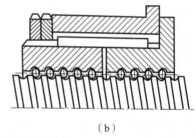

（a）　　　　　　　　　　　　　　　　（b）

图 2−16　双螺母螺纹预紧方法

1—锁紧螺母；2—圆螺母；3，4—螺母

（2）双螺母齿差预紧方法。如图 2−17 所示，在两个螺母 3 的凸缘上分别加工出只相差一个齿的齿圈，然后装入螺母座中，与相应的内齿圈相啮合。由于齿数差的关系，通过两端的两个内齿轮 2 与圆柱齿轮相啮合并用螺钉和定位销固定在套筒 1 上。调整时先取下两端的内齿轮 2，当两个滚珠螺母相对于套筒同一方向转动同一个齿并固定后，则一个滚珠螺母相对于另一个滚珠螺母产生相对角位

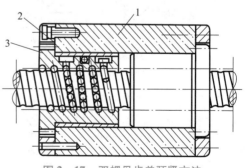

图 2−17　双螺母齿差预紧方法

1—套筒；2—内齿轮；3—螺母

移，使两个滚珠螺母产生相对移动，从而消除间隙并产生一定的预紧力。其特点是可实现定量调整，使用中调整较方便。

（3）双螺母垫片预紧方法。图2-18所示为两种常用的双螺母垫片式。这种方法是通过改变垫片的厚度使螺母产生位移，以达到消除间隙和预紧的目的。该方法结构简单、拆卸方便、工作可靠、刚性好；但使用中不便于随时调整，调整精度较低。

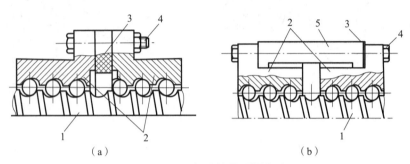

图2-18　双螺母垫片预紧方法

（a）压紧式；（b）拉紧式

1—丝杠；2—螺母；3—垫片；4—螺栓；5—衬筒

（4）弹簧式自动调整预紧方法。如图2-19所示，双螺母中一个活动，另一个固定，用弹簧使其之间产生轴向位移并获得预紧力。这种方法的特点是能消除使用过程中由于磨损或弹性变形产生的间隙；但其结构复杂，轴向刚度低。

（5）单螺母变位导程自预紧方法。如图2-20所示，这种方法是在内螺纹滚道轴向制作一个ΔL的导程突变量，在滚珠螺母内的两组循环圈之间，借助于螺母体内的两列滚珠在轴向错位来实现消除间隙和预紧，其预紧力的大小由$\pm \Delta L$和单列滚珠径向间隙确定。该方法是以上几种方法中结构最简单、尺寸最紧凑的，且价格低廉，其缺点是不便于随时调整。

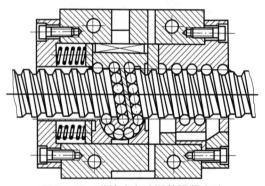

图2-19　弹簧式自动调整预紧方法

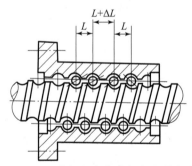

图2-20　单螺母变位导程自预紧方法

2. 滚动螺旋副支承方式的选择

（1）支承方式。实践证明，丝杠的轴承组合及轴承座以及其他零件的连接刚性不足，将严重影响滚动螺旋副的传动精度和刚度，在设计安装时应认真考虑。为了提高轴向刚度，常用推力轴承为主的轴承组合来支承丝杠。当轴向载荷较小时，也可用向心推力球轴承来支承丝杠。常用轴承的组合方式见表2-3。

表 2 – 3　常用轴承的组合方式

支承方式	示意图	特点
单推 – 单推式		轴向刚度较高；预拉伸安装时，预紧力较大；轴承寿命比双推 – 双推式短
双推 – 双推式		适用十高刚度、高速度、高精度的精密丝杠传动系统。由于随温度的升高会使丝杠的预警力增大，故易造成两端支撑的预警力不对称
双推 – 简支式		轴向刚度不太高，使用时应注意减少丝杠热变形的影响。双推端可预拉伸安装，预警力小。轴承寿命较高，适用于中速、精度较高的长丝杠传动系统
双推 – 自由式		轴向刚度和承载能力低，多用于轻载、低速的垂直安装丝杠传动系统

（2）轴承组合支承安装示例如图 2 – 21 所示。

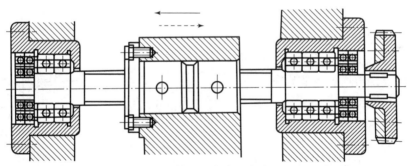

图 2 – 21　轴承组合支承安装示例

（3）制动装置。垂直安装时，因其传动效率高，无自锁作用，故必须设置当驱动力中断后防止被驱动部件因自重发生逆传动的自锁或制动装置。常用的制动装置有体积小、质量轻、易于安装的超越离合器。选购时可同时选购相宜的超越离合器，如图 2 – 22 所示。

另外还可选用如图 2 – 23 所示的制动装置，当主轴 7 做上下进给运动时，电磁线圈 2 通电，吸引铁芯 1，从而打开摩擦离合器 4，此时电动机 5 通过减速齿轮、滚珠丝杠副 6 带动主轴 7 做垂直上下运动。当电动机停止运动或断电时，电磁线圈 2 也同时断电，在弹簧 3 的作用下摩擦离合器 4 压紧制动轮，使滚珠丝杠不能自由转动，从而防止因上下运动部件的自重而自动下降。

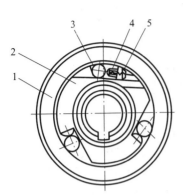

图 2-22 超越离合器

1—外圈；2—星轮；3—滚柱；
4—活销；5—弹簧

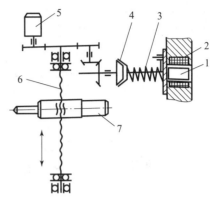

图 2-23 电磁-摩擦制动装置

1—铁芯；2—电磁线圈；3—弹簧；4—摩擦
离合器；5—电动机；6—滚珠丝杠副；7—主轴

3. 滚动螺旋副的密封与润滑

滚动螺旋副的密封可用防尘密封圈或防护套，防止灰尘及杂质进入滚珠丝杠副，使用润滑剂来提高耐磨性及传动效率，从而维持传动精度，延长使用寿命。

密封圈有接触式和非接触式两种，将其装在滚珠螺母的两端即可。接触式密封圈用具有弹性的耐油橡胶或尼龙等材料制成，因此有接触压力并产生一定的摩擦力矩，但其防尘效果好。非接触式密封圈通常由聚氯乙烯等塑料制成，其内孔螺纹表面与丝杠螺纹之间略有间隙，故又称迷宫式密封圈。

常用的润滑剂有润滑油和润滑脂两类。润滑脂一般在安装过程中放进滚珠螺母滚道内，因此为定期润滑，而使用润滑油时应注意经常通过注油孔注油。

防护套可防止尘土及杂质进入滚珠丝杠，影响其传动精度。防护套的形式有折叠式密封套、伸缩套管和伸缩挡板式。防护套的材料有耐油塑料、人造革等。图 2-24 所示为防护套示例。

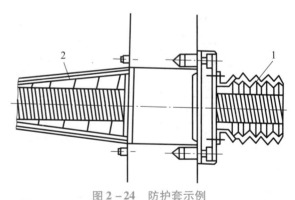

图 2-24 防护套示例

1—折叠式密封套；2—螺旋弹簧钢带伸缩套管

4. 滚动螺旋副的选择方法

1）结构的选择

根据防尘防护条件以及对调隙及预紧的要求，可选择适当的结构形式。例如，当允许有间隙存在时（如垂直运动），可选用具有单圆弧形螺纹滚道的单螺母滚珠丝杠副；当必须有预紧或在使用过程中因磨损而需要定期调整时，应采用双螺母螺纹预紧或齿差预紧式结构；当具备良好的防尘条件，并且需在装配时调整间隙及预紧力时，可采用结构简单的双螺母垫片调整预紧式结构。

2）尺寸的选择

选用滚动螺旋副时通常主要选择丝杠的公称直径 d_0 和公称导程 P_h。公称直径 d_0 应根据轴向最大载荷按滚珠丝杠副尺寸系列选择。螺纹长度 L_1 在允许的情况下要尽量短，一般 $L_1/d_0 < 30$ 为宜；公称导程 P_h 应按承载能力、传动精度及传动速度选取，P_h 大，承载能力也大；P_h 小，传动精度较高。要求传动速度快时，可选用大导程滚珠丝杠副。

2.1.3 挠性传动

挠性传动是通过挠性元件进行传递运动和力矩的一种传动机构，它特别适合轴间距较大的运动传递。挠性传动有摩擦传动和啮合传动两种方式。摩擦传动包括平带传动、V 带传动和绳传动，这种传动为保证传递力矩有时需设置张紧装置。啮合传动有链传动和同步带传动等。

1. 平带传动

带传动具有结构简单、传动平稳、能缓冲吸振、可以在大的轴间距和多轴间传递动力、造价低廉、不需润滑、维护容易等特点，在机械传动中应用十分广泛。

平带有钢带、帆布带和橡胶输送带等。钢带传动的特点是钢带与带轮之间的接触面积大、无间隙、摩擦传递的驱动力大、结构简单紧凑、运行可靠、噪声低、寿命长、拉伸变形小，可以应用于高温场合等，它不仅可以作为精密机械的传动方式，也可作为食品行业的物料输送的输送带。

如图 2-25 所示，AdeptOne 水平关节机器人中小臂传动采用的是钢带传动，小臂电动机通过驱动轴及钢带，将运动 1:1 地传到被动鼓轮，驱动小臂回转。这里钢带传动没有压紧轮，而用两层主动鼓轮的相对转动来张紧钢带。

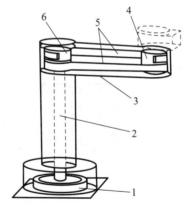

图 2-25　AdeptOne 水平关节机器人

1—电动机转子；2—驱动轴；3—小臂；4—被动鼓轮；5—钢带；6—主动鼓轮

2. 绳传动

钢丝绳（尼龙绳）传动具有质量轻、体积小、与齿轮和链传动相比价格便宜等特点，适用于在较长的区间内传递力矩。其缺点是带轮较大、安装面积大、加速度不易太高。钢丝绳广泛应用于机械、造船、采矿、林业、水产以及农业等。

钢丝绳应用于起重机的起升机构、变幅机构、牵引机构。图 2-26 所示为钢丝绳用于机器人手指驱动的结构。使用时，当牵引抓取钢丝绳时，手指合拢抓取物体；当牵引松开钢丝绳时，手指松开放下物体。

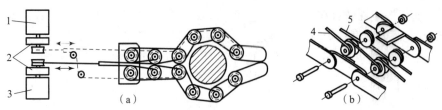

图 2 - 26　钢丝绳用于机器人手指驱动的结构

（a）钢丝绳驱动手爪机构；（b）钢丝绳驱动轮局部

1—松开电动机；2—离合器；3—抓紧电动机；4—抓紧钢丝绳；5—松开钢丝绳

3. 链传动

链传动的链条可分为圆环链和滚子链等。链传动是通过链条将具有特殊齿形的主动链轮的运动和动力传递到具有特殊齿形的从动链轮的一种传动方式。与带传动相比，链传动无弹性滑动和打滑现象，平均传动比准确，工作可靠、效率高；传递功率大，过载能力强；所需张紧力小，能在高温、潮湿、多尘、有污染等恶劣环境中工作。链传动的缺点有：仅能用于两平行轴间的传动；成本高、易磨损、易伸长，传动平稳性差，运转时会产生附加动载荷、振动、冲击和噪声等。

滚子链传动属于比较完善的传动机构，由于噪声小、效率高，因此得到广泛应用。但是，高速运动时，滚子和链轮之间的碰撞产生较大的噪声和振动，只有在低速时才能得到满意的效果。

如图 2 - 27 所示，滚子链是用销轴等连接到连接板，并装入套筒和滚子制成的。销轴固定在销连接板上，套筒固定在滚子连接板上，滚子可以自由回转。传递大动力时，可以用双列、三列或多列滚子链。链轮齿数少摩擦力会增加，要得到平稳运动，链轮的齿数要大于 17，并尽量采用奇数个齿。

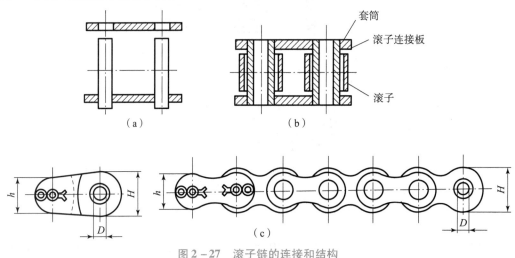

图 2 - 27　滚子链的连接和结构

（a）销轴连接；（b）滚子连接；（c）滚子链结构

4. 同步带行动

同步带是综合了普通带传动、链传动和齿轮传动优点的一种新型带传动。它在带的工作面及带轮外周上均制有啮合齿，通过带齿与轮齿做啮合传动来保证带和带轮做无滑差的同步传动。其齿形带采用了承载后无弹性变形的高强力材料，以保证带的节距不变。传动比可大到 10，速度达到 40 m/s，具有传动比准确、传动效率高（可达 0.98）、能吸振、噪声低、传动平稳、能高速传动、维护保养方便等优点，故使用范围较广。它在打印机、扫描仪上都有应用。图 2 - 28 所示为同步带传动机构。

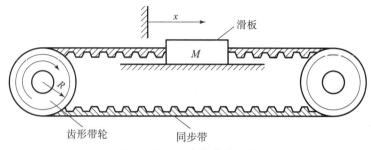

图 2 - 28　同步带传动机构

拓展资源：丝杠螺母机构基本传动形式

丝杠螺母机构又称螺旋传动机构。它主要用来将旋转运动变为直线运动或将直线运动变为旋转运动。有以传递能量为主的（如螺旋压力机、千斤顶等），也有以传递运动为主的（如工作台的进给丝杠），还有调整零件之间相对位置的螺旋传动机构等。丝杠螺母机构有滑动摩擦和滚动摩擦之分。滑动丝杠螺母机构结构简单、加工方便、制造成本低、具有自锁功能。但其摩擦阻力大、传动效率低（30% ~ 40%）。滚动丝杠螺母机构虽然结构复杂、制造成本高，但其最大优点是摩擦阻力小、传动效率高（92% ~ 98%），因此在机电一体化系统中得到广泛应用。根据丝杠和螺母相对运动组合情况，其基本传动形式有以下四种。

（1）螺母固定、丝杠转动并移动：该传动形式因螺母本身起着支承作用、消除了丝杠轴承可能产生的附加轴向窜动，结构较简单，可获得较高的传动精度。但其轴向尺寸不易太长，刚性较差。因此只适用于行程较小的场合。

（2）丝杠转动、螺母移动：该传动形式需要限制螺母的转动，故需导向装置。其特点是结构紧凑、丝杠刚性较好，适用于工作行程较大的场合。

（3）螺母转动、丝杠移动：该传动形式需要限制螺母移动和丝杠的转动，由于结构较复杂且占用轴向空间较大，故应用较少。

（4）丝杠固定、螺母转动并移动：该传动方式结构简单、紧凑，但在多数情况下，使用极不方便，故很少应用。

任务 2.2　导向支承部件的结构形式选择

2.2.1　导轨副的组成、种类

导向支承部件的作用是支承和限制运动部件按给定的运动要求和规定的运动方向运动，这样的支承部件通常被称为导轨副，简称导轨。

1. 导轨副的种类

导轨副主要由承导件 1 和运动件 2 两大部分组成，如图 2 - 29 所示。常用的导轨副的种类很多，按运动轨迹划分，可分为直线运动导轨和圆周（回转）运动导轨。按其接触面的摩擦性质可分为滑动导轨、滚动导轨、流体介质摩擦导轨、弹性摩擦导轨等。例如

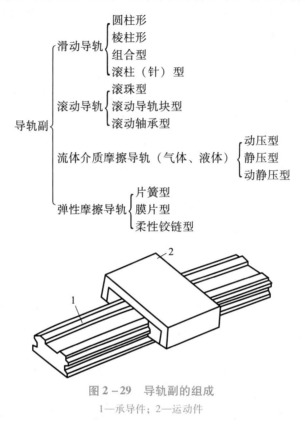

图 2 - 29　导轨副的组成

1—承导件；2—运动件

　　按其结构特点又可分为开式导轨和闭式导轨。开式导轨是借助重力或弹簧弹力保证运动件与承导面之间的接触，闭式导轨是靠导轨本身的结构形状保证运动件与承导面之间的接触。常用导轨副的结构形式如图 2 - 30 所示，其性能比较如表 2 - 4 所示。

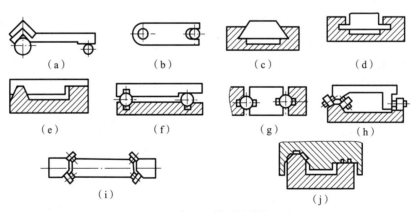

图 2 - 30　常用导轨副的结构形式

（a）开式圆柱面导轨；（b）闭式圆柱面导轨；（c）燕尾导轨；（d）闭式直角导轨；（e）开式 V 形导轨；
（f）开式滚珠导轨；（g）闭式滚珠导轨；（h）开式滚柱导轨；（i）滚动轴承导轨；（j）液体静压导轨

表 2 – 4　常用导轨副性能比较

导轨类型	结构工艺性	方向精度	摩擦力	对温度敏感性	承载能力	耐磨性	成本
开式圆柱面导轨［见图 2－30（a）］	好	高	较大	不敏感	小	较差	低
闭式圆柱面导轨［见图 2－30（b）］	好	较高	较大	较敏感	较小	较差	低
燕尾导轨［见图 2－30（c）］	较差	高	大	敏感	大	好	较高
闭式直角导轨［见图 2－30（d）］	较差	较低	较小	较敏感	大	较好	较低
开式 V 形导轨［见图 2－30（e）］	较差	较高	较大	不敏感	大	好	较高
开式滚珠导轨［见图 2－30（f）］	较差	高	小	不敏感	较小	较好	较高
闭式滚珠导轨［见图 2－30（g）］	差	较高	较小	不敏感	较小	较好	高
开式滚柱导轨［见图 2－30（h）］	较差	较高	小	不敏感	较大	较好	较高
滚动轴承导轨［见图 2－30（i）］	较差	较高	小	不敏感	较大	好	较高
液体静压导轨［见图 2－30（j）］	差	高	很小	不敏感	大	很好	很高

2. 导轨副的设计要求

机电一体化系统对导轨的基本要求是导向精度高、刚性好、运动轻便平稳、耐磨性好、温度变化影响小以及结构工艺性好等。

对精度要求高的直线运动导轨还要求导轨的承载面与导向面严格分开，当运动件较重时，必须设有卸荷装置。运动件的支承必须符合三点定位原理：

（1）导向精度。导向精度是指动导轨按给定方向做直线运动的准确程度。导向精度的高低，主要取决于导轨的结构类型，导轨的几何精度和接触精度，导轨的配合间隙、油膜厚度和油膜刚度，导轨和基础件的刚度和热变形等。

对直线运动导轨的几何精度（见图 2－31），一般有以下几项规定：

①导轨纵向直线度，如图 2－31（a）所示。

②导轨横向直线度，如图 2－31（b）所示。

理想的导轨与垂直和水平截面上的交线应是一条直线，但由于制造的误差，使实际轮廓线偏离理想的直线，测得实际包容线的两平行直线间的宽度 ΔV、ΔH，即为导轨纵向直线度或横向直线度。

③两导轨面间的平行度（扭曲度），如图 2－31（c）所示。这项误差一般用在导轨一定长度上或全长上的横向扭曲值表示。

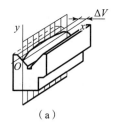 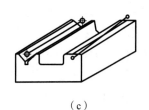

（a）　　　　　　　　　（b）　　　　　　　　　（c）

图 2－31　直线运动导轨的几何精度

（a）导轨纵向直线度；（b）导轨横向直线度；（c）两导轨面间的平行度

（2）刚度，就是抵抗载荷的能力。抵抗恒定载荷的能力称为静刚度，抵抗交变载荷的能力称为动刚度。

现简略介绍静刚度。在恒定载荷作用下，物体变形的大小表示静刚度的好坏。导轨变形一般有自身、局部和接触三种变形。

自身变形由作用在导轨面上的零部件质量（包括自重）而引起，它主要与导轨的类型、尺寸以及材料等有关。为了加强导轨自身刚度，常采用增大尺寸和合理布置肋和肋板等办法解决。

导轨局部变形发生在载荷集中的地方，必须加强导轨的局部刚度。

接触变形由于在两个平面接触处加工造成的微观不平度，使其实际接触面积仅是名义接触面积的很小一部分，因而产生接触变形，如图 2 - 32 所示。由于接触面积是随机的，故接

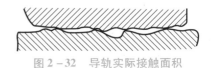

图 2 - 32　导轨实际接触面积

触变形不是定值，即接触刚度也不是定值。但在实际应用时，接触刚度必须是定值。为此，对于活动接触面（动导轨与支承导轨），需施加预载荷，以增加接触面积，提高接触刚度。预载荷一般等于运动件及其上的工件的质量。导轨的接触精度以导轨表面的实际接触面积占理论接触面积的百分比或在 25 mm × 25 mm 面积上接触点的数目和分布状况来表示。为了保证导轨副的刚度，导轨副应有一定的接触精度，这项精度一般根据精刨、磨削、刮研等加工方法按标准规定。

（3）精度的保持性，主要由导轨的耐磨性决定。导轨的耐磨性是指导轨在长期使用后，应能保持一定的导向精度。导轨的耐磨性主要取决于导轨的结构、材料、摩擦性质、表面粗糙度、表面硬度、表面润滑及受力情况等。提高导轨的精度保持性，必须进行正确的润滑与防护。采用独立的润滑系统自动润滑已被普遍采用。防护方法有很多，目前多采用多层金属薄板伸缩式防护罩进行防护。

（4）运动的灵活性和低速运动的平稳性。机电一体化系统和计算机外围设备等的精度和运动速度都比较高，因此导轨应具有较好的灵活性和平稳性。工作时应轻便省力、速度均匀，低速运动或微量位移时不出现爬行现象，高速运动时应无振动现象。在低速运行时，往往不是做连续的匀速运动而是时走时停的运动（即爬行），其主要原因是摩擦因数随运动速度的变化和传动系统刚性不足造成的。

将传动系统和摩擦副简化成弹簧－阻尼系统，如图 2 - 33 所示，传动系统 2 带动运动件 3 在静导轨 4 上运动时，作用在导轨副内的摩擦力 F 是变化的。导轨副相对静止时，静摩擦因数较大。运动开始的低速阶段，动摩擦因数是随导轨副相对滑动速度的增大而降低的，直到相对速度增大到某一临界值，动摩擦因数才随相对速度的减小而增加。由此来分析图 2 - 33

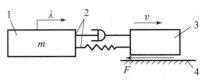

图 2 - 33　弹簧－阻尼系统
1—主动件；2—传动系统；3—运动件；
4—静导轨

所示的运动系统：匀速运动的主动件 1 通过压缩弹簧推动静止的运动件 3，当运动件 3 受到的逐渐增大的弹簧力小于静摩擦力 F 时，运动件 3 不动，直到弹簧力大于 F 时，运动件 3 才开始运动，这时，动摩擦力随着动摩擦因数的降低而变小，运动件 3 的速度相应增大；同时弹簧相应伸长，作用在运动件 3 上的弹簧力逐渐减小，运动件 3 产生负加速度，速度

降低，动摩擦力相应增大，速度逐渐下降，直到运动件 3 停止运动，主动件 1 这时再重新压缩弹簧，爬行现象进入下一个周期。

为防止爬行现象的出现，可采取以下几种措施：

①采用滚动导轨、静压导轨、卸荷导轨、贴塑料层导轨等。

②在普通滑动导轨上使用含有极性添加剂的导轨油。

③采用减小结合面、增大结构尺寸、缩短传动链、减少传动副等方法来提高传动系统的刚度。

（5）温度的敏感性和结构的工艺性。导轨在环境温度变化的情况下应能正常工作，既不"卡死"，也不影响系统的运动精度。导轨对温度变化的敏感性主要取决于导轨材料和导轨配合间隙的选择。结构的工艺性是指系统在正常工作的条件下，应力求结构简单，制造容易，装拆、调整、维修及检测方便，从而最大限度地降低生产成本。

3. 导轨副的设计

设计导轨副应包括下列几方面内容：

（1）根据工作条件和载荷等特点，确定合适的导轨类型及截面形状，以保证导向精度。

（2）选择适当的导轨结构及尺寸，使其在给定的载荷及工作温度范围内有足够的刚度、良好的耐磨性以及运动灵活性和低速平稳性。

（3）通过导轨的力学计算，选择导轨材料、表面精加工和热处理方法以及摩擦面硬度匹配。

（4）选择导轨的补偿及调整装置，经长期使用后，通过调整能保持所需要的导向精度。

（5）选择合理的耐磨涂料、润滑方法和防护装置，使导轨有良好的工作条件，以减少摩擦和磨损。

（6）制订保证导轨精度所必需的技术条件。

2.2.2 滑动导轨

1. 导轨副的截面形状及其特点

常见的导轨截面形状有三角形（分对称、不对称两类）、矩形、燕尾形及圆柱形四种，每种又分为凸形和凹形两类。凸形导轨不易积存切屑等脏物，也不易储存润滑油，宜在低速下工作。凹形导轨则相反，可用于高速，但必须有良好的防护装置，以防切屑等脏物落入导轨。滑动导轨截面形状与特点如表 2 - 5 所示，各种导轨副的组合形式如表 2 - 6 所示。

表 2 - 5　滑动导轨截面形状与特点

类型		截面形状		特点
		凸形	凹形	
三角形导轨	对称			导轨尖顶朝上的称三角形，尖顶朝下的称 V 形； 导向精度较高，磨损后能自动补偿； 对称形截面制造方便、应用广泛，两侧压力不均时采用非对称

续表

类型		截面形状		特点
		凸形	凹形	
三角形导轨	不对称	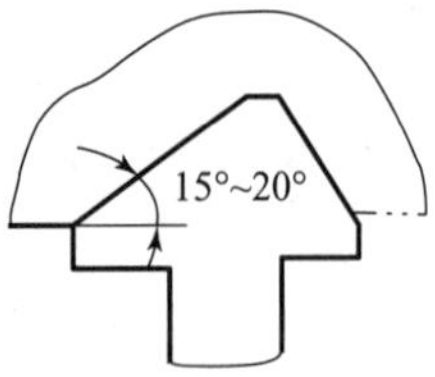	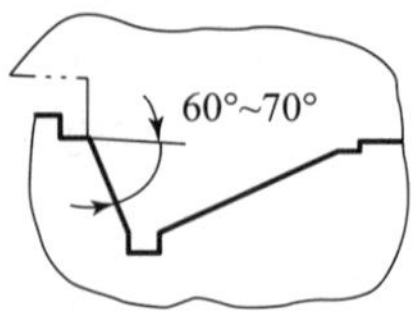	顶角 α 一般为90°，重型机床应采用较大的顶角（110°～120°），精密机床 $\alpha < 90°$
矩形		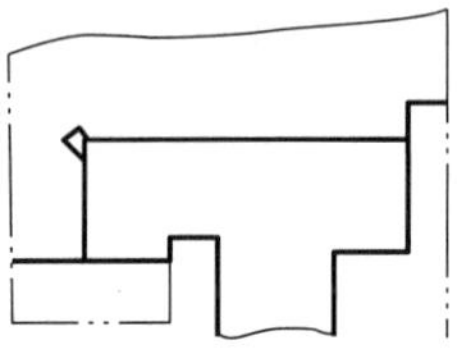	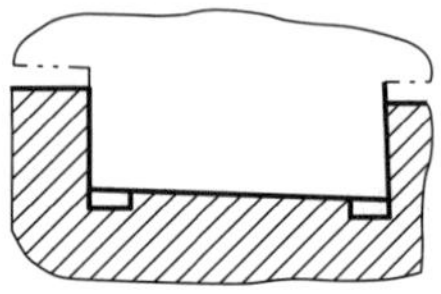	结构简单，制造、检验和修理方便，导轨面较宽，承载能力大，刚度高，故应用广泛；矩形导轨的导向精度没有三角形导轨高，磨损后不能自动补偿，须有调整间隙装置；主要用于载荷大的机床或组合导轨
燕尾形		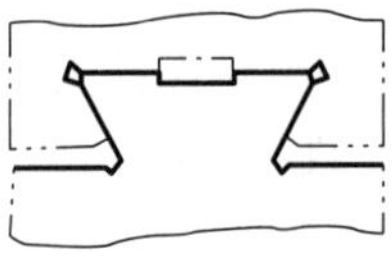	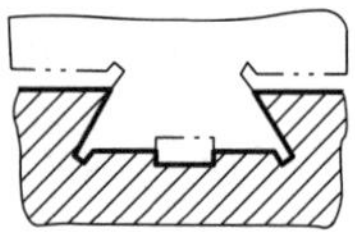	磨损后不能自动补偿间隙，需设调整间隙装置；用一根镶条就可调节水平与垂直方向的间隙，高度小，结构紧凑，可以承受颠覆力矩；刚度较差，摩擦力较大，制造、检验和维修都不方便；用于运动速度不高、受力不大、高度尺寸受到限制的场合
圆柱形		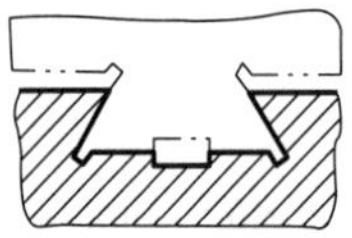	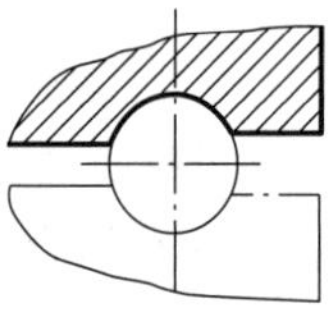	制造方便，外圆采用磨削，内孔经过珩磨，可达到精密配合，但磨损后很难调整和补偿间隙，用于承受轴向载荷的场合；不能承受大的扭矩，亦可采用双圆柱导轨

表 2 - 6　各种导轨副的组合形式

示意图	特点
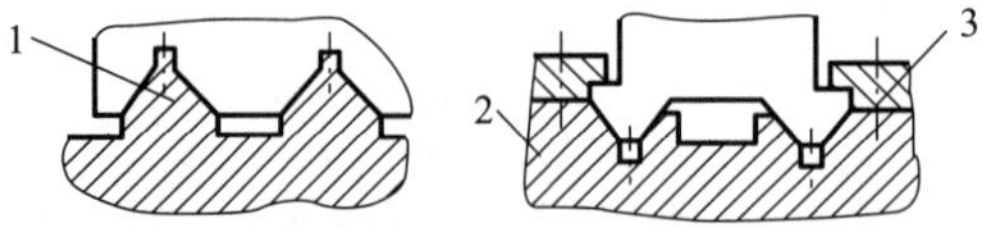 1—三角形导轨；2—V 形导轨；3—压板（双三角形）	导向性和精度保持性都高，接触刚度好，自动补偿垂直和水平方向的磨损，但工艺性差，对导轨的四个表面刮削或磨削也难以完全接触，多用于精度要求较高的机床设备

示意图	特点
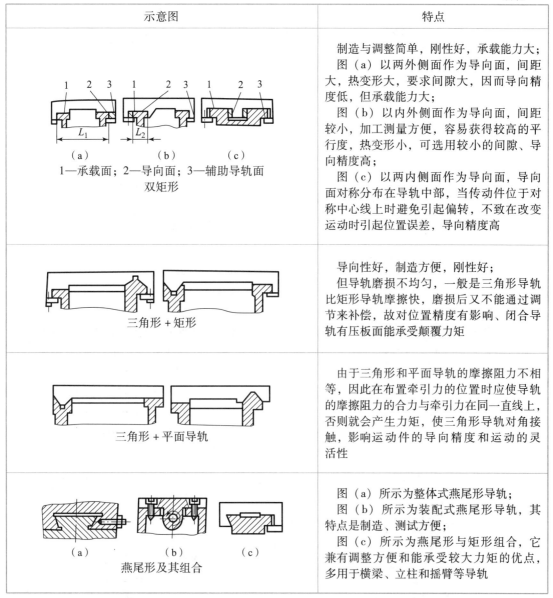	制造与调整简单，刚性好，承载能力大； 图（a）以两外侧面作为导向面，间距大，热变形大，要求间隙大，因而导向精度低，但承载能力大； 图（b）以内外侧面作为导向面，间距较小，加工测量方便，容易获得较高的平行度，热变形小，可选用较小的间隙、导向精度高； 图（c）以两内侧面作为导向面，导向面对称分布在导轨中部，当传动件位于对称中心线上时避免引起偏转，不致在改变运动时引起位置误差，导向精度高
三角形＋矩形	导向性好，制造方便，刚性好； 但导轨磨损不均匀，一般是三角形导轨比矩形导轨摩擦快，磨损后又不能通过调节来补偿，故对位置精度有影响、闭合导轨有压板面能承受颠覆力矩
三角形＋平面导轨	由于三角形和平面导轨的摩擦阻力不相等，因此在布置牵引力的位置时应使导轨的摩擦阻力的合力与牵引力在同一直线上，否则就会产生力矩，使三角形导轨对角接触，影响运动件的导向精度和运动的灵活性
燕尾形及其组合	图（a）所示为整体式燕尾形导轨； 图（b）所示为装配式燕尾形导轨，其特点是制造、测试方便； 图（c）所示为燕尾形与矩形组合，它兼有调整方便和能承受较大力矩的优点，多用于横梁、立柱和摇臂等导轨

（图内标注）
1—承载面；2—导向面；3—辅助导轨面
双矩形
（a）（b）（c）

2. 导轨副间隙的调整

为保证导轨正常工作，导轨滑动表面之间应保持适当的间隙。间隙过小，会增加摩擦阻力；间隙过大，会降低导向精度。导轨经长期使用后，会因磨损而增大间隙，需要及时调整，故导轨应有间隙调整装置。常用的调整方法有压板和镶条两种方法。

对燕尾形导轨可采用镶条（垫片）方法，同时调整垂直和水平两个方向的间隙，如图 2-34 所示。

对矩形导轨可采用修刮压板、修刮调整块片的厚度或调整螺钉的方法进行间隙的调整，如图 2-35 所示。

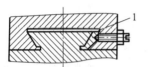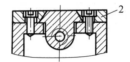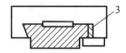

图 2－34　燕尾形导轨的间隙调整

1—斜镶条；2—压板；3—直镶条

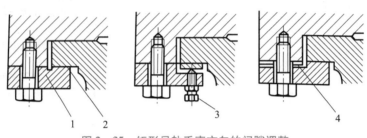

图 2－35　矩形导轨垂直方向的间隙调整

1—压板；2—结合面；3—调整螺钉；4—调整垫片

　　导轨水平间隙的调整如图 2－36（a）所示。平镶条横截面积为矩形或平行四边形（用于燕尾导轨），以镶条的横向位移来调整间隙。平镶条一般放在受力小的一侧，用螺钉调节，螺母锁紧。因各螺钉单独拧紧，故收紧力不易一致，使镶条在螺钉的着力点有挠度、接触不均匀、刚性差、易变形。因其调整较麻烦，故用于受力较小或短的导轨。图 2－36（b）和（c）所示为采用两根斜镶条调整导轨侧面间隙的结构。调整时拧动螺钉，使斜镶条纵向（平行运动方向）移动来调整间隙。为了缩短斜镶条的长度，一般将镶条放在移动件上。

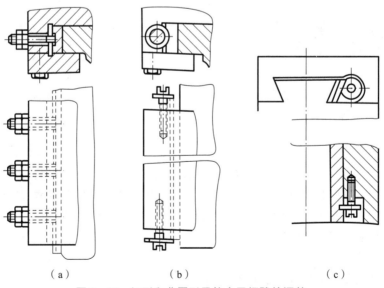

（a）　　　　　　　　　　（b）　　　　　　　　　　（c）

图 2－36　矩形和燕尾形导轨水平间隙的调整

斜镶条是在全长上支承，其斜度为 $1:40 \sim 1:100$，镶条长度 L 越长，斜度应越小，以免两端厚度相差过大。一般当 $L/H < 10$ 时（H 为导轨高度），取 $1:40$；$L/H > 10$ 时，取 $1:100$。

采用斜镶条调整的优点是：镶条两侧面与导轨面全部接触，刚性好，斜镶条必须加工成斜形，制造困难；但使用可靠、调整方便，故应用较广。

三角形导轨的上滑动面能自动补偿，下滑动面的间隙调整和矩形导轨的下压板调整底面间隙相同，同形导轨的间隙不能调整。

3. 导轨的材料

常用导轨材料如表 2 − 7 所示，有铸铁、钢、有色金属和塑料等。常使用铸铁 − 铸铁、铸铁 − 钢的导轨。铸铁具有耐磨性和减振性好、热稳定性高、易于铸造和切削加工、成本低等特点，因此在滑动导轨中被广泛采用。

表 2 − 7　常用导轨材料

材料		特点
灰铸铁		常用的是 HT200（一级铸铁），硬度以 $180 \sim 200$ HBW 较为合适。适当增加铸铁中含碳量和含磷量，减少含硅量，可提高导轨的耐磨性
耐磨铸铁	高磷铸铁	含磷量（质量分数）为 $0.3\% \sim 0.65\%$ 的灰铸铁，其硬度为 $180 \sim 220$ HBW，耐磨性能比灰铸铁 HT200 约高一倍。脆性和铸造应力较大，易产生裂纹
	低合金铸铁	如钒钛铸铁、中磷钒钛铸铁、中磷铜钒钛铸铁等。这类铸铁具有较好的耐磨性（与高磷铜钛铸铁相近），且铸造性能优于高磷系铸铁
	稀土铸铁	具有强度高、韧性好的特点，耐磨性与高磷铸铁相近，但铸造性能和减振性较差，成本也较高
	孕育铸铁	常用的孕育铸铁是 HT300，它比 HT200 的耐磨性高
钢		常用的钢有 15 钢、40Cr、T8A、T10A、GCr15、GCr15SiMn 等，表面淬火或全淬，硬度为 $52 \sim 58$ HRC。要求高的导轨，常采用的钢有 20Cr、20CrMnTi、15 钢等，渗碳淬硬至 $56 \sim 62$ HRC，磨削加工后淬硬层深度不得低于 1.5 mm
有色金属		常用的有色金属有铅黄铜 HPb59 − 1、铸造锡青铜 ZQSn6 − 6 − 3、铸造铝青铜 ZCuAl9Mn2 和铸造锌合金 ZZnAl4Cu1Mg、超硬铝 7A04、铸铝 ZL101 等，其中以铸造铝青铜较好
塑料		镶装塑料导轨具有耐磨性好（但略低于铝青铜），抗振性能好，工作温度适应范围广（$-200 \sim 260$ ℃），抗撕伤能力强，动、静摩擦因数低，差别小，可降低低速运动的临界速度，加工性和化学稳定性好，工艺简单，成本低等优点

4. 提高导轨副耐磨性的措施

导轨的使用寿命取决于导轨的结构、材料、制造质量、热处理方法，以及使用与维护。提高导轨的耐磨性，使其在较长时期内保持一定的导向精度，就能延长导轨的使用寿命。

（1）采用镶装导轨。为了提高导轨的耐磨性，又要使导轨的制造工艺简单、修理方便、成本低等，往往采用镶装导轨，即在支承导轨（如底座、床身等）上镶装淬硬钢条、钢板或钢带，在动导轨上镶装塑料或有色金属板。

①镶钢导轨。如图 2 – 37 所示，都是用螺钉将淬硬的钢导轨固定在支承件上。最好采用图 2 – 37（a）、（b）所示的固定方法，以免损伤导轨表面。当采用图 2 – 37（c）所示的固定方法时，螺钉固定后，应将螺钉头去掉并磨光。

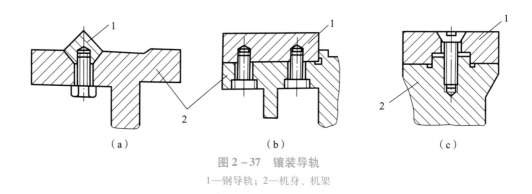

（a）　　　　　　　　　　（b）　　　　　　　　　　（c）

图 2 – 37　镶装导轨

1—钢导轨；2—机身、机架

②镶装塑料导轨。这种导轨多用酚醛夹布胶木板，塑料板厚度为 0.5 ~ 10 mm。为了提高塑料板的黏结强度，可在端部加固定销。除镶装塑料导轨外，还有喷涂塑料导轨，用的塑料有锦纶和低压聚乙烯粉末。

③镶装有色金属导轨。常用的材料是铸造铝青铜 ZCuAl9Mn2 和铸造锌合金 ZZnA14Cu1MIg。由于这两种材料与铸铁的黏结强度不够高，因此有色金属与铸铁导轨除了黏结外，还必须用螺钉紧固。

（2）提高导轨精度与改善表面粗糙度。其目的是减少导轨的摩擦和磨损，从而提高耐磨性。

（3）减小导轨单位面积上的压力。要减小导轨面压力，应减轻运动部件的质量和增大导轨支承面的面积，减小两导轨面之间的中心距，减小外形尺寸和减轻运动部件的质量。但是减小中心距受到结构尺寸的限制，而中心距太小，将导致运动不稳定。降低导轨压力的另一种办法，是采用卸荷装置，即在导轨载荷的相反方向增加弹簧或液压作用力，以抵消导轨所承受的部分载荷。

5. 应用实例

以天津罗升有限公司 HIWIN 直线导轨为例。图 2 – 38 所示为 HIWIN 直线导轨 – EG 系列规格表示方法，图 2 – 39 所示为 EGH – SA/EGH – CA 导轨图，表 2 – 8 所示为 EGH – SA/EGH – CA 尺寸。

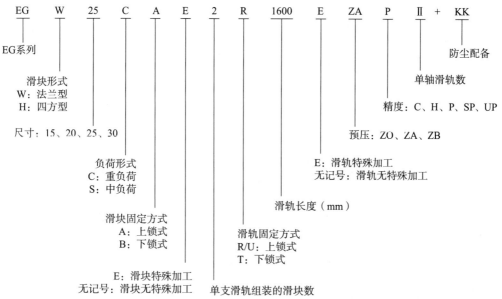

图 2-38　HIWIN 直线导轨 - EG 系列规格表示方法

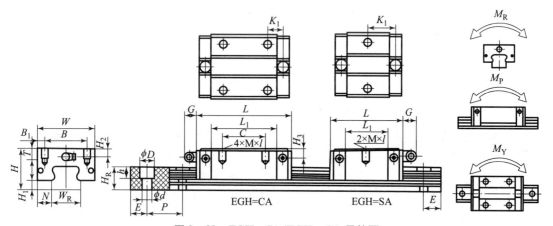

图 2-39　EGH - SA/EGH - CA 导轨图

2.2.3　静压导轨

静压导轨是将具有一定压力的油或气体介质通入导轨的运动件与导向支承件之间。运动件浮在压力油或气体薄膜之上，与导向支承件脱离接触，致使摩擦阻力（力矩）大大降低。运动件受外载荷作用后，介质压力会反馈升高，以支承外载荷。

图 2-40 所示为闭式液体静压导轨工作原理图。当工作台受集中力 p（外力和工作台重力）作用而下降，使间隙 h_1、h_2 减小，h_3、h_4 增大，则流经节流器 1、2 的流量减小，其压力降也相应减少，使油腔压力 p_1、p_2 升高。流经节流器 3、4 的流量增大，p_3、p_4 则降低。四个油腔所产生的向上的支承合力与力 p 达到平衡状态，使工作台稳定在新的平衡位

表2-8　EGH-SA/EGH-CA 尺寸

型号	组件尺寸/mm			滑块尺寸/mm											
	H	H_1	N	W	B	B_1	C	L_1	L	G	$M \times l$	K_1	T	H_2	H_5
EGH15SA	24	4.5	9.5	34	26	4	—	23.1	40.7	5.7	M4×6	14.8	6	5.5	6
EGH15CA	24	4.5	9.5	34	26	4	26	39.8	57.4	5.7	M4×6	10.15	6	5.5	6
EGH20SA	28	6	11	42	32	5	—	29	50.6	12	M5×7	18.75	7.5	6	6
EGH20CA	28	6	11	42	32	5	32	48.1	69.7	12	M5×7	12.3	7.5	6	6
EGH25SA	33	7	12.5	48	35	6.5	—	35.5	61.1	12	M6×9	21.9	8	8	8
EGH25CA	33	7	12.5	48	35	6.5	35	59	84.6	12	M6×9	16.15	8	8	8
EGH30SA	42	10	16	60	40	10	—	41.5	71.5	12	M8×12	26.75	9	8	9
EGH30CA	42	10	16	60	40	10	40	70.1	100.1	12	M8×12	21.05	9	8	9

型号	滑轨尺寸/mm							滑轨固定螺栓尺寸/mm	基本额定动负载 C/kN	基本静额定负荷 C_o/kN	允许静力矩			重量	
	W_R	H_R	D	h	d	P	E				M_R/(kN·m)	M_P/(kN·m)	M_Y/(kN·m)	滑块/kg	滑轨/(kg·m^{-1})
EGH15SA	15	12.5	6	4.5	3.5	60	20	M3×16	5.35	9.40	0.08	0.04	0.04	0.09	1.25
EGH15CA	15	12.5	6	4.5	3.5	60	20	M3×16	7.83	16.19	0.13	0.10	0.10	0.15	1.25
EGH20SA	20	15.5	9.5	8.5	6	60	20	M5×16	7.23	12.74	0.13	0.06	0.06	0.15	2.08
EGH20CA	20	15.5	9.5	8.5	6	60	20	M5×16	10.31	21.13	0.22	0.16	0.16	0.24	2.08
EGH25SA	23	18	11	9	7	60	20	M6×20	11.40	19.50	0.23	0.12	0.12	0.25	2.67
EGH25CA	23	18	11	9	7	60	20	M6×20	16.27	32.40	0.38	0.32	0.32	0.41	2.67
EGH30SA	28	23	11	9	7	80	20	M6×25	16.42	28.10	0.40	0.21	0.21	0.45	4.35
EGH30CA	28	23	11	9	7	80	20	M6×25	23.70	47.46	0.68	0.55	0.55	0.76	4.35

置。当工作台受水平外力 F 作用时，h_5 减小、h_6 增大，左、右油腔产生的压力 p_5、p_6 的合力与水平外力 F 处于平衡状态。当工作台受到颠覆力矩 T 作用时，h_1、h_4 减小，h_2、h_3 增大，则四个油腔产生的反力矩与颠覆力矩处于平衡状态。这些力（或力矩）的变化都会使工作台重新稳定在新的平衡位置。如果仅有油腔 1、2，则称为开式静压导轨，它不能承受颠覆力矩和水平方向的作用力。

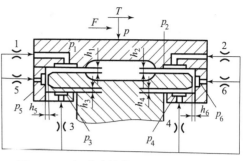

图 2-40　闭式液体静压导轨工作原理图

项目二　机电一体化机械系统设计

要提高静压导轨的刚度，可提高供油（或气）的系统压力 p，加大油（气）腔受力面积，减小导轨间隙。一般情况下，气体静压导轨比液体静压导轨的刚度低。要提高静压导轨的导向精度，必须提高导轨表面加工的几何精度和接触精度，进入节流器的精滤过的油液中杂质微粒的最大尺寸应小于导轨间隙。静压导轨上的油腔形状有口字形、工字形和土字形。节流器的种类除毛细管式固定节流器外，还有薄膜反馈式可变节流器，其目的是增大或调节流体阻力。

2.2.4　滚动导轨

在相配的两导轨面之间放置滚动体或滚动支承，使导轨面间的摩擦性质成为滚动摩擦，这种导轨叫作滚动导轨。

1. 直线运动滚动导轨副的特点及要求

滚动导轨作为滚动摩擦副的一种，具有许多优点：

（1）摩擦因数小（0.003~0.005），运动灵活。

（2）动、静摩擦因数基本相同，启动阻力小，不易产生爬行。

（3）可以预紧，刚度高。

（4）寿命长。

（5）精度高。

（6）润滑方便，可以采用润滑脂，一次装填，长期使用。

（7）广泛地应用于精密机床、数控机床、测量机和测量仪器等。

滚动导轨副的缺点是：导轨面与滚动体是点接触或线接触，所以抗振性差，接触应力大；对导轨的表面硬度、表面形状精度和滚动体的尺寸精度要求高。若滚动体的直径不一致，导轨表面有高有低，会使运动部件倾斜，产生振动而影响运动精度；结构复杂、制造困难、成本较高；对脏物比较敏感，必须有良好的防护装置。

2. 对滚动导轨副的基本要求

（1）导向精度。导向精度是导轨副最基本的性能指标。移动件在沿导轨运动时，不论有无载荷，都应保证移动轨迹的直线性及其位置的精确性，这是保证机床运行工作质量的关键。各种机床对导轨副本身平面度、垂直度及等高、等距的要求都有规定或标准。

（2）耐磨性。导轨副应在预定的使用期内，保持其导向精度。精密滚动导轨副的主要失效形式是磨损，因此耐磨性是衡量滚动导轨副性能的主要指标之一。

（3）刚度。选用可调间隙和预紧的导轨副可以提高刚度。

（4）工艺性。导轨副要便于装配、调整、测量、防尘、润滑和维修保养。

3. 滚动导轨副的分类

直线运动滚动导轨副的滚动体有循环的和不循环的两种类型。这两种类型又将直线运动滚动导轨副分成多种形式，如表 2-9 所示。

表 2-9　滚动导轨副分类及特点

类型		简图	特点
滚动体不循环	滚珠导轨		摩擦阻力小，但承载能力差，刚度低；不能承受大的倾覆力矩和水平力；经常工作的滚珠接触部位容易压出凹坑，使导轨副丧失精度。这种导轨适用于载荷不超过 200 N 的小型部件。设计时应注意尽量使驱动力和外加载荷作用点位于两条导轨副的中间
	滚柱导轨		承荷能力比滚珠导轨高近 10 倍，刚度也比滚珠导轨副高，其中的交叉滚柱导轨副四个方向均能受载，导向性能也高。但是，滚针和滚柱对导轨面的平行度误差比较敏感，且容易侧向偏移和滑动，引起磨损加剧
	滚针导轨		
滚动体循环	滚动直线导轨		缩短设计制造周期，提高质量，降低成本
	滚柱交叉导轨		

4. 应用实例

以天津罗升有限公司 HIWIN 滚柱导轨为例。图 2 - 41 所示为 HIWIN 滚柱式直线导轨 - RG 系列规格表示方法，图 2 - 42 所示为 RGH - CA 导轨图，表 2 - 10 所示为 RGH - CA 尺寸。

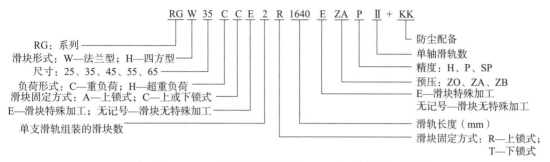

图 2 - 41　HIWIN 滚柱式直线导轨 - RG 系列规格表示方法

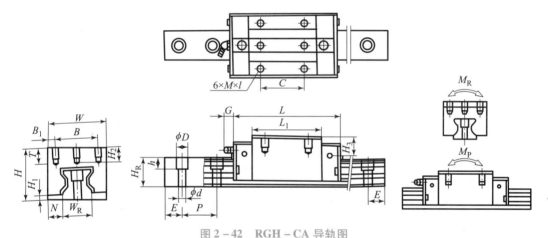

图 2 - 42　RGH - CA 导轨图

项目二　机电一体化机械系统设计

拓展资源：机床导轨的刮研

机床导轨是机床移动部件的基准。机床有不少几何精度检验的测量基准是导轨。机床精度直接影响被加工零件的几何精度和相互位置精度。机床导轨的修理是机床修理工作的重要内容之一，其目的是恢复或提高导轨的精度。未经淬硬处理的机床导轨，如果磨损、咬伤程度不严重，可以采用刮研修复法进行修理。一般具备导轨磨床的大中型企业，对于"准导轨"相配合的零件（如工作台、溜板、滑座等）导轨面以及特殊形状导轨面的修理通常用精磨法，而不是采用传统的刮研法。

1. 导轨刮研基准的选择

配刮导轨副时，选择刮研基准应考虑：变形小、精度高、刚度好、主要导向的导轨；少基准转换；便于刮研和测量的表面。

表 2 – 10　RGH – CA 尺寸

型号	组件尺寸/mm						滑块尺寸/mm								滑轨尺寸/mm							滑轨的固定螺栓尺寸/mm	基本动额定负荷 C/kN	基本静额定负荷 C/kN	容许静力矩			重量	
	H	H1	N	W	B	B1	C	L1	L	G	M×l	T	H2	H3	WR	HR	D	h	d	P	E				MR/(kN·m)	MP/(kN·m)	MY/(kN·m)	滑块/kg	滑轨/(kg·m⁻¹)
RGH25CA	40	5.5	12.5	48	35	6.5	35	64.5	97.9	12	M6×8	9.5	10.2	10	23	23.6	11	9	7	30	20	M6×20	27.7	57.1	0.758	0.605	0.605	0.55	3.08
RGH25HA							50	81	114.4														33.9	73.4	0.975	0.991	0.991	0.7	
RGH35CA	55	6.5	18	70	50	10	50	79	124	12	M8×12	12	16	19.6	34	30.2	14	12	9	40	20	M8×25	57.9	105.2	2.17	1.44	1.44	1.43	6.06
RGH35HA							72	106.5	151.5														73.1	142	2.93	2.6	2.6	1.86	
RGH45CA	70	8	20.5	86	60	13	60	106	153.2	12.9	M10×17	16	29	24	45	38	20	17	14	52.5	22.5	M12×35	92.6	178.8	4.52	3.05	3.05	2.97	9.97
RGH45HA							80	139	187														116	230.9	6.33	5.47	5.47	3.97	
RGH55CA	80	10	23.5	100	75	12.5	75	125.5	183.7	12.9	M12×18	17	22	27.5	53	44	23	20	16	60	30	M14×45	130.5	252	8.01	5.4	5.4	4.62	13.98
RGH55HA							95	173.5	231.7														167.8	348	11.15	10.25	10.25	6.4	

2. 导轨刮研顺序的确定

机床导轨随着各自运动部件形式的不同，而构成各种相互关联的导轨副。它们除自身有的形状精度要求外，相互之间还有一定的位置精度要求，修理时要求有正确的刮研顺序。可按以下方法确定：

（1）先刮与传动部件有关联的导轨，后刮无关联的导轨。

（2）先刮形状复杂（控制自由度较多）的导轨，后刮简单的导轨。

（3）先刮长的或面积大的导轨，后刮短的或面积小的导轨。

（4）先刮研施工困难的导轨，后刮容易施工的导轨。

对于两件配刮时，一般先刮大工件，后刮小工件；先刮刚度好的，后刮刚度较差的；先刮长导轨，后刮短导轨。要按达到精度稳定、搬动容易、节省工时等因素来确定顺序。

3. 导轨刮研的注意事项

（1）要求有适宜的工作环境。

工作场地清洁，周围没有严重振源的干扰，环境温度尽可能变化不大。避免阳光的直接照射，因为在阳光照射下机床局部受热，会使机床导轨产生温差而变形，刮研显点会随温度的变化而变，易造成刮研失误。特别是在刮研较长的床身导轨和精密机床导轨时，上述要求更要严格些。如能在温度可控制的室内刮研最为理想。

（2）刮研前机床床身要安置好。

在机床导轨修理中，床身导轨的修理量最大，刮研时如果床身安置不当，可能产生变形造成返工。床身导轨在刮研前应用机床垫铁垫好，并仔细调整，以便在自由状态下尽可能保持最好的状态。垫铁位置应与机床实际安装时的位置一致，这一点对长度较长和精密机床的床身导轨尤为重要。

（3）机床部件的质量对导轨精度有影响。

机床各部件自身的几何精度是由机床总装后的精度要求决定的。大型机床各部件质量较大，总装后可能有关部件对导轨自身的原有精度产生一定影响（因变形所引起）。如龙门刨床、龙门铣床、龙门导轨磨床等床身导轨精度将随立柱的装上和拆下而有所变化；横梁导轨精度将随刀架（磨架）的装上和拆下而有所变化。因此，拆卸前应对有关导轨精度进行测量，记录下来，拆后再次测量，经过分析比较，找出变化规律，作为刮研各部件及其导轨时的参考。这样便可以保证总装后各项精度一次达到规定要求，从而避免刮研返工。

对于精密机床的床身导轨，精度要求很高。在精刮时，应把可能影响导轨精度变化的部件预先装上，或采用与该部件形状、质量大致相近的物体代替。例如，在精刮立式齿轮磨床床身导轨时，齿轮箱预先装上；精刮精密外圆磨床床身导轨时，液压操纵箱应预先装上。

（4）导轨磨损严重或有深伤痕的应预先加工。

机床导轨磨损严重或伤痕较深（超过 0.5 mm），应先对导轨表面进行刨削或车削加工后再进行刮研。另外，有些机床，如龙门刨床、龙门铣床、立式车床等工作台表面冷作硬化层的去除，也应在机床拆修前进行，否则工作台内应力的释放会导致工作台微量变形，可能使刮研好的导轨精度发生变化。所以这些工序一般应安排在精刮导轨之前。

（5）刮研工具与检测器具要准备好。

机床导轨刮研前，刮研工具和检测器具应准备好，在刮研过程中，要经常对导轨的精度进行测量。

4. 导轨的刮研工艺

导轨刮研一般分为粗刮、细刮和精刮几个步骤，并依次进行。导轨的刮研工艺过程大致如下：

（1）首先修复机床部件移动的"基准导轨"。该导轨通常比沿其表面移动的部件导轨长，例如床身导轨、滑座溜板的上导轨、横梁的前导轨和立柱导轨等。

（2）V－平面导轨副，应先修刮 V 形导轨，再修刮平面导轨。

（3）双 V 形、双平面（矩形）等相同形式的组合导轨，应先修刮磨损量较小的那条导轨。

（4）修刮导轨时，如果该部件上有不能调整的基准孔（如丝杠、螺母、工作台、主轴等装配基准孔等），应先修整基准孔后，再根据基准孔来修刮导轨。

（5）与"基准导轨"配合的导轨，如与床身导轨配合的工作台导轨，只需与"基准导轨"进行合研配刮，用显示剂和塞尺检查与"基准导轨"的接触情况，可不必单独做精度检查。

任务2.3　　旋转支承的类型与选择

2.3.1　旋转支承的种类及基本要求

旋转支承中的运动件相对于支承导件转动或摆动时，按其相互摩擦的性质可分为滑动、滚动、弹性、气体（或液体）摩擦支承。滑动摩擦支承按其结构特点，可分为圆柱、圆锥、球面和顶针支承；滚动摩擦支承按其结构特点，可分为填入式滚珠支承和刀口支承。各种支承的结构简图见表 2－11。设计时，选用哪种类型应视机电一体化系统对支承的要求而定。

表 2－11　旋转支承种类及特点

旋转支承	示意图	特点
圆柱支承	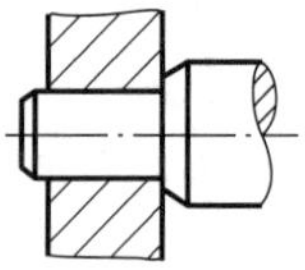	有较大的接触表面，承受载荷较大，但其方向精度和置中精度较差，且摩擦阻力矩较大
圆锥支承	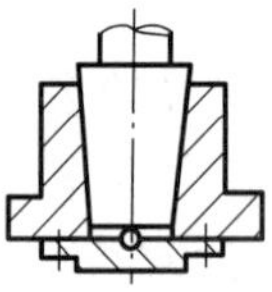	方向精度和置中精度较高，承载能力较强，但摩擦阻力矩也较大。缺点是摩擦阻力矩大，对温度变化比较敏感，制造成本较高

续表

旋转支承	示意图	特点
球面支承	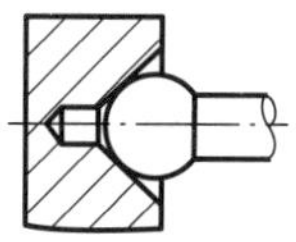	球面支承的接触面是一条狭窄的球面带，轴除自转外，还可轴向摆动一定角度。由于接触表面很小，宜用于低速、轻载场合
顶针支承	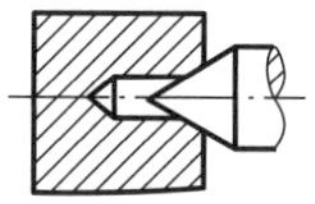	顶针支承的轴颈和轴承在半径很小的狭窄环形表面上接触，故摩擦半径很小，摩擦阻力矩较小。但由于接触面积小，其单位压力很大，润滑油从接触处被挤出。因此，用润滑油降低摩擦阻力矩的作用不大。故顶针支承宜用于低速、轻载的场合
填入式滚珠支承	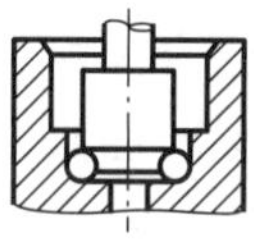	具有较小的摩擦阻力矩，且滚珠和环的接触面非常小，落入滚道中的杂物将从滚道顶端滑落，不致使支承滞塞
刀口支承	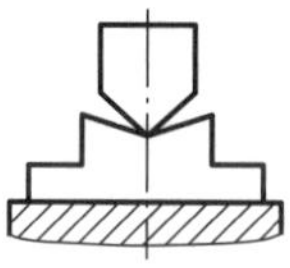	多用于摆动角度不大的场合。其主要优点是摩擦和磨损很小
气、液体摩擦支承	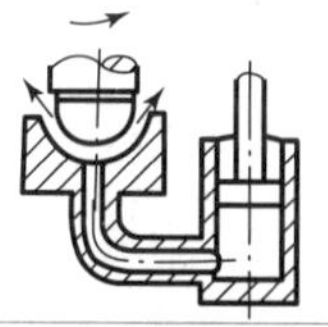	气液体摩擦轴承具有噪声小、摩擦小、寿命长等特点。其工作过程中可以形成一定的气液膜厚度，从而起到减少摩擦和减小磨损的作用。并且，液体摩擦轴承具有很好的自润滑性能，可以自动完成润滑和冷却
弹性支承	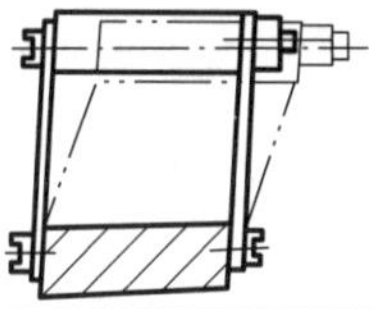	弹性支承的弹性阻力矩极小，能在振动情况下工作，宜用于精度不高的摆动机构

对支承的要求应包括：①方向精度和置中精度。方向精度是指运动件转动时，其轴线与承导件的轴线产生倾斜的程度；置中精度是指在任意截面上，运动件的中心与承导件的中心之间产生偏移的程度。支承对温度变化的敏感性是指温度变化时，由于承导件和运动件尺寸的变化，引起支承中摩擦阻力矩的增大或运动不灵活的现象。②摩擦阻力矩的大小。③许用载荷。④对温度变化的敏感性。⑤耐磨性以及磨损后补偿的可能性。⑥抗振性。⑦成本。

2.3.2 圆柱支承

圆柱支承是滑动摩擦支承中应用最广泛的一种，其结构如图 2-43 所示。圆柱支承有较大的接触表面，承受载荷较大，但其方向精度和置中精度较差，且摩擦阻力矩较大，配合孔直接作用在支承座体 4 或在其中镶入的轴套 2 上，为了存储润滑油，孔的一端应制作锥孔 3 或球面凹坑。为承受轴向力或防止运动件的轴向移动，常在轴上制作轴肩 1，倒角用以储存润滑油，有利于降低摩擦力。

当需要准确的轴向定位时，常在运动件的中心孔和止推面之间放一滚珠作轴向定位。止推圆柱支承的结构如图 2-44（a）所示。若利用轴套端面的滚珠作轴向定位［见图 2-44（b）］，则具有较大的承载能力，且运动件稍有偏心时不会引起晃动，提高了机构的稳定性。

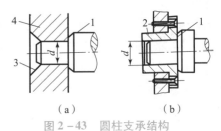

图 2-43　圆柱支承结构

1—轴肩；2—轴套；3—锥孔；4—支承座体

对置中精度和方向精度要求很高时，应采用运动学式圆柱支承。这种支承是用五个适当的支点，限制其运动件的五个自由度，使运动件只保留一个绕其轴线转动的自由度。为了克服点接触局部压力大的缺点，常采用小的面接触或线接触来代替点接触，就是半运动学圆柱支承，如图 2-45 所示。它是利用滚珠与轴套的锥形表面接触，实现轴的定向和承载，利用轴套下部的短圆柱面与轴接触定中心。由于采用点和面限制运动件的自由度，并且滚珠和轴套锥面具有自动定心作用，故间隙对轴晃动的影响比标准圆柱支承小，因而精度较高。

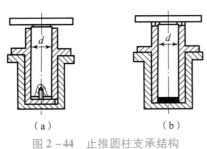

图 2-44　止推圆柱支承结构

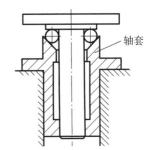

图 2-45　半运动学圆柱支承

2.3.3　圆锥支承

圆锥支承的方向精度和置中精度较高，承载能力较强，但摩擦阻力矩较大。圆锥支承由锥形轴颈和带有圆锥孔的轴承组成，如图 2-46 所示。圆锥支承的置中精度比圆柱支承好，轴磨损后可借助轴向位移自动补偿间隙。其缺点是摩擦阻力矩大，对温度变化比较敏感，制造成本较高。

圆锥支承常用于铅垂轴，承受轴向力。在轴向载荷 Q 的作用下，正压力 $N = Q/\sin\alpha$。半锥角 α 越小，正压力 N 越大，摩擦阻力矩也越大，转动灵活性就越差。为保证较高的置中精度，通常 α 角取得较小，但此时即使轴向载荷不大，也会在接触面上产生很大的法向压力，这将使摩擦阻力矩过大，转动不灵活，并使接触面很快磨损。为改善这种情况，常用图 2-46（a）所示的修刮端面 A，或如图 2-46（b）所示的用止推螺钉承受轴向力的办法。这样圆锥配合的表面将主要用来保证置中精度。圆锥支承的锥角 2α 越小，置中精度越高，但法向压力会越大，灵活性越差。一般 2α 取在 4°～15°，4°多用于精密支承。圆锥支承在装配时，常进行成对研配，以保证轴与轴套锥面的良好接触。

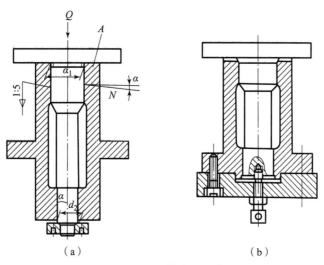

图 2 - 46　圆锥支承结构

（a）修刮端面 A；（b）止推螺钉

2.3.4　填入式滚珠支承

当标准球轴承不能满足结构上的使用要求时，常采用填入式滚珠支承。这种支承一般设有内圈和外圈，仅在相对运动的零件上加工出滚道面，用标准滚珠散装在滚道内。图 2 - 47 所示为填入式支承常用的三种典型形式，图 2 - 47（a）接触面积小，摩擦阻力矩较另外两种小，但所承受的载荷也较小，在耐磨性方面也不及后两种结构好。图 2 - 47（b）能承受较大载荷，但摩擦阻力矩较大。图 2 - 47（c）在承受载荷和摩擦阻力矩方面介于前两者之间。

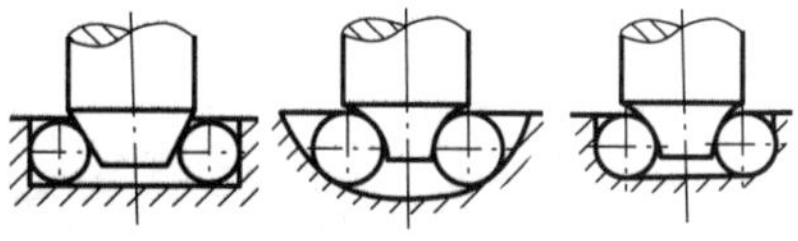

图 2 - 48（a）所示为一种小型填入式滚动支承，

图 2 -47　填入式滚珠支承结构

适用于低转速、轻载场合。为使支承中的摩擦阻力矩最小，应使滚珠接触点 S_1 与 S_2 的连线 Q_1Q_2 与锥体母线相交于旋转轴线上的某一点。为了减小摆动量、提高旋转精度，可将旋转环做成圆柱形结构，如图 2 - 48（b）所示。在外形尺寸较大的情况下，可采用封闭型填入式滚珠支承，如图 2 - 48（c）所示，这种支承结构紧凑，但摩擦阻力矩稍大，常用于大直径圆形工作台的旋转导轨。

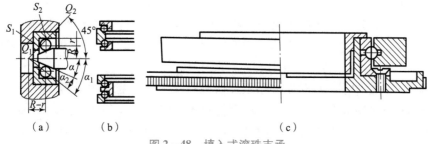

图 2 - 48　填入式滚珠支承

轴承配置形式及性能比较见表 2 – 12。

表 2 – 12　轴承配置形式及性能比较

轴承布置简图		承载能力		刚度		发热		允许极限速度	主轴热变形（前端伸长）
		径向	轴向	径向	轴向	总的	前轴承处		
1		1.0	1.0	1.0	1.0	1.0	1.0	1.0	1.0
2		1.0	0.8	0.95	0.7	0.6	0.5	1.0	3.0
3		1.0	1.4	1.0	3.0	1.15	1.2	0.75	1.0
4		1.0	1.0	0.9	2.5	0.75	0.5	0.8	3.6
5		0.85	1.4	1.0	1.0	0.8	0.75	0.6	0.8
6		1.5	1.4	1.25	1.0	1.4	1.4	0.6	0.8
7		0.7	1.0	0.7	1.0	0.7	0.5	1.2	0.8

任务 2.4　轴系部件的设计与选择

2.4.1　轴系设计的基本要求

轴系的主要作用是传递转矩及传动精确的回转运动，它直接承受外力或力矩。对于中间传动轴轴系一般要求不高，而对于完成主要作用的主轴轴系的旋转精度、刚度、热变形及抗振性等的要求较高。主要表现在以下几方面：

（1）旋转精度。旋转精度是指在装配之后，在无负载、低速旋转的条件下，轴前端的径向跳动和轴向窜动量。旋转精度大小取决于轴系各组成零件及支承部件的制造精度与装配调整精度。在工作转速下，其旋转精度即它的运动精度，取决于转速、轴承性能以及轴系的动平衡。

（2）刚度。轴系的刚度反映了轴系组件抵抗静、动载荷变形的能力。载荷为弯矩、扭矩时，相应的变形量为挠度、扭转角，相应的刚度为抗弯刚度和抗扭刚度。轴系所受载荷为径向力（如带轮、齿轮上承受的径向力）时会产生弯曲变形，所以除强度验算之外，还必须进行刚度验算。

（3）抗振性。表现为强迫振动和自激振动两种形式。轴系组件质量不匀引起的动不平衡、轴的刚度及单向受力等，都直接影响旋转精度和轴承寿命。对高速运动的轴系，必须以提高其静刚度、动刚度、增大轴系、阻尼比等措施来提高轴系的动态性能，特别是抗振性。

（4）热变形。轴系受热会使轴伸长或使轴系零件间隙发生变化，影响整个传动系统的传动精度、旋转精度及位置精度。温度的上升使润滑油的黏度发生变化，使滑动或滚动轴承的承载能力降低，因此应采取措施将轴系部件的温度控制在一定范围之内。

（5）轴上传动件的布置。轴上传动件的布置是否合理对轴的受力变形、热变形及振动影响较大。因此在通过带轮将运动传入轴系尾部时，应该采用卸荷式结构，使带的拉力不直接作用在轴端；另外，传动齿轮应尽可能安置在靠近支承处，以减少轴的弯曲和扭转变形。在传动齿轮的空间布置上，也应尽量避免弯曲变形的重叠。

2.4.2 轴（主轴）系用轴承的类型与选择

1. 标准滚动轴承

滚动轴承已标准化、系列化，有向心轴承、向心推力轴承和推力轴承共十几种类型。在轴承设计中应根据承载的大小、旋转精度、刚度、转速等要求选用合适的轴承类型。几种常见机床主轴轴承配置形式如表 2-13 所示。

表 2-13　几种常见机床主轴轴承配置形式

轴承配置	示意图	特点
背对背	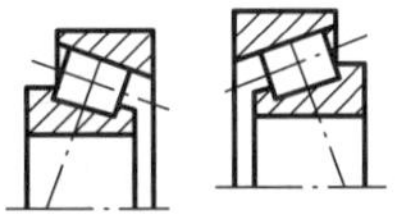	这种排列支点间跨距较大，悬臂长度较小，故悬臂端刚性较大。当轴受热伸长时，轴承游隙增大，因此不会发生轴承卡死破坏。如果采用预紧安装，当轴受热伸长时，预紧量将减小
面对面	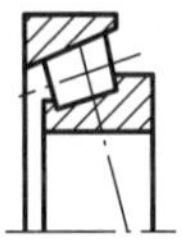	结构简单，装拆方便。当轴受热伸长时，轴承游隙减小，容易造成轴承卡死，要特别注意轴承游隙的调整
串联	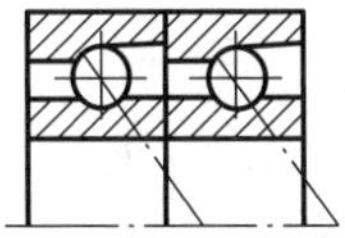	适用于轴向载荷大、需多个轴承联合承载的情况

2. 非标准滚动轴承

非标准滚动轴承是适应轴承精度要求较高、结构尺寸较小或因特殊要求而不能采用标准轴承时自行设计的。图 2-49 所示为微型滚动轴承。其中，图 2-49（a）、（b）具有杯形外圈而没有内圈，锥形轴颈与滚珠直接接触，其轴向间隙由弹簧或螺母调整；图 2-49（c）采用碟形垫圈来消除轴承间隙，垫圈的作用力比作用在轴承上的最大轴向力大 2~3 倍。

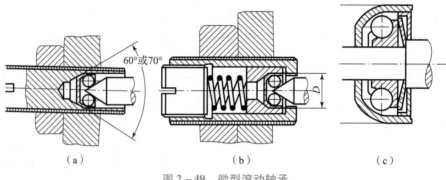

（a）　　　　　　　　　（b）　　　　　　　　　（c）

图 2 − 49　微型滚动轴承

3. 静压轴承

滑动轴承具有阻尼性能好、支承精度高、良好的抗振性和运动平稳性等特点。按照液体介质的不同，有液体滑动轴承和气体滑动轴承两大类；按油膜和气膜压强的形成方法又有动压、静压和动静压相结合的轴承之分。

动压轴承在轴旋转时，油（气）被带入轴与轴承间所形成的楔形间隙中，由于间隙逐渐变窄，使压强升高，将轴浮起而形成油（气）楔，以承受载荷。其承载能力与滑动表面的线速度成正比，低速时承载能力很低，只适用于速度很高且速度变化不大的场合。

静压轴承是利用外部供油（气）装置将具有一定压力的液（气）体通过油（气）孔进入轴套油（气）腔，将轴浮起而形成压力油（气）膜，以承受载荷。其承载能力与滑动表面的线速度无关，广泛应用于低、中速，大载荷，高刚度的机器，具有刚度大、精度高、抗振性好、摩擦阻力小等优点。

图 2 − 50 所示为液体静压轴承工作原理。如图 2 − 50（a）所示，油腔 1 为轴套 8 内面上的凹入部分，包围油腔的四周为封油面，封油面与运动表面构成的间隙称为油膜厚度。为了承载，需要流量补偿，补偿流量的机构叫节流器，如图 2 − 50（b）所示。压力油经节流器第一次节流后流入油腔，又经过封油面第二次节流后从轴向（端面）和周向（回油槽 7）流入油箱。

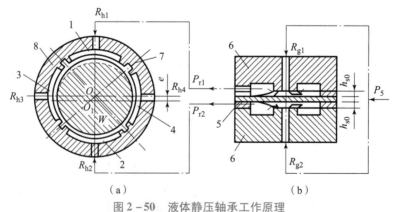

（a）　　　　　　　　　　　　　　（b）

图 2 − 50　液体静压轴承工作原理

1，2，3，4—油腔；5—金属薄膜；6—圆盒；7—回油槽；8—轴套节流器的作用是调节支承中各油腔的压力，以适应各自的不同载荷，使油膜具有一定的刚度，以适应载荷的变化。节流器的种类很多，常用的有小孔节流器（孔径远大于孔长）、毛细管节流器（孔长远大于孔径）和薄膜反馈节流器等。小孔节流器尺寸小且结构简单，油腔刚度比毛细管节流器大，其缺点是温度变化会引起流体黏度变化，影响油腔的工作性能。毛细管节流器轴向长度长，占用空间大，但温升变化小，工作性能稳定。小孔节流器和毛细管节流器的液阻不随外载荷的变化而变化，也称为固定节流器。薄膜反馈节流器的液阻随载荷变化，称为可变节流器，其原理如图 2-50（b）所示。它由两个中间有凸台的圆盒 6 以及两圆盒间隔金属薄膜 5 组成。

空气静压轴承的工作原理与液体静压轴承相似，但在设计时应注意以下几方面：

（1）气体密度随压力变化，在确定流量的连续方程时，不能用体积流量而要用质量流量。

（2）空气黏度低、流量大，应选取较小的轴与轴套的间隙。

（3）空气静压轴承的材料必须具有良好的耐蚀性，防止带有水的气体腐蚀轴承。

动静压轴承综合了动压和静压轴承的优点，使轴承的工作性能更加完善，可分为静压起动、动压工作及动静压混合工作两类。机电一体化系统中多采用动静压混合工作型。

4. 磁悬浮轴承

磁悬浮轴承是利用磁场力将轴悬浮在空间的一种新型轴承。其工作原理如图 2-51 所示，径向磁悬浮轴承由转子 6 和定子 5 两部分组成。定子装上电磁体，保持转子悬浮在磁场中。转子转动时，由位移传感器 4 检测转子的偏心，并通过反馈与基准信号 1（转子的理想位置）进行比较，调节器 2 根据偏差信号进行调节，并把调节信号送到功率放大器 3 以改变电磁体（定子）的电流，从而改变磁悬浮力的大小，使转子恢复到理想位置。

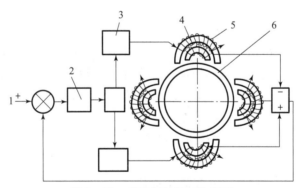

图 2-51 磁悬浮轴承工作原理

1—基准信号；2—调节器；3—功率放大器；4—位移传感器；5—定子；6—转子

2.4.3 提高轴系性能的措施

1. 提高轴系的旋转精度

轴承的旋转精度中的径向跳动主要由被测表面的几何形状误差、被测表面对旋转轴线的偏心以及旋转轴线在旋转过程中的径向漂移等因素引起。

轴系轴端的轴向窜动主要由被测端面的几何形状误差、被测端面对轴心线的不垂直度和旋转轴线的轴向窜动等三项误差引起。

提高轴系的旋转精度的主要措施有：

（1）提高轴颈与架体（或箱体）支承的加工精度。

（2）提高轴承装配与预紧精度。

（3）轴系组件装配后对输出端的轴的外径、端面及内孔通过互为基准进行精加工。

2. 提高轴系组件的抗振性

轴系组件有强迫振动和自激振动。强迫振动是由轴系组件的不平衡、齿轮及带轮质量分布不均匀以及负载变化引起的，自激振动是由传动系统本身的失稳引起的。

提高轴系抗振性的主要措施有：

（1）提高轴系组件的固有振动频率、刚度和阻尼。刚度越高，阻尼越大，则激起的振幅越小。

（2）消除或减少强迫振动振源的干扰作用。构成轴系的主要零部件均应进行静态和动态平衡，选用传动平稳的传动件，对轴承进行合理预紧等。

（3）采用吸振、隔振和消振等装置。

另外，还应采取温度控制，以减少轴系组件热变形的影响，如合理选用轴承类型和精度，提高相关制造和装配的质量，采取适当的润滑方式降低轴承的温升；采用热隔离、热源冷却和热平衡方法降低温度的升高，防止轴系组件的热变形。

拓展资源：对主轴部件的基本要求

为了保证机床的加工精度和生产率要求，主轴部件必须具有足够高的旋转精度、刚度和良好的抗振性、热稳定性和耐磨性等技术要求。

1. 旋转精度

主轴部件的旋转精度是指主轴部件在空载条件下低速旋转时，在其主轴前端定位面上测得的径向圆跳动、端面圆跳动和轴向窜动等指标。主轴部件的旋转精度直接影响机床工作时表面成形运动轨迹的几何形状精度，从而直接影响工件的加工精度和表面粗糙度。

影响主轴部件旋转精度的主要因素有：主轴轴承的几何精度和工作时的间隙；主轴和主轴箱有关表面的制造精度；主轴部件的装配质量等。

2. 刚度

主轴部件的刚度是指主轴部件在受静负荷作用时抵抗变形的能力，也叫静刚度。根据所受负荷及其引起的变形形式和方向不同，主轴部件的刚度有径向刚度、轴向刚度和扭转刚度等不同指标。刚度大小通常以使主轴前端产生单位位移而在位移方向上所需施加的作用力大小来表示。主轴部件的刚度主要通过主轴部件前端位移影响机床工作时刀具和工件之间的相对位置。如果刚度不足，在切削力作用下就会引起工件和刀具的不应有的相对位移，从而导致加工误差。

影响主轴部件刚度的因素主要有：主轴的结构尺寸、主轴轴承的结构类型和配置形式、轴承的工作间隙、轴承与主轴和箱体之间的配合性质、传动件的结构及其布置形式等。

3. 抗振性

主轴部件的抗振性是指机床工作时抵抗振动、保持主轴平稳运转的能力。主轴部件抗振性差，工作时容易产生振动，从而影响工件表面质量，降低刀具耐用度以及传动件和轴承的工作寿命，并增加传动系统的噪声。

影响主轴部件抗振性的主要因素有：主轴部件的静刚度、主轴部件的阻尼性能和固有频率等。

4. 温升和热变形

主轴部件工作时会由于摩擦（轴承、传动副等处）和搅油以及受到切削热等热源的影响而导致温度的升高并产生热变形。这时就可能造成主轴自身的伸长和主轴部件位置的变化，从而影响机床工作时刀具和工件的相对位置，造成加工误差。

5. 耐磨性

耐磨性的直观表现形式是磨损。易产生磨损的有主轴轴承、主轴前端及主轴套筒上相对滑动表面等。这些部分磨损会加大相应部件的工作间隙或降低几何精度，从而降低主轴部件的工作使用寿命。

任务 2.5　常用执行机构

2.5.1　连杆机构

由若干（两个以上）有确定相对运动的构件用低副（转动副或移动副）连接组成的机构称为连杆机构，又称低副机构。杆与杆之间构成转动副或者滑动副，其中作为旋转运动的杆件称为曲柄，而只能在一定角度内做往复摆动的杆称为摇杆。由四根杆件组成的机构称为四连杆机构。

四连杆机构按曲柄和摇杆的组合形式可分为曲柄摇杆机构、双摇杆机构和双曲柄机构。

曲柄摇杆机构如图 2 – 52（a）所示，以杆 A 为机架，杆 C 为连杆，短杆 D 就成为可回转的曲柄，而长杆 B 则成为进行往复摆动的摇杆。杆 B 和杆 D 都可以作为主动件或者从动件。

双曲柄机构如图 2 – 52（b）所示，若将短杆 A 固定，杆 C 为连杆，则杆 B 和杆 D 均可作为曲柄使用。这时如果主动件为匀速回转，则从动件为非匀速回转。

双摇杆机构如图 2 – 52（c）所示，若以杆 A 为机架，杆 C 为连杆，那么 B、D 两杆均可作为摆杆使用。它应用于铲土机、水平牵引式起重机等的例子很多，可以说是一种最典型的连杆机构。

曲柄与滑块机构组合起来能够将旋转运动变为直线运动（或将直线运动变为旋转运动），该机构称为曲柄滑块机构。一般驱动机器人臂部运动的伺服装置都是电动机，所以经常需要将旋转运动变成直线运动。图 2 – 53 所示为曲柄滑块机构。曲柄滑块机构是连杆机构的一种应用，这种机构在曲柄夹紧机构和冲压机构上有使用。该机构的特点是往复运动范围大，并能够产生较大的压力。图 2 – 54 所示为曲柄机构在机械手夹紧部分的应用。

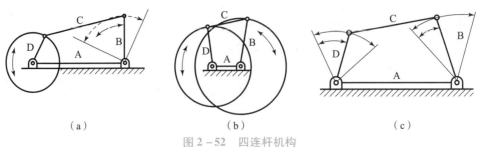

图 2-52　四连杆机构

（a）曲柄摇杆机构；（b）双曲柄机构；（c）双摇杆机构

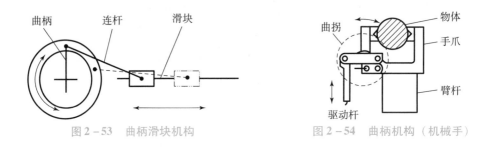

图 2-53　曲柄滑块机构　　　　　　　图 2-54　曲柄机构（机械手）

2.5.2　凸轮机构

凸轮机构由凸轮、从动件和机架三部分组成，它是将旋转运动转变为等速回转运动或往复直线运动的机构。凸轮是一个具有曲线轮廓或凹槽的构件。常用的凸轮机构有盘形凸轮、移动凸轮、圆柱凸轮，如图 2-55 所示。凸轮机构具有刚性好、工作可靠，并能依靠

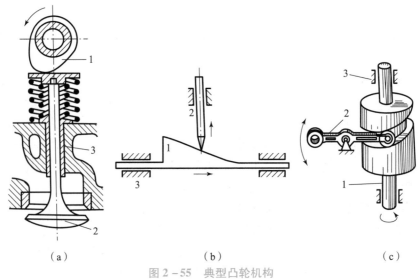

（a）　　　　　　　　　（b）　　　　　　　　　（c）

图 2-55　典型凸轮机构

（a）盘形凸轮；（b）移动凸轮；（c）圆柱凸轮

1—凸轮；2—推杆；3—机架

拟定的凸轮外形来实现预期的运动规律等优点。采用曲柄滑块机构所获得的直线运动速度呈正弦曲线规律，为不等速直线运动。采用凸轮机构可以获得匀速直线运动，也能够获得匀速运动与不等速运动组合的复杂运动规律。图 2-56（a）所示为实现直线匀速运动的心形凸轮的曲线图，图 2-56（b）所示为机械手上使用心形凸轮的应用实例。

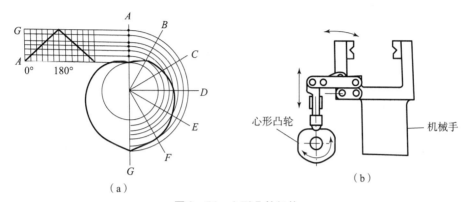

图 2-56　心形凸轮机构

（a）心形机构；（b）机械手的驱动

凸轮曲面的加工比较复杂，因此，在各种机械中使用电气、液压和气动装置或选择其他机构来实现复杂运动的比较多，而尽量不使用凸轮机构。

2.5.3　间歇运动机构

机电一体化系统中常用的间歇传动部件有：棘轮传动、槽轮传动和凸轮间歇运动等机构。这种传动部件可将原动机构的连续运动转换为间歇运动。其基本要求是移位迅速、移位过程中运动无冲击、停位准确可靠。

1. 棘轮传动机构

棘轮传动机构主要是由棘轮和棘爪组成的一种单向间歇运动机构，常用在各种机床和自动机构中间歇进给或回转工作台的转位上，也常用在千斤顶上。在自行车中，棘轮机构用于单向驱动；在手动绞车中，棘轮机构常用以防止逆转。由于其工作时常伴有噪声和振动，因此它的工作频率不能过高。其工作原理如图 2-57 所示。棘爪 1 装在摇杆 4 上，能围绕 O_1 点转动，摇杆空套在棘轮凸缘上做往复摆动。当摇杆（主动件）做逆时针方向摆动时，棘爪与棘轮 2 的齿啮合，克服棘轮轴上的外加力矩 M，推动棘轮朝逆时针方向转动，此时止动爪 3（或称止回爪、闸爪）在棘轮齿上打滑。当摇杆摆过一定角度而反向做顺时针方向摆动时，止动爪 3 把棘轮卡住，使其不致因外加力矩 M 的作用而随同摇杆一起做反向转动，此时棘爪 1 在棘

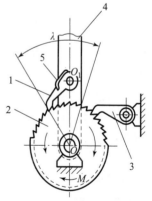

图 2-57　棘轮传动工作原理

1—棘爪；2—棘轮；3—止动爪；
4—摇杆；5—扭簧

轮齿上打滑而返回到起始位置。摇杆如此往复不停地摆动时，棘轮就不断地按逆时针方向间歇地转动。扭簧 5 用于帮助棘爪与棘轮齿啮合。

如图 2-58 所示，棘轮传动机构有外齿式［见图 2-58（a）］、内齿式［见图 2-58（b）］和端齿式［见图 2-58（c）］。它由棘轮 1 和棘爪 2 组成，棘爪为主动件、棘轮为从动件。棘爪的运动可从连杆机构、凸轮机构、液压（气）缸等的运动获得。棘轮传动有噪声、磨损快，但由于结构简单、制造容易，故应用较广泛。棘爪每往复一次推过的棘轮齿数与棘轮转角的关系为

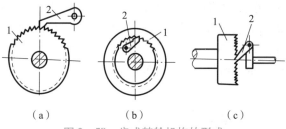

图 2-58　齿式棘轮机构的形式
（a）外齿式；（b）内齿式；（c）端齿式
1—棘轮；2—棘爪

$$\lambda = 360K/Z$$

式中，λ 为棘轮回转角（根据工作要求而定）；K 为棘爪每往复一次推过的棘轮齿数；Z 为棘轮齿数。

2. 槽轮传动机构

槽轮机构是由槽轮和圆柱销组成的单向间歇运动机构，又称马耳他机构。它常被用来将主动件的连续转动转换成从动件的带有停歇的单向周期性转动。

图 2-59（a）所示为外啮合槽轮机构，它是由具有径向槽的槽轮 2 和具有圆销的杆 1 以及机架所组成。主动件 1 做等速连续转动，而从动件 2 时而转动，时而静止。当杆 1 的圆销 G 未进入槽轮 2 的径向槽时，由于槽轮 2 的内凹锁住弧 β 被杆 1 的外凸圆弧 α 卡住，故槽轮 2 静止不动。图 2-59（a）所示为圆销 G 开始进入槽轮 2 径向槽时的位置，这时锁住弧被松开，因而圆销 G 能驱使槽轮沿相反的方向转动。当圆销 G 开始脱出槽轮的径向槽时，槽轮

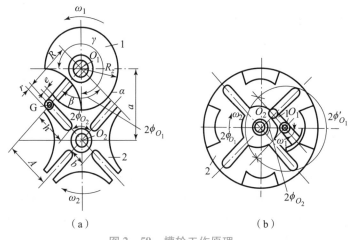

图 2-59　槽轮工作原理
（a）外啮合槽轮；（b）内啮合槽轮
1—主动件（杆）；2—从动件（槽轮）

的另一内凹锁住弧又被杆 1 的外凸圆弧卡住，致使槽轮 2 又静止不转，直至杆 1 的圆销 G 再进入槽轮 2 的另一径向槽时，两者又重复上述的运动循环。

槽轮机构有两种形式：一种是外啮合槽轮机构，如图 2-59（a）所示，其主动件 1 与槽轮 2 转向相反；另一种是内啮合槽轮机构，如图 2-59（b）所示，其主动件 1 与槽轮 2 转向相同。一般常用的为外啮合槽轮机构。

槽轮机构结构简单、易加工、工作可靠、转角准确、机械效率高。但是其动程不可调节，转角不能太小，槽轮在起、停时的加速度大，有冲击并随着转速的增加或槽轮槽数的减少而加剧，故不宜用于高速，多用来实现不需经常调节转位角度的转位运动。

3. 凸轮间歇运动机构

凸轮间歇运动机构的主要作用是使从动杆按照工作要求完成各种复杂的运动，包括直线运动、摆动、等速运动和不等速运动。一般是由凸轮、从动件和机架三个构件组成高副机构的。凸轮通常做连续等速转动，从动件根据使用要求设计使它获得一定规律的运动。如图 2−60（a）所示，凸轮间歇运动机构由凸轮1、转盘2及机架组成。转盘2端面上固定有圆周分布的若干滚子3。当主动件（凸轮）转过曲线槽所对应的角度 β 时，凸轮曲线槽推动滚子使从动件（转盘）转过相邻两滚子所夹的中心角 $2\pi/z$（其中 z 为滚子数）；当凸轮继续转过其余角度 $(2\pi-\beta)$ 时，转盘静止不动。这样，当凸轮连续或周期性转动时，就可得到转盘的间歇转动，用以传递交错轴间的分度运动。

凸轮间歇运动机构一般有两种形式：一种是图 2−60 所示的圆柱凸轮间歇运动机构，凸轮呈圆柱形状，滚子均匀分布在转盘的端面上；另一种是图 2−61 所示的蜗杆凸轮间歇运动机构，凸轮上有一条突脊犹如蜗杆，滚子则均匀分布在转盘的圆柱面上，犹如蜗轮的齿。这种凸轮机构可以通过调整凸轮与转盘的中心距来消除滚子与凸轮突脊接触的间隙或补偿磨损。

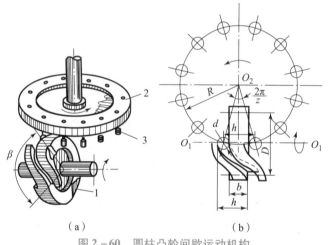

（a）　　　　　　　　　　（b）

图 2−60　圆柱凸轮间歇运动机构

1—凸轮；2—转盘；3—滚子

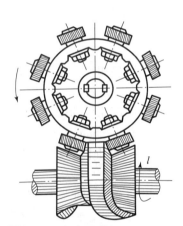

图 2−61　蜗杆凸轮间歇运动机构

凸轮间歇运动机构的优点是：运转可靠、传动平稳，转盘可以实现任何运动规律，以适应高速运转的要求；可以通过改变凸轮曲线槽所对应的 β 角，来改变转动与停歇时间的比值。在转盘停歇时，一般就依靠凸轮棱边进行定位，不需要附加定位装置，因此凸轮加工精度要求较高。

凸轮间歇运动机构常用于需要间歇地转位的分度装置中和要求步进动作的机械中，如多工位立式半自动机上工作盘的转位、轻工业中的火柴包装机、拉链嵌齿机的步进机构和电机硅钢片冲槽机的间歇机构等。这种机构可以实现复杂的运动要求，广泛用于各种自动化和半自动化机械机构中。

拓展资源：分级变速主传动系统的转速图

机床的分级变速主传动系统除了用传动系统图表示外，还可以用转速图来表示。

图 2 – 62 所示为 12 级转速主传动系统。转速图是一种反应转速级数分布规律的线图，在转速图中有如下规则：

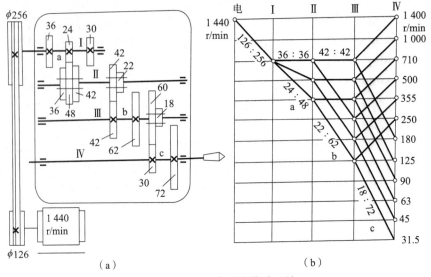

图 2 – 62　分级变速主传动系统

(a) 传动系统图；(b) 转速图

（1）距离相等的竖线从左到右依次表示从电动机到输出轴之间的各传动轴，其轴号用 Ⅰ 、Ⅱ 、Ⅲ 、Ⅳ表示。

（2）距离相等的横线自下而上依次表示从低到高排列的各级转速。右端数字表示输出轴的转速值（r/min）。由于机床分级变速主传动系统的主轴转速数列为等比数列，因此，转速图上任意相邻横线所代表的转速 n_j 和 $n_j + 1$ 之间的关系为 $n_j + 1/n_j = \varphi$（转速数列的公比）。

（3）各轴上的小圆点表示该轴具有的各级转速。例如，图 2 – 62 所示轴 Ⅰ 有 1 种转速，轴 Ⅱ 有 3 种转速，轴 Ⅲ 有 6 种转速，主轴 Ⅳ 有 12 种转速（31.5 ~ 1 400 r/min，公比 φ = 1.41）。

（4）连接两轴转速点间的粗实线，表示该两轴间具有的传动副。连线的倾斜程度表示传动副的传动比大小，并用数字表示齿轮齿数和带轮直径等实际传动参数。

按照上述规则，分析图 2 – 62 （b）转速图可知，该传动系统为得到 12 级转速，采用了 4 根传动轴，3 个滑移齿轮变速机构和一个带传动副。其中带传动副的传动比为 $\phi 126/\phi 256 \approx 1/2 = \phi^{-2}$，图中表现为该传动比连线向下倾斜两格；轴 Ⅰ 到轴 Ⅲ 为 3 联滑移齿轮变速组 a，3 种传动比分别为 $\mu_{a1} = 24/48 = \phi^{-2}$，$\mu_{a2} = 30/42 = \phi^{-1}$，$\mu_{a3} = 36/36 = \phi^0$，各传动比连线分别向下倾斜 2 格、1 格和 0 格；轴 Ⅱ – 轴 Ⅲ 为双联滑移齿轮变速组 b，传动比为 $\mu_{b1} = 22/62 = \phi^{-3}$，$\mu_{b2} = 42/42 = \phi^0$，两传动比连线分别向下倾斜 3 格和 0 格；轴 Ⅲ – 轴 Ⅳ 为双联滑移齿轮变速组 c，传动比为 $\mu_{c1} = 18/72 = \phi^{-4}$，$\mu_{c2} = 60/30 = \phi^2$，传动比连线分别向下倾斜 4 格和向上倾斜 2 格。

从以上分析可知，转速图也可用来反映分级变速传动系统中传动轴的数目，变速组及其传动副的数目和类型。

项目二　机电一体化机械系统设计

任务工单

任务名称	机电一体化机械系统设计	组别	
		组员：	

一、任务描述

机电一体化系统（精密）机械部件设计，使学生理解机电一体化系统机械部件的概念及任务。通过对本章的学习，学生应在机械系统力学特性基础上掌握机械传动系统的类型、特性，完成机械传动部件、导向机构及执行系统的设计及要求。

二、技术规范

三、计划（制订小组工作计划）

工作流程	完成任务的资料、工具或方法	人员安排	时间分配	备注

四、决策（确定工作方案）

1. 小组讨论、分析、阐述任务完成的方法、策略，确定工作方案。
2. 教师指导、确定最终方案。

五、实施（完成工作任务）

工作步骤	主要工作内容	完成情况	问题记录

六、检查（问题信息反馈）

反馈信息描述	产生问题的原因	解决问题的方法

任务名称	机电一体化机械系统设计	组别	组员:

七、评估（基于任务完成的评价）

1. 小组讨论，自我评述任务完成情况、出现的问题及解决方法，小组共同给出改进方案和建议。
2. 小组准备汇报材料，每组选派一人进行汇报。
3. 教师对各组完成情况进行评价。
4. 整理相关资料，完成评价表。

任务名称			姓名	组别	班级	学号	日期
考核内容及评分标准			分值	自评	组评	师评	均分
三维目标	素质	自主学习、合作学习、团结互助等	25				
	认知	任务所需知识的掌握与应用等	40				
	能力	任务所需能力的掌握与数量度等	35				
加分项	收获（10分）	有哪些收获（借鉴、教训、改进等）：	你进步了吗？		加分		
			你帮助他人进步了吗？				
	问题（10分）	发现问题、分析分问题、解决方法、创新之处等：			加分		
总结与反思					总分		

八、拓展（基于本任务延伸的知识与能力）

九、备注（需要注明的内容）

指导教师评语：

任务完成人签字：　　　　　　　　　　　　　日期：　　年　　月　　日
指导教师签字：　　　　　　　　　　　　　　日期：　　年　　月　　日

习题与思考题

1. 常用的传动机构有哪些？它们有什么功能？

2. 绘制常用减速装置的传动形式示意图。

3. 齿轮传动各传动比分配的原则通常有哪些？对等效惯量最小原则和传动轴输出转角误差最小原则进行具体的介绍和说明。

4. 简述齿轮传动间隙消除方法？

5. 简述谐波齿轮的基本工作原理和传动比计算方法？

6. 简述滚珠丝杠螺母的特点、功能、循环方式、预紧方式、支撑方式和如何进行滚珠丝杠螺母副的密封和润滑常见的方式和方法、滚珠丝杠螺母副的选择和如何进行工作能力核算？

7. 简述滑动和滚动导轨副的选择原则和类型及组合方式？

8. 提高轴系性能的措施有哪些？

9. 凸轮机构和间隙运动机构有哪些特点及应用场合？

项目三		**机电一体化系统总体设计**

项目导入		机电一体化系统设计的第一个环节是总体设计。它是在具体设计之前，应用系统总体技术，从整体目标出发，本着简单、实用、经济、安全和美观等基本原则，对所要设计的机电一体化系统的各方面进行的综合性设计，是实现机电一体化产品整体优化设计的过程。市场竞争规律要求产品不仅具有高性能，而且要求低价格，这就给产品设计人员提出了越来越高的要求。另一方面，种类繁多、性能各异的集成电路、传感器、新材料和新工艺等，给机电一体化产品设计人员提供了众多的可选方案，使设计工作具有更大的灵活性。充分利用这些条件，应用机电一体化技术，开发出满足市场需求的机电一体化产品，是机电一体化系统总体设计的重要任务。机电一体化系统由机械系统、检测系统、动力系统和控制系统等子系统构成，机电一体化系统（产品）的设计过程是机电参数相互匹配与有机结合的过程：通过分析机电一体化产品的性能要求及各机、电组成单元的特性，选择最合理的单元组合方案，进行稳态设计和动态设计，最终实现机电一体化产品整体优化设计
工匠引领		从 2003 年参与 ARJ21 新支线飞机项目后，胡双钱对质量有了更高的要求。他深知 ARJ21 是民用飞机，承载着全国人民的期待和梦想，又是"首创"，风险和要求都高了很多。胡双钱让自己的"质量弦"绷得更紧了。不管是多么简单的加工，他都会在干活前认真核校图纸，操作时小心谨慎，加工完多次检查，"慢一点、稳一点、精一点、准一点。"并凭借多年积累的丰富经验和对质量的执着追求，胡双钱在 ARJ21 新支线飞机零件制造中大胆进行工艺技术攻关创新。型号生产中的突发情况时有发生，加班加点对胡双钱来说是"家常便饭"。"哪行哪业不加班。"他总说，"为了让中国人自己的新支线飞机早日安全飞行在蓝天，我义不容辞。"一次临近下班，车间接到生产调度的紧急任务，要求连夜完成两个 ARJ21 新支线飞机特制件任务，次日凌晨就要在装配车间现场使用。他下班没有回家，也没有让大家失望，次日凌晨 3 点钟，这批急件任务终于完成，并一次提交合格
学习目标	知识目标	机电一体化系统设计依据及评价标准、机电一体化系统总体设计方法和机电有机结合方法。机电一体化系统总体设计包括系统原理方案设计、结构方案设计、测控方案设计；机电有机结合设计主要包括稳态设计和动态设计两方面。通过对本章的学习，学生应理解机电一体化系统总体设计方法，掌握机电一体化系统总体设计的基础知识和设计过程，会对机电一体化产品进行总体设计、稳态设计和动态设计

续表

学习目标	技能目标	机电一体化系统总体设计是从整体目标出发，对所要设计的机电一体化系统的各方面进行综合性设计。本章的学习以系统工程的思想和方法论为基础，学习过程中一定要总览全局
	素质目标	追求卓越、崇尚成功、宽容失败的创新精神；"时间就是金钱、效率就是生命""空谈误国、实干兴邦"的创业精神；不畏艰险、敢于牺牲的拼搏精神；团结互助、扶贫济困的关爱精神；顾全大局、对国家和人民高度负责的奉献精神

任务 3.1 　系统设计依据和技术指标的确定

机电一体化系统设计的第一个环节是系统总体设计。它是在具体设计之前，应用系统总体技术，从整体目标出发，本着简单、实用、经济、安全和美观等基本原则，对所要设计的机电一体化系统的各方面进行的综合性设计。机电一体化系统设计的依据包括功能性要求、安全性要求、经济性要求和可靠性要求等，机电一体化产品的性能指标应根据这些要求及生产者的设计和制造能力、市场需求等来确定。因此，技术指标既是设计的基本依据，又是检验成品质量的基本依据。

3.1.1　系统设计依据

1. 功能性要求

产品的功能性要求是要求产品在预定的寿命期间内有效地实现其预期的全部功能和性能，每个产品都不可能包括所有功能，所以在设计时必须根据产品的经济价值做出取舍。

2. 技术指标要求

技术指标是指系统实现预定功能要求的度量指标。技术指标要求越高系统成本越高，因此要合理制定技术指标。

3. 安全性要求

安全性要求是保证产品在使用过程中不致因误操作或偶然故障而引起产品损坏或安全事故方面的指标。对于自动化程度较高的机电一体化产品来说，安全性指标尤为重要。

4. 经济性要求

经济性往往和实用性紧密相连，机电系统设计遵循实用经济的原则，可避免不必要的浪费，避免以高代价换来功能多而又不实用的较复杂的机电系统，避免在操作使用、维护保养等诸多方面带来困难。

5. 可靠性要求

机电一体化系统的可靠性直接影响着系统的正常运转，是产品或系统在标准条件或时间内实现特定功能能力的体现，系统各元件可靠性之间存在"与"的联系。

6. 维修性要求

机电一体化系统要求易于维修，甚至具有故障预测功能，实现预知维护。

3.1.2　技术参数和技术指标的确定

确定恰当的技术参数和技术指标是保证所设计的系统或产品质优价廉的前提。不同系统的主要技术参数或技术指标的内容会有很大的差异。例如机床设备技术参数是指规格参数、运动参数、动力参数和结构参数等，规格参数是指机床加工或安装工件的最大尺寸，运动参数是设备的最高转速、最低转速等，动力参数是电动机功率、液压缸牵引力或伺服电动机额定转矩等，结构参数表明整体结构及主要零件结构尺寸等；检测仪器技术参数是指测量范围、示值范围等；工业机器人主要技术参数是抓取质量、最大作用范围、运动速度等。机电一体化系统的技术参数和技术指标，可根据系统的用途或系统输入量与输出量的特性等来确定。

1. 根据系统的用途来确定

用户在提出设备或产品的设计要求时，往往只提出使用要求，设计者必须将使用要求转换成设计工作所需要的技术参数和技术指标。这项工作有时很复杂，需要进行大量的试验、统计和研究。例如，设计一个代替人的上、下料工业机器人，对于抓取质量、工作范围、运动速度、定位精度等技术参数，应在对人在上、下料工作中遇到的各种情况进行分析、研究后确定。

2. 根据系统输入量与输出量的特性来确定

系统的输入量与输出量是物料流、能量流、信息流等，它们本身的性质、尺寸等都可能成为系统技术参数和技术指标的确定依据。例如主运动为回转运动的车床，主轴转速 n 与由材料决定的切削速度 V、被加工零件的直径 D 大小有关，即 $n = 1\,000V/(\pi D)$。所以，根据切削速度和被加工零件的最大直径、最小直径，可以确定车床的最高转速、最低转速，并得出主轴转速范围。

拓展资源：机床常见的主要技术参数

机床常见的主要技术参数包括机床主参数和基本参数，基本参数包括：尺寸参数、运动参数、动力参数。

1. 主参数和尺寸参数

机床主参数是代表机床规格大小及反映机床最大工作能力的一种参数，为了更完整地表示出机床的工作能力和工作范围，有些机床还规定有第二主参数，见 GB/T 15375—2008《金属切削机床型号编制方法》。

通用机床的主参数和主参数系列国家已制定标准，设计时只可根据市场的需求在主参数系列标准中选用相近的数值。专用机床的主参数是以加工零件或被加工面的尺寸参数来表示，一般也参照类似的通用机床主参数系列选取。

机床的尺寸参数是指机床的主要结构尺寸参数，通常包括以下两种：

（1）与被加工零件有关的尺寸，如卧式车床最大加工工件长度、摇臂钻床的立柱外径与主轴之间的最大跨距等。

（2）标准化工具或夹具的安装面尺寸，如卧式车床主轴锥孔及主轴前端尺寸。

2. 运动参数

运动参数是指机床执行件如主轴、工件安装部件（工作台）的运动速度。

1）主轴转速的确定

主运动为回转运动的机床，如车床、铣床等，其主运动参数为主轴转速。对于用于对特定的工件进行特定工序加工的专用机床和组合机床，主轴的转速通常是固定的，可由下式计算。

$$n = \frac{1\,000v}{\pi d} \tag{3-1}$$

式中，n 为主轴转速（r/min）；v 为切削速度（m/min）；d 为工件或刀具直径（mm）。

对于通用机床，由于完成工序较多，又要适应一定范围的不同尺寸和不同材质零件的加工需要，要求主轴具有不同的转速（即应实现变速），故需确定主轴的变速范围。主运动可采用无级变速，也可采用有级变速。若用有级变速，还应确定变速级数。

主运动为直线运动的机床，如插、刨机床，其主运动参数可以是插刀或刨刀每分钟往复次数（次/min），或称为双行程数，也可以是夹装工件的工作台的移动速度。

1）最高（n_{max}）和最低（n_{min}）转速的确定

对所设计的机床上可能进行的工序进行分析，从中选择要求最高、最低转速的典型工序。按照典型工序的切削速度和刀具（或工件）直径，由式 $n = \dfrac{1\,000v}{\pi d}$ 可计算出 n_{max}、n_{min} 及变速范围 R_n。

$$n_{max} = \frac{1\,000v_{max}}{\pi d_{min}} \qquad n_{min} = \frac{1\,000v_{min}}{\pi d_{max}} \qquad R_n = \frac{n_{max}}{n_{min}}$$

2）进给量的确定

数控机床中进给量广泛使用无级变速，普通机床则既有无级变速方式，又有有级变式。采用有级变速方式时，进给量一般为等比级数，其确定方法与主轴转速的确定相同。首先根据工艺要求，确定最大、最小进给量 f_{max}、f_{minx}，然后选择标准公比 φ_f 或者级数 Z_f。但是，各种螺纹加工机床如螺纹车床、螺纹铣床等，因为被加工螺纹的导程段等差级数，故其进给量也只能按等差级数排列。利用棘轮机构实现进给的机床，如插床等，每次进给是拨动棘轮上整数个齿，其进给量也是按等差级数排列的。

3）变速形式与驱动方式选择

前面已经指出，机床的主运动和进给运动的变速方式有无级和有级两种形式。变速的选择主要考虑机床自动化程度和成本两个因素。数控机床一般采用伺服电动机无级变速式，其他机床多采用有级变速形式或无级与有级变速的组合形式。机床运动的驱动方式有电动机驱动和液压驱动。驱动方式的选择主要根据机床的变速形式和运动特性要求确定。

3. 动力参数

动力参数包括机床驱动的各种电动机的功率或转矩。因为机床各传动件的结构参数（轴或丝杠直径、齿轮或蜗轮的模数、传动带的类型及根数等）都是根据动力参数设计的，如果动力参数取得过大，电动机经常处于低负荷状态，功率因数小，造成电力浪费，使传动件及相关零件尺寸设计得过大，浪费材料且机床笨重；如果取得过小，机床达不到设计提出的使用性能要求。通常动力参数可通过调查类比法（或经验公式）、试验法或算方法来确定。

任务 3.2　系统评价标准及系统设计

机电一体化的目的是提高系统（产品）的附加价值，所以附加价值就成了机电一体化系统（产品）的综合评价指标。机电一体化系统（产品）内部功能的主要评价内容如图 3-1 所示。

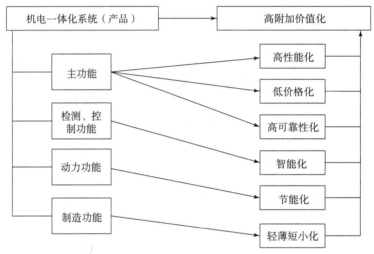

图 3-1　机电一体化系统（产品）内部功能的主要评价内容

系统评价主要涉及以下几个方面：

1. 技术性评价

1）系统匹配性分析

机电一体化系统组成单元的性能参数相互协调匹配，是实现协调功能目标的合理有效的技术方法。例如，系统中各组成单元的精度设计应符合协调精度目标的要求，某一组成单元的设计精度低，系统整体精度将受到影响；某一单元精度过高，将提高成本消耗，并不能达到提高系统精度。

2）传感器分析

在机电一体化系统中传感器的作用相当于系统感受器官，它能快速、精确地获取信息并能经受严酷环境的考验，是机电一体化产品中必不可少的器件之一，并且是机电一体化系统达到高水平的保障。所以，选择合适的传感器对机电一体化系统有着至关重要的作用。传感器的主要指标包括精度、线性度、灵敏度、重复性、分辨力和漂移等。

3）运动系统精度分析

在机电一体化系统中，运动系统精度是控制系统控制的目标，控制的目的是尽量便宜地获得能够满足期望精度、稳定性好且能快速响应目标值的系统。因此，运动系统精度是机电一体化系统的一个重要评价指标。

4）运行稳定性分析

当系统的输入量发生变化或受干扰作用时，在输出量被迫离开原稳定值，过渡到另一个新的稳定状态的过程中，输出量是否超过预定限度或出现非收敛性的状态，是系统稳定或不稳定的标志。系统稳定性设计指标有过渡过程时间、超调量、振荡次数、上升时间、滞后时间及静态误差等。

运行稳定性是机电一体化系统重要的性能指标之一，运行稳定是机电一体化系统正常工作的首要条件。

2. 性能评价

1）柔性、功能扩展分析

通过方案对比，分析产品结构的模块组件化程度，以不同的模块组合满足不同功能要求的适应性、功能扩展的可能性，并通过程序达到不同工作任务的范围和方便性要求，从而对设计方案的优劣做出评价和选择。

2）操作性分析

先进的机电一体化产品设计方案，应注意建立完善的人机交互界面，自动显示系统工作状态和过程，通过文字和图形揭示操作顺序和内容，简化启动、关机、记录、数据处理、调节控制、紧急处理等各种操作，并增加自检和故障诊断功能，从而降低操作的复杂性和劳动强度，提高使用方便性，减少人为因素的干扰，提高系统的工作质量、效率及可靠性。

3）可靠性分析

可靠性在实际当中有着极其重要的作用。对于产品来说，可靠性问题与人身安全经济效益密切相关。提高产品的可靠性，可以防止故障和事故的发生，减少停机时间，提高产品的可用率。

3. 经济评价

经济评价包括成本指标、工艺性指标、标准化指标、美学指标、能耗指标等，关系到产品能否进入市场并成为商品的技术指标。

3.2.1 系统可靠性评价

机电一体化系统的可靠性包含五个要素：对象、规定的工作时间、规定的工作条件、正常运行的功能以及概率。可靠性指标是产品可靠性的量化标尺，是进行可靠性分析的依据。系统可靠性评价方法如下：

1. 可靠度函数与失效概率

可靠度函数是产品在规定的条件和规定的时间 t 内完成规定功能的概率，以 $R(t)$ 表示；反之，不能完成规定功能的概率用 $F(t)$ 表示

$$R(t) = N(t)/N(0) \quad F(t) = n(t)/N(0)$$

式中，$N(t)$——工作到时间 t 时，有效产品的数量；

$\quad\quad n(t)$——工作到时间 t 时，已失效产品的数量；

$\quad\quad N(0)$——0 时刻产品的总数量。

如图 3-2 所示，以正态分布的失效分布为例，求出

$$F(t) = \int_0^1 f(t)\,\mathrm{d}t$$

$$R(t) = 1 - F(t) = \int_t^\infty f(t)\,\mathrm{d}t$$

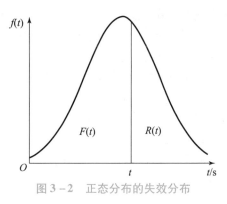

图 3-2　正态分布的失效分布

有效产品数的比值称为失效率，它以 $\lambda(t)$ 表示反映任一时刻失效概率的变化情况。

$$\lambda(t) = \frac{\Delta n(t)}{N(t)\Delta t} = \frac{\dfrac{\Delta n(t)}{N(0)\Delta(t)}}{\dfrac{N(t)}{N(0)}} = \frac{f(t)}{R(t)}$$

3. 寿命

寿命常用平均寿命 T 表示。对不可修复产品，T 是指从开始使用到发生故障报废的平均有效时间。

$$\overline{T} = \frac{1}{N}\sum_{i=1}^{N} t_i$$

式中，t_i——第 i 产品无故障工作时间；

　　　　N——被检测产品总数。

对可修复产品 T 是指一次故障到下一次故障的平均有效工作时间。

$$\overline{T} = \frac{1}{\displaystyle\sum_{i=1}^{n} n_i}\sum_{i=1}^{n}\sum_{i=1}^{n_i} t_{ij}$$

式中，t_{ij}——第 i 个产品从第 $j-1$ 次故障到第 j 次故障之间的有效工作时间；

　　　　n_i——第 i 个产品的故障次数。

4. 串联系统可靠性

对于由 n 个单元组成的串联系统，只有当这 n 个单元都正常工作时，该串联系统才正常工作。串联系统任一单元失效，都会引起系统失效。串联单元的失效是和事件，每一个串联单元可靠时系统才能可靠，串联系统可靠度是组成该系统的各独立单元可靠度的乘积。

串联系统可靠度计算公式为

$$R_{串联}(t) = P(x > t) = P(X_1 > t \cap X_2 > t \cap \cdots \cap X_n > t) = \prod_{i=1}^{n} P(X_i > t) = \prod_{i=1}^{n} R_i(t)$$

串联系统失效率计算公式为

$$\lambda_{串联}(t) = \sum_{i=1}^{n} \lambda_i(t)$$

式中，$\lambda(t)$——第 i 个单元的失效率。

5. 并联系统

对于由 n 个单元组成的并联系统，只有当这 n 个单元都失效时，该并联系统才失效。并联系统不可靠度是组成该系统的各独立单元不可靠度的乘积。

并联系统不可靠度计算公式为

$$F_{并联}(t) = P(X \le t) = P(X_1 \le t \cap X_2 \le t \cap \cdots \cap X_n \le t) = \prod_{i=1}^{n} P(X_i \le t) = \prod_{i=1}^{n} F_i(t)$$

并联系统可靠度计算公式为

$$R_{并联}(t) = 1 - \prod_{i=1}^{m} F_i(t) = 1 - \prod_{i=1}^{m} [1 - R_i(t)]$$

机电一体化系统是融合了机、电和其他技术的综合系统，技术的综合性和复杂性都比传统的机械系统高得多。随着相关技术的迅猛发展，为了保证设计的先进性，机电一体化系统设计要从思想、方法和技术各个层面上建立一套适应发展的理论和方法。

总体设计在整个设计过程中成为最关键的环节，决定机电一体化系统能否合理地有机结合多种技术并使一体化性能达到最佳。系统总体技术作为机电一体化共性关键技术之一，以系统工程的思想和方法论为基础，为系统的总体设计提供了正确的设计思想和有效的分析方法。采用系统总体技术，从整体目标出发，针对所要设计的机电一体化系统的各方面，综合分析机电一体化产品的性能要求及各机、电组成单元的特性，选择最合理的单元组合方案，将机电一体化共性关键技术综合应用，是系统总体设计的主要工作内容。

3.2.2　机电一体化系统总体设计步骤

总体设计对机电一体化系统的性能、尺寸、外形、质量及生产成本具有重大影响。因此，在机电一体化系统总体设计中要充分应用现代设计方法所提供的各种先进设计原理，综合利用机械、电子等关键技术并重视科学实验，力求在原理上新颖正确、在实践上可行、在技术上先进、在经济上合理。一般来讲，机电一体化系统总体设计应包括下述内容。

1. 准备技术资料

准备技术资料一般包括以下几点：

（1）搜集国内外有关技术资料，包括现有同类产品资料、相关的理论研究成果和先进技术资料等。通过对这些技术资料进行分析比较，了解现有技术发展的水平和趋势。技术资料是确定产品技术构成的主要依据。

（2）了解所设计产品的使用要求，包括功能、性能等方面的要求。此外，还应了解产品的极限工作环境、操作者的技术素质和用户的维修能力等方面的情况。使用要求是确定产品技术指标的主要依据。

（3）了解生产单位的设备条件、工艺手段和生产基础等，将其作为研究具体结构方案的重要依据，以保证缩短设计和制造周期、降低生产成本、提高产品质量。

2. 确定性能指标

性能指标是满足使用要求的技术保证，主要应根据使用要求的具体项目来相应地确定，当然也受到制造水平和能力的约束。性能指标主要包括以下几项：

（1）功能性指标。

功能性指标包括运动参数、动力参数、尺寸参数、品质指标等实现产品功能所必需的技术指标。

（2）经济性指标。

经济性指标包括成本指标、工艺性指标、标准化指标、美学指标等关系到产品能否进入市场并成为商品的技术指标。

（3）安全性指标。

安全性指标包括操作指标、自身保护指标和人员安全指标等保证在产品使用过程中不致因误操作或偶然故障而引起产品损坏或人身事故方面的技术指标。对于自动化程度较高的机电一体化产品，安全性指标尤为重要。

3. 拟定系统原理

机电一体化系统原理方案拟定是机电一体化系统总体设计的实质性内容，是总体设计的关键，要求充分发挥机电一体化系统设计的灵活性，根据产品的市场需求及所掌握的资料和技术，拟定出综合性能最好的机电一体化系统原理方案。

4. 初定系统主体结构方案

在机电一体化系统原理方案拟定之后，初步选出多种实现各环节功能和性能要求的可行性主体结构方案，并根据有关资料或通过与同类结构类比，定量地给出各结构方案对特征指标的影响程度或范围，必要时也可通过适当的实验来测定。将各环节主体结构方案进行适当组合，构成多个可行的系统主体结构方案，并使得各环节对特征指标的影响的总和不超过规定值。

5. 电路结构方案设计

在机电一体化系统设计中，检测系统和控制系统的电路结构方案设计可分为两大类：一类设计是选择式设计，即设计人员根据系统总体功能及单元性能要求，分别选择传感器、放大器、电源、驱动器、控制器、电动机及记录仪等，并进行合理的组合，以满足总体方案设计要求；另一类设计是以设计为主，以选择单元为辅，设计人员必须根据系统总体功能、检测系统性能、控制系统性能进行设计，在设计中必须选择稳定性好、可靠性好、精度高的器件。电路结构方案设计要合理，并且设计抗干扰、过压保护和过流保护电路。对于电路结构布局，应把强电单元和弱电单元分开布置，布置走线要短，电路地线布置要正确合理。对于强电场干扰场合，电路结构设计应加入抗干扰元件并外加屏蔽罩，以有效提高系统的稳定性和可靠性。

6. 总体布局与环境设计

机电一体化系统总体布局设计是总体设计的重要环节。布局设计的任务是，确定系统各主要部件之间相对应的位置关系以及它们之间所需要的相对运动关系。布局设计是一个全局性的问题，它对产品的制造和使用特别是对维修、抗干扰、小型化等，都有很大影响。

7. 总体方案的评价

根据上述系统简图，进行方案论证。论证时，应选定一个或几个评价指标，对多个可行方案进行单项校核或计算，求出各方案的评价指标值并进行比较和评价，从中选出最优者作为拟定的总体方案。

8. 总体设计报告

总结上述设计过程的各个方面，写出总体设计报告，为总体装配图和部件装配图的绘制做好准备。总体设计报告要突出设计重点，将所设计系统的特点阐述清楚，同时应列出所采取的措施及注意事项。机电一体化系统总体设计流程如图3-3所示。总体设计为具体设计规定了总的基本原理、原则和布局，指导具体设计的进行；而具体设计是在总体设计的基础上进行的具体化。具体设计不断地丰富和修改总体设计，两者相辅相成、有机结合。因此，只有把总体设计和系统的观点贯穿产品开发的过程，才能保证最后的成功。

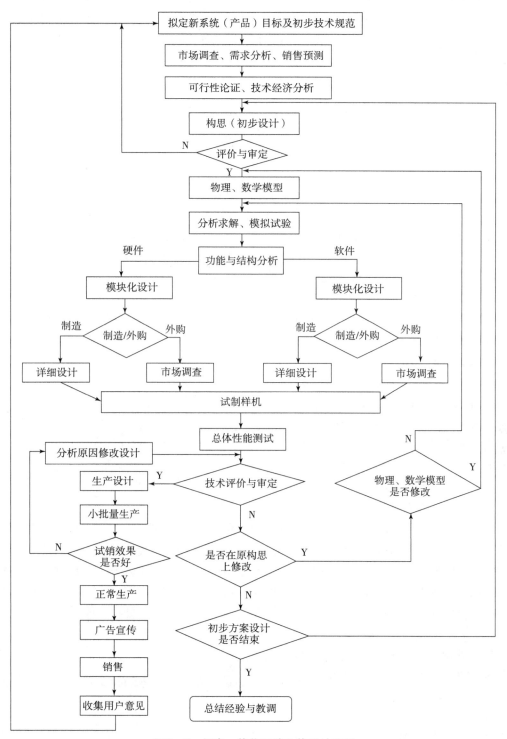

图 3-3 机电一体化系统总体设计流程

3.2.3 机电一体化系统原理方案设计

明确了设计对象的需求之后，就可以开始工作原理设计了，机电一体化系统原理方案设计是整个总体设计的关键，是具有战略性和方向性的设计工作。设计质量的优劣取决于设计人员能否有效地对系统的总功能进行合理的抽象和分解，能否合理地运用技术效应进行创新设计，是否勇于开拓新的领域和探索新的工作原理，使总体设计方案最佳化，从而形成总体方案的初步轮廓。在机电一体化系统原理方案设计中，常用的方法有功能分析设计法、创造性方法、评价与决策方法、商品化设计方法、变型产品设计中的模块化方法和相似产品系列设计方法等。在此，仅介绍机电一体化系统原理方案设计的功能分析设计法。

机电一体化系统工作原理设计主要包括系统抽象化与系统总功能分解两个阶段。

1. 系统抽象化

机电一体化系统（产品）是由若干具有特定功能的机械与微电子要素组成的有机整体，具有满足人们使用要求的功能。根据功能不同，机电一体化系统利用能量使得机器运转，利用原材料生产产品，合理地利用信息将关于能量、生产方面的各种知识和技术进行融合，进而保证产品的数量和质量。因此，可以将系统抽象化为以下功能：

（1）变换（加工、处理）功能；

（2）传递（移动、输送）功能；

（3）储存（保持、积蓄、记录）功能。

系统功能图如图3-4所示。以物料搬运、加工为主，输入物质（原料、毛坯等）、能量（电能、液能等）和信息（操作及控制指令等），经过加工处理，主要输出为改变了的物质的位置和形态的系统（或产品），称为加工机。例如，各种机床（切削机床、锻压设备、铸造

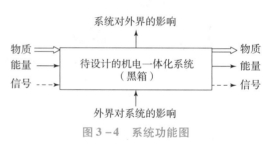

图 3-4 系统功能图

设备、电加工设备、焊接设备、高频淬火设备等）、交通运输机械、食品加工机械、起重机械、纺织机械、印刷机械、轻工机械等，都是加工机。

以能量转换为主，输入能量（或物质）和信息，输出不同能量（或物质）的系统（或产品），称为动力机。在动力机中，水轮机、内燃机等中的机械能为原动机。

以信息处理为主，输入信息和能量，主要输出某种信息（如数据、图像、文字、声音等）的系统（或产品），称为信息机。例如，各种仪器、仪表、办公机械等，都是信息机。

在分析机电一体化系统总功能时，根据系统输入和输出的原材料、能量和信息的差别与关系，将系统分解，分析系统结构组成及子系统功能，得到系统工作原理方案。图3-5所示为CNC（Computer Numerical Control）数控机床功能图，图中左边为输入量，右边为输出量，上边及下边表示系统与外部环境间的

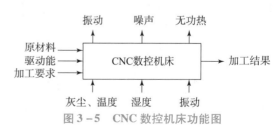

图 3-5 CNC 数控机床功能图

相互作用。

2. 系统总功能分解

为了分析机电一体化系统的子系统功能组成，需要统计实现工作对象转化的工作原理的相关信息。每一种工作对象的转化可以利用不同的工作原理来实现。例如圆柱齿轮切齿，可以采用滚、插、刨、铣等不同的加工方式。同样，圆柱齿轮测量可以采用整体误差测量、单项误差测量、展成测量、逐步测量、接触式测量、非接触式测量、机械式测量、电子式测量、对比式测量、直接测量等多种测量方式。不同的工作方式将使机电一体化系统具有不同的技术与经济效果。因此，可从各种可行的工作方式中选择最佳的工作方式。

一般情况下，机电一体化系统较为复杂，难以直接得到满足总功能的系统方案。因此，可以采用功能分解法，将系统总功能分解，建立功能结构图，这样既可显示各功能元、分功能与总功能之间的关系，又可通过各功能元之间的有机组合求得系统方案。

将总功能分解成复杂程度较低的子功能，并相应找出各子功能的原理方案，简化了实现总功能的原理构思。如果有些子功能还太复杂，则可将它进一步分解到较低层次的子功能。分解到最后的基本功能单元称为功能元。所以，功能结构图应从总功能开始，以下有一级子功能、二级子功能等，末端是功能元，前级功能是后级功能的目的功能，后级功能是前级功能的手段功能。另外，同一层次的功能单元组合起来，应能满足上一层功能的要求，最后合成的整体功能能满足系统的要求。至于对某个具体的技术系统来说，系统总功能需要分解到什么程度，则取决于在哪个层次上能找到相应的物理效应和结构来实现其功能要求。

CNC 数控机床总功能是利用控制系统逻辑地处理具有控制编码或其他符号指令规定的程序，并将其译码，使得机床动作并加工零件。该系统总功能可以分解为切削加工子功能、控制子功能、驱动子功能、监控检测子功能及编程子功能。

因此，CNC 数控机床功能组成图如图 3－6 所示。CNC 数控机床包括主机、数控装置、驱动装置、辅助装置、编程及其他附属设备。其中，主机是 CNC 数控机床的主体，包括床身、立柱、主轴、进给机构等，是用于完成各种切削加工的机械部件；数控装置是 CNC 数控机床的核心，包括硬件（印刷电路板、CRT 显示器、钥匙盒、纸带阅读器等）以及相应

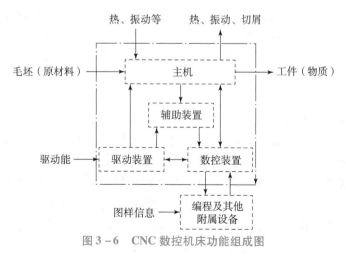

图 3－6　CNC 数控机床功能组成图

的软件，用于输入数字化的零件程序，并完成输入信息的存储，数据的变换、插补运算，以及实现各种控制功能；驱动装置是 CNC 数控机床执行机构的驱动部件，包括主轴驱动单元、进给单元、主轴电动机及进给电动机等，它在数控装置的控制下通过电气或电液伺服系统实现主轴和进给驱动，当几个进给联动时，可以完成定位、直线、平面曲线和空间曲线的加工；辅助装置是指 CNC 数控机床的一些必要的配套部件，用以保证 CNC 数控机床的运行，如冷却装置、排屑装置、润滑装置、照明装置、监测装置等，不仅包括液压和气动装置、排屑装置、交换工作台、数控转台和数控分度头，还包括刀具及监控检测装置等；编程及其他附属设备用于在机外进行零件的程序编制、存储等。

3.2.4　机电一体化系统结构方案设计

1. 内容和步骤

机电一体化系统原理方案确定之后，可以将系统的子系统分为两个方面：第一方面是机械子系统，如机械传动系统、导向系统、主轴组件等；第二方面是电气子系统，如控制所用电动机、控制电路、检测传感器等。电气子系统可以直接选用市场上的成品，或者利用半成品组合而成。机械结构方案和总体方案根据机电一体化系统功能的改变，呈现出多样化特征。尽管为了满足机电一体化系统设计，各种机械中典型的标准组件已经商品化，但机械结构设计仍是机电一体化系统主体结构方案设计的重要内容。

系统结构方案设计的核心工作包括两个方面，分别为"质"的设计和"量"的设计。"质"的设计问题有两个，一是"定型"，即确定各元件的形态，把一维或二维的原理方案转化为三维的、有相应工作面的、可制造的形体；二是"方案设计"，即确定构成技术系统的元件数目及其相互间的配置。"量"的设计是定量计算尺寸，确定材料。

由于结构方案设计的复杂性和具体性，除了要求创新性以外，还需要进行与实践相结合的综合分析和校核工作。结构方案设计的步骤主要包括初步设计、详细设计和结构方案的完善与审核。

1）初步设计

这一阶段主要是完成主功能载体的初步设计。一般把功能结构中对实现能量、物料或信号的转变有决定性意义的功能称为主功能，把满足主功能的构件称为主功能载体。对于某种主功能，可以由不同的功能载体来实现。首先，可以确定几种功能载体；然后，确定它们的主要工作面、形成及主要尺寸，按比例画出结构草图；最后，在几种结构草图中择优确定一个方案作为后继设计的基础。

2）详细设计

这个阶段的第一步是进行副功能载体设计，在明确实现主功能需要哪些副功能载体的条件下，实现副功能尽量直接选用现有的结构，如选用标准件、通用件或从设计目录和手册中查找构件。第二步是进行主功能载体的详细设计。主功能载体的详细设计应遵循结构设计基本原则和原理。例如，摩擦形式如果处理得不好，由于动、静摩擦力差别太大，造成爬行，会影响控制系统工作的稳定性。因此，要选取满足工作要求的导轨，导轨副相对运动时的摩擦形式有滑动、滚动、液体静压滑动、气体静压滑动等几种，它们各有不同的优缺点，设计时可以根据需求，综合考虑各方面因素进行选择。第三步也即最后一步是进一步完善、补充结构草图，并对草图进行审核、评价。

3）结构方案的完善与审核

这一阶段的任务是在前面阶段工作的基础上，对关键问题及薄弱环节进行优化设计，进行干扰和差错是否存在的分析，并进行经济分析，检查成本是否控制在预期目标内。

2. 基本要求

（1）机械结构类型很多，选择主要结构方案时，必须保证满足系统所要求的精度、工作稳定可靠、制造工艺性好。

（2）按运动学原则进行结构设计时，不允许有过多的约束。但当约束点有相对运动且载荷较大时，约束处变形大、易磨损，可以采用误差均化原理进行结构设计，这时可以允许有过多的约束。例如，滚动导轨中的多个滚动体，利用滚动体的弹性变形使滚动体直径的微小误差相互得到平均，从而保证导轨的导向精度。

（3）结构设计简单化，提高系统可靠性。在满足系统总功能的条件下，力求整机、部件和零件的结构设计简单。机械系统一般为串联系统，组成系统的单元数目越少，则系统的可靠度越高，即零部件数量少，不仅可以提高产品的可靠度，还可以缩短加工、组装和生产准备周期，降低生产成本。在设计中，常采用一个零件担任几种功能的办法来达到减少零件数量的目的。

（4）在进行总体结构设计时，传动链越短，传动误差越小，性能稳定性越好，精度越高。传统的机械传动直线进给系统，传动链由多级变速箱和运动转换装置组成，传动链较长，传动误差较大；数控直线进给系统，传动链中减少了多级变速箱，传动链长度减小，传动误差减少；甚至可以采用电动机直接驱动执行机构，使传动链最短，这是最理想的结构。进行机电一体化系统结构设计时，可以尽量使驱动系统的自动变速范围广，且使运动形式与执行机构形式一致，这样就可以用最短的传动链，实现执行机构的运动要求。

（5）在进行结构方案设计时，要尽量满足基准重合原则，这样可以减小由于基准不一致所带来的误差。常用的基准面有设计基面、工艺基面、测量基面和装配基面。基准统一，可以避免因基准面不同而造成的制造误差、测量误差和装配误差。

（6）遵循"三化"原则。"三化"是指产品品种的系列化、产品零部件的通用化和产品零部件的标准化，这是一项重要的经济政策，也是产品结构设计的方向。系列化是指同类产品设计的系列化，目的是用最少的规格和形式，最大限度地满足市场的需要。标准化是对原材料、半成品及成品的统一规定。目前标准有国际标准、国家标准、部颁标准和企业标准。设计零部件时，应以标准为依据，并尽量加大标准件占零件总量的比例，这样可以使产品成本下降、生产周期缩短。通用化是指相同功能的零部件尺寸统一，可以被不同型号的同类产品使用。这样可以减少零部件品种，缩短设计、制造周期。在设计中采用标准化和通用化原则可以保证零部件的互换性，实现工艺过程典型化，有效地缩短制造周期、增大产量，并为以后的维护带来方便。

3.2.5　机电一体化系统测控方案设计

测控系统的设计是一个综合运用知识的过程，需要测试技术、计算机原理及接口、模拟电路与数字电路、软件设计方法及编程等方面的基本知识，此外还需要一定的生产工艺知识。因此，在测控系统设计过程中，经常需要各个专业人员密切配合。测控系统的基本原理图如图 3 - 7 所示。

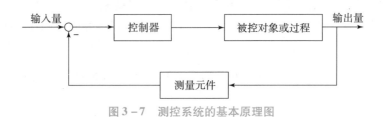

图 3 - 7　测控系统的基本原理图

1. 测控系统分类

1）直接数字测控系统（DDC 系统）

DDC 系统结构图如图 3 - 8 所示。它是一种单机控制系统，具有规模小、结构简单、实用性强、价格低等优点，适合测控比较简单的被控对象或作为分布式控制系统的最小基本控制单元，它的缺点是可靠性差。

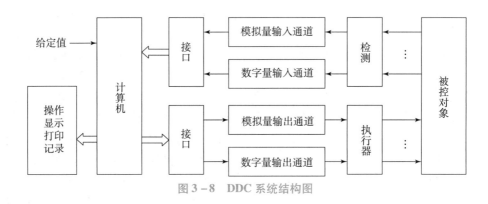

图 3 - 8　DDC 系统结构图

2）监督测控系统（SCC 系统）

SCC 系统结构图如图 3 - 9 所示。它采用两级控制方式，第一级为 SCC 计算机控制；第二级有两种：模拟调节器控制和 DDC 计算机控制。当 SCC 系统中的计算机出现故障时，可由模拟调节器或 DDC 计算机独立完成操作，从而提高整个测控系统的可靠性。

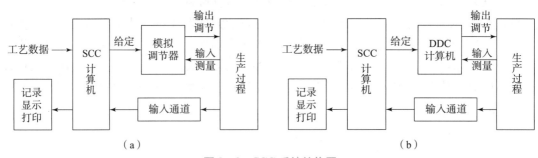

（a）　　　　　　　　　　　　　　　　　　　　　（b）

图 3 - 9　SCC 系统结构图

（a）模拟调节器控制；（b）DDC 计算机控制

3）分布式测控系统（DCS）

DCS 结构图如图 3 - 10 所示。它的核心思想是集中管理、分散控制，即管理与控制相分离，上位机用于集中监视管理功能，若干台下位机下放分散到现场实现分布式控制，各上、下位机之间用控制网络互联，以实现相互之间的信息传递。在 DCS 中，按地区把微处理器安装在测量装置与控制执行机构附近，将控制功能尽可能分散，将管理功能相对集中，这种分散化的控制方式能改善控制的可靠性。

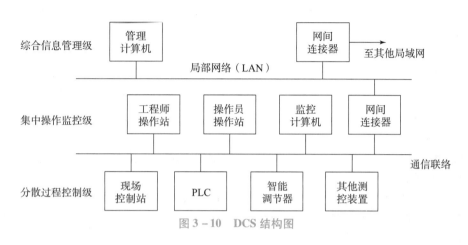

图 3 - 10　DCS 结构图

4）现场总线控制系统（FCS）

FCS 结构图如图 3 - 11 所示。作为新一代控制系统，FCS 采用了基于开放式、标准化的通信技术，突破了 DCS 采用专用通信网络的局限，同时进一步变革了 DCS 中的"集散"系统结构，形成了全分布式系统架构，把控制功能彻底下放到现场。简而言之，现场总线是把控制系统最基础的现场设备变成网络节点连接起来，实现自下而上的全数字化通信，可以认为是通信总线在现场设备中的延伸，把企业信息沟通的覆盖范围延伸到了工业现场。

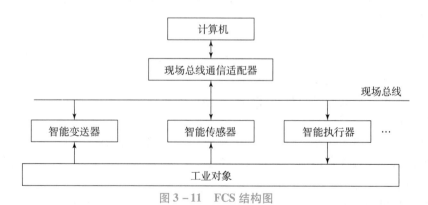

图 3 - 11　FCS 结构图

2. 测控系统设计步骤

在最大限度满足安全生产要求的前提下，按照可靠性、实用性、先进性、通用性、合理性和经济性等原则进行测控系统设计。测控系统设计主要步骤如下：

（1）了解测控对象的要求，首先必须详细地了解测控对象对测控系统的要求。测控对象对测控系统的要求主要包括精度、稳定性、响应速度、可靠性等。

（2）测控系统总体方案确定。

针对实际设计系统确定设计的测控总体方案，选择系统的结构形式，画出测控系统总体方案框图。

（3）选择传感器、控制执行机构或元件。

根据设计要求及确定的测控系统总体方案，选择所需要的传感器和合适的控制执行机构或元件等。

（4）系统硬件电路设计。

根据测控系统总体方案的要求，进行系统硬件设计和具体电路（信号调理电路、信号滤波电路和信号采集电路等）设计，尽量采用成熟的、经过实践考验的电路和环节，同时考虑新技术、新元器件、新工艺的应用。

（5）系统软件设计。

按软件设计原则、方法及系统的要求进行应用程序设计，注意兼容性、可扩展性。

（6）系统测试。

系统软、硬件设计完成并进行正确组装后，按设计任务的要求在实验室进行模拟实验，对测试系统进行性能测试、老化测试、抗腐蚀测试等，并根据测试结果改进测试系统。

（7）整理设计文档。

在系统测试通过后，整理测控系统总体方案、硬件设计文档、软件设计文档等技术文档。

3. 测控系统方案设计

1）系统总体方案设计

在确定测控系统总体方案时，对系统的软、硬件功能应做统一考虑。测控系统的功能哪些由硬件完成，哪些由软件实现，应该结合具体问题经过反复分析比较后确定。画出一个完整的测控系统原理框图，其中包括各种传感器、执行器、输入/输出通道的主要元器件、微机及外围设备。

2）系统硬件方案设计

（1）选择元器件。

选择元器件时，一般还要注意以下几点：

①在满足技术要求的前提下尽可能选择价格低的元器件。

②尽可能选用集成组件。

③尽可能选用单电源供电的组件，对只能采用电池供电的场合，必须选用低功耗器件。

④元器件的工作温度范围应大于使用环境的温度变化范围。系统中相关的器件要尽可能做到性能匹配。

（2）硬件电路设计。

硬件电路设计要注意以下几点：

①硬件电路结构要结合软件方案一并考虑，软件能实现的功能尽可能由软件来实现。

②尽可能选用典型电路和集成电路。

③微机系统的扩展与外围设备的配置留有适当的余地，以便进行二次开发。

④在把设计好的单元电路与别的单元电路相连时要考虑它们是否能直接连接。

⑤在模拟信号传送距离较远时，要考虑以电流或频率信号传输代替以电压信号传输。

⑥进电可靠性设计和抗干扰设计。

（3）设计控制操作面板。

控制操作面板也称为控制操作台，是人机对话的纽带，也是测控系统中的重要设备。根据具体情况，控制操作面板可大可小，大到可以是一个庞大的操作台，小到只是几个功能键和开关。例如，在智能仪器中，控制操作面板都比较小。不同系统，控制操作面板可差异很大，所以一般需要根据实际需要自行设计控制操作面板。在控制操作面板设计中，应遵循安全可靠、使用方便、操作简单、板面布局适宜且美观、符合人性工程学要求的原则。

3）测控系统软件设计

测控系统软件设计通常的思路如下：

（1）分析问题，抽象出描述问题的数学模型。

（2）确定解决问题的算法和工作步骤。

（3）根据算法绘制程序流程图。

（4）分配存储空间，确定程序与数据区存储空间。

（5）编写源程序。

（6）程序静态检查。

（7）上机调试、修改，最终确定程序。

拓展资源：CNC 机床

计算机数控（Computer Numerical Control，CNC）机床是一种由计算机或专用电子计算装置控制的高效自动化机床。它综合应用了计算机技术、自动控制、精密测量和机械设计等方面的最新成就，是典型的机电一体化产品，是机床发展的必然趋势。数控机床发展至今，已经经历了从电子管数控、晶体管数控、集成电路数控、计算机数控到微型计算机数控等五代演变。当前计算机数控机床已经成为促进国民经济发展的重要产品。由于它具有高效、高精度、低劳动强度和高度自动化等特点，所以最适合于多品种、小批量零件的加工。近十多年来，随着微电子技术的飞跃发展，能够自动更换刀具的高度自动化的计算机数控机床——机械加工中心（Machining Center，MC）发展更为迅速。各工业发达国家相继出现了双工位和多工位交换工作台的加工中心，与工业机器人等组成的柔性制造单元（Flexible Manufacturing Cell，FMC），以及由多台加工中心与物料搬运装置（工业机器人）等组成的柔性制造系统（Flexible Manufacturing System，FMS），在这个基础上又发展了自动化工厂（Factory Automation，FA）等。在普通机床上加工零件时，机床运行的开始、结束，运动的先后次序以及刀具和工件的相对位置等都是由人工操作完成的。而 CNC 机床加工零件时，则是将被加工零件的加工顺序、工艺参数、机床运动要求用数控语言记录在数控介质（穿孔纸带、磁带、磁盘等）上，然后输入 CNC 数控装置，再由 CNC 装置控制机床运动从而实现加工自动化。为了提高加工精度，一般还装有位置检测反馈回路，这样就构成了闭环控制系统。在普通机床上加工零件时，机床运行的开始、结束，运动的先后次序以及刀具和工件的相对位置等都是由人工操作完成的。而 CNC 机床加工零件时，则是将被加工零件的加工顺序、工艺参数、机床运动要求用数控语言记录在数控介质（穿孔纸带、磁带、磁盘等）上，然后输入 CNC 数控装置，再由 CNC 装置控制机床运动从而实现加工自动化。为了提高加工精度，一般还装有位置检测反馈回路，这样就构成了闭环控制系统。其加工过程原理如图 3 - 12 所示。在机械加工中心上加工零件所涉及的技术范围比较广，与相应的配套技术有密切关系，对于一个合格的编程员来说首先应该是一个很好的工艺员，应熟练掌握零件的工艺设计和切削用量的选择，并能提出正确刀具方案和夹具方案，懂得刀具测量方法，了解机床的性能和特点，熟悉程序编制和输入方式。

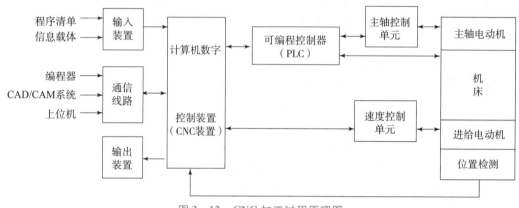

图 3 - 12　CNC 加工过程原理图

加工中心作为机电一体化的典型产品，靠机电之间的互相促进，得到了很大发展。这里对其技术发展动向及构成做一简单介绍。

1. 机械加工中心的技术发展动向

开发加工中心的目的是实现加工过程自动化，减少切削加工时间和非切削加工时间，提高劳动生产率。FMS 是以车间进行统一控制为目标的工厂自动化的第一个阶段，它包括前面所讲的搬送工件或工具的无人搬送小车以及 CAD/CAM 系统、自动仓库等的管理。目前，MC 的自动化功能正朝着由微机控制实现自动定心（调整）、异常情况的自动监视、自动检测的方向发展。随着直流（交流）伺服电动机的发展和普及，以及切削刀具的进步，逐步降低切削力、提高电动机功率、实现超高速加工，进而提高生产率。虽然机械加工中心正朝高功率、高性能、多功能、提高刀具存放数量等方向发展，但从经济性、生产效率方面考虑，也有根据用途与需要，限定足够规格和足够功能的倾向。

2. 机械加工中心的构成

以日本 FHN100T 机械加工中心为例，机械加工中心通常由以下几部分构成：数控 X、Y、Z 三个移动装置，能够进行工件多面加工的回转工作台，自动换刀装置（ATC），CNC 控制器等。

3. 机床的机械装置

（1）床身、工作台、立柱。床身上装有两个正交导轨，以实现工作台的 X 轴运动和立柱的 Y 轴运动。在立柱上设置有主轴头上、下（Z 轴）运动的导轨，以实现 Z 轴运动。各轴都通过与伺服电动机直接连接的大直径滚珠丝杠驱动，以实现高精度定位。

（2）回转工作台。安装工件用回转工作台，由电动机大致定位，并通过具有 72 个齿的（每齿 5°）端齿分度装置进行精密定位。

（3）主轴头。主轴头通过 26 kW（30 分额定）/22 kW（连续额定）的交流伺服电动机实现 20 ~ 3 600 r/min 的无级调速驱动。主轴轴承使用了具有高刚性和高速性的双列向心球轴承和复合圆锥滚子止推轴承，并使用控制温度的润滑油进行强制循环来抑制热变形。

（4）自动换刀装置（ATC）。ATC 由存放 48、64 把刀具的刀库和换刀机械手组成。

（5）随行夹具更换装置。在前一个工件的加工过程中，就要进行下一个工件或夹具的安装，以便第一个工件加工完后，立即更换装有下一个工件的随行夹具。随行夹具存放处一般可存放 6 ~ 10 个随行夹具，以实现长时间地无人化加工。

任务 3.3 机电有机结合设计

机电一体化系统（产品）的设计过程是机电参数相互匹配与有机结合的过程。在确定设计方案后要进行定量的分析计算，包括稳态设计和动态设计，以减少设计的盲目性，缩短开发的周期。

3.3.1 机电一体化系统稳定运行的条件

机电一体化系统将电能转变为机械能，实现生产机械的启停和速度调节，满足各种生产工艺过程的要求，保证生产机械的正常运行。

机电一体化系统稳定性设计流程如图 3 - 13 所示，在分析电力拖动方程的基础上，根据生产机械的负载特性，选择合适类型的电动机，遵循电动机机械特性进行调速控制电路设计，通过逻辑控制满足生产工艺要求，并考虑生产过程协调和安全，达到机电一体化系统的平稳运行。

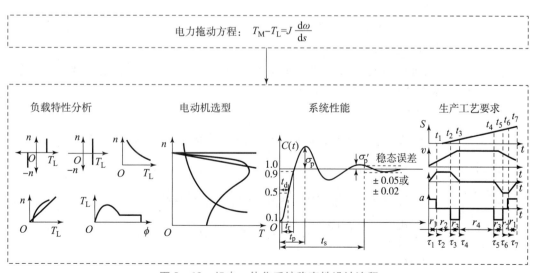

电力拖动方程：$T_M - T_L = J \dfrac{d\omega}{ds}$

图 3 - 13　机电一体化系统稳定性设计流程

1. 电力拖动方程

电动机为生产机械提供动力，图 3 – 14（a）所示为单轴拖动系统，图中电动机 M 通过连接件直接与生产机械相连，电动机 M 产生输出转矩 T_M 来克服负载转矩 T_L，带动生产机械以角速度 ω（或 n）运动。图 3 – 14（b）所示为电动机输出转矩、负载转矩和速度的方向。

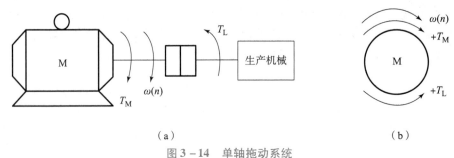

（a）   （b）

图 3 – 14   单轴拖动系统

（a）系统结构图；（b）转矩、速度方向

1）电力拖动方程

机电一体化系统中，T_M、T_L、ω（或 n）之间的函数关系称为电力拖动方程。根据动力学原理，它们之间的函数关系如下：

$$T_M - T_L = J\frac{\mathrm{d}\omega}{\mathrm{d}t} = J\frac{2\pi}{60}\frac{\mathrm{d}n}{\mathrm{d}t}$$

式中，T_M——电动机的输出转矩（N·m）；

      T_L——负载转矩（N·m）；

      J——机电一体化系统的转动惯量（kg·m）；

      ω——角速度（rad/s）；

      n——速度（r/min）；

      t——时间（s）。

可令 $T_d = T_M - T_L$，称为动态转矩。

2）机电一体化系统的状态

电力拖动方程是研究机电一体化系统最基本的方程式，它决定着机电一体化系统运动的特征。机电一体化系统有两种不同的运动状态。

（1）稳态（$T_M = T_L$）时：

$T_d = J\dfrac{\mathrm{d}\omega}{\mathrm{d}t}$，即 $\dfrac{\mathrm{d}\omega}{\mathrm{d}t} = 0$，$\omega$ 为常数，机电一体化系统以恒速运动，这种状态称为稳态。

（2）非稳态（$T_M \neq T_L$）时：

$T_M > T_L$ 时，$T_d = J\dfrac{\mathrm{d}\omega}{\mathrm{d}t} > 0$，即 $\dfrac{\mathrm{d}\omega}{\mathrm{d}t} > 0$，机电一体化系统加速运动。

$T_M < T_L$ 时，$T_d = J\dfrac{\mathrm{d}\omega}{\mathrm{d}t} < 0$，即 $\dfrac{\mathrm{d}\omega}{\mathrm{d}t} < 0$，机电一体化系统减速运动。

2. 生产机械的负载特性

同一轴上负载转矩和转速之间的函数关系，称为生产机械的负载特性。不同类型的生产机械在运动中受阻力的性质不同，负载特性也不同。生产机械的负载特性主要分为以下几种：

1）恒转矩型负载特性

恒转矩负载特性又分为反抗性的恒转矩负载特性和位能性的恒转矩负载特性两种。前者的作用方向是随转动方向而改变的。摩擦负载转矩就具有这样的特性，摩擦负载转矩的方向总是与运动方向相反。具有这类负载特性的系统有物料移送机、皮带运输机、鼓风机等。后者的作用方向不随转动方向而变。相应的机电一体化系统有起重机的提升机构、高炉料车卷扬机构、矿井提升机构等。图 3 – 15（a）、（b）所示为这两种负载特性曲线。

2）恒功率负载特性

负载功率基本保持不变的特性称为恒功率负载特性，如图 3 – 15（c）所示。许多加工机床均具有这种负载特性，粗加工时切削量较大，以低速运行；而精加工时切削量较小，以高速运行。一些机电一体化设备也具有恒功率负载特性，工作负载大时转速低，工作负载小时转速相应增高，负载转矩与转速成反比。

3）负载转矩是转速函数的负载特性

有些机电一体系统的负载转矩与转速之间存在一定的函数关系。例如离心式鼓风机、水泵等按离心力原理工作的系统，负载转矩随转速的增大而增大。图 3 – 15（d）中曲线 1 为负载转矩与转速呈二次方关系，曲线 2 为负载转矩与转速呈线性关系。

4）负载转矩是行程或转角函数的负载特性

某些机电一体化系统的负载转矩 T_L 与行程 s 和转角 ϕ 之间存在一定的函数关系，即 $T_L = f(s)$ 或 $T_L = f(\phi)$ 特性，带有连杆机构的系统大多具有这种特性。例如轧钢厂的剪切机、升降摆动台、翻钢机以及常见的活塞式空气压缩机、曲柄压力机等，它们的负载转矩都是随转角的变化而变化，如图 3 – 15（e）所示。

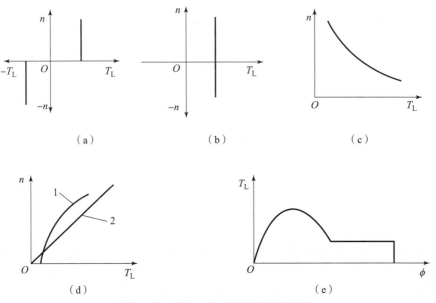

图 3 – 15　机电一体化系统的负载特性

5）负载转矩变化无规律的负载特性

有些负载转矩随时间做无规律随机变化，如冶金矿山中常用的破碎机和球磨机等，它们的负载转矩都是这样。

3. 电动机的机械特性

电动机向生产机械提供一定的转矩，并使其能以一定的转速运转。电动机的机械特性是表征电动机轴上所产生的转矩 T_M 和相应转速 n 之间关系的特性，以函数 $n = f(T_M)$ 表示。研究电动机的机械特性对满足生产机械工艺要求，充分使用电动机功率和合理地设计电力拖动的控制和调速系统有着重要的意义。电动机根据所用电流的制式不同分为直流电动机和交流电动机。其中直流电动机又可根据励磁方式分为他励、串励、并励、复励4 种形式。典型电动机的机械特性如图 3 – 16 所示。

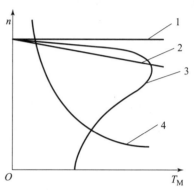

图 3 – 16　典型电动机的机械特性
1—同步电动机；2—直流他励电动机；
3—异步电动机；4—直流串励电动机

4. 动态性能指标

稳定性是系统能正常工作的前提，控制系统在受到扰动的作用后，能自动返回到原来的平衡状态，则系统是稳定的。一般在单位阶跃干扰的作用下，分析过渡过程的变化规律，并以此来评价系统的质量，主要指标有超调量、调节时间、振荡次数、延迟时间、上升时间、峰值时间等，如图 3 – 17 所示。

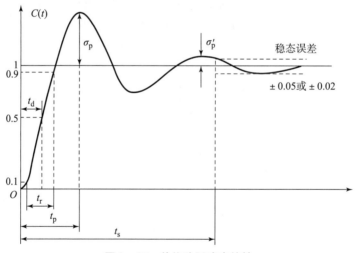

图 3 – 17　单位阶跃响应特性

（1）超调量：响应曲线第一次越过静态值达到峰值点时，越过部分的幅度与静态值之比，记为 σ_p。

（2）调节时间：响应曲线最后进入偏离静态值的误差为 ±5% 或 ±2% 的范围并且不再越出这个范围的时间，记为 t_s。

（3）振荡次数：响应曲线在 t_s 之前在静态值上下振荡的次数。

（4）延迟时间：响应曲线首次达到静态值的一半所需的时间，记为 t_d。

（5）上升时间：响应曲线首次从静态值的 10% 过渡到 90% 所需的时间，记为 t_r。

（6）峰值时间：响应曲线第一次达到峰值点的时间，记为 t_p。

系统动态特性可归结为：一是响应的快速性，由上升时间和峰值时间表示；二是对所期望响应的逼近性，由超调量和调节时间表示。由于这些性能指标常常彼此矛盾，因此必须加以折中处理。

3.3.2 稳态设计

稳态设计包括使系统的输出运动参数达到技术要求、动力元件（如电动机）的参数选择、功率（或转矩）的匹配与过载能力的验算、各主要元部件的选择与控制电路的设计、信号的有效传递、各级增益的分配、各级之间阻抗的匹配和抗干扰措施等，为后面动态设计中校正装置的引入留有余地。

机电一体化系统性能与负载和系统响应特性要求密切相关，因此，应在对机电一体化系统负载特性进行分析的基础上，建立各子系统的数学模型，构建整个机电一体化系统的控制模型，通过计算机仿真或试验测试方法确定关键参数，研究系统响应特性，为系统动态设计奠定基础。

1. 典型负载分析

被控对象（简称负载）的运动形式有直线运动、回转运动、间歇运动等，具体的负载往往比较复杂，为了便于分析，常将它分解为几种典型负载，结合系统的运动规律再将它们组合起来，使定量设计计算得以顺利进行。

被控对象与执行元件一般通过传动装置连接，执行元件的额定转矩、加减速控制及制动方案的选择，应与被控对象的固有参数（如质量、转动惯量等）相互匹配。因此，要将被控对象相关部件的固有参数及其所受的负载（力或转矩等）等效换算到执行元件的输出轴上，即计算执行元件输出轴承受的等效转动惯量和等效负载转矩（回转运动）或计算等效质量和等效力（直线运动）。

在设计系统时，应对被控对象及其运动做具体分析，从而获得负载的综合定量数值，为选择与之匹配的执行元件及进行动态设计分析打下基础。

2. 执行元件的匹配选择

伺服系统是由若干元部件组成的，其中有些元部件已有系列化商品供选用。为了降低机电一体化系统的成本、缩短设计与研制周期，应尽可能选用标准化零部件。拟定系统方案时，首先确定执行元件的类型，然后根据技术条件的要求进行综合分析，选择与被控对象及其负载相匹配的执行元件。电动机的转速、转矩和功率等参数应和被控对象的需要相匹配。因此，应选择与被控对象的需要相适应的执行元件。

3. 减速比的匹配选择与各级减速比的分配

减速比主要根据负载性质、脉冲当量和机电一体化系统的综合要求来选择确定，不仅要使减速比在一定条件下达到最佳，而且要使减速比满足脉冲当量与步距角之间的相应关系，还要使减速比同时满足最大转速要求等。减速比的确定方法有以下几种：

（1）加速度最大。

（2）最大输出速度。

（3）满足送进系统传动基本要求的选择方法。

（4）减速器输出轴转角误差最小原则。

（5）对速度和加速度均有一定要求的选择方法。

4. 检测传感装置、信号转换电路、放大电路等的匹配设计

检测传感装置的精度（即分力）、不灵敏区等要适应系统整体的精度要求，在系统的工作范围内，检测传感装置的输入/输出应具有固定的线性特性，信号的转换要迅速及时，信噪比要大，装置的转动惯量及摩擦阻力矩要尽可能小，性能要稳定可靠等。

信号转换电路应尽量选用商品化的集成电路，要有足够的输入/输出通道，不仅要考虑与传感器输出阻抗的匹配，还要考虑与放大器的输入阻抗符合匹配要求。

各部分的设计计算必须从系统总体要求出发，考虑相邻部分的广义接口信号的有效传递（防干扰措施）、输入/输出的阻抗匹配。总之，要使整个系统在各种运行条件下达到各项设计要求。

3.3.3　动态设计

稳态设计只是初步确定了系统的主回路，系统还很不完善。在稳态设计的基础上所建立的系统数学模型一般不能满足系统动态品质的要求，甚至是不稳定的。为此，必须进一步进行系统的动态设计。动态设计主要是设计校正装置，使系统满足动态技术指标要求，通常要利用计算机仿真技术进行辅助设计。

1. 系统建模基础

系统特性分析一般先根据系统组成建立系统的传递函数（即原始系统数学模型），再根据系统的传递函数分析系统的稳定性、系统过渡过程的品质（响应的快速性和振荡）及系统的稳态精度等特性。

机电一体化系统是采用多种技术组成的集合体，根据系统类型和建模目的选择了数学模型的种类后，要对系统进行功能分解，画出系统的结构连接图。对各子功能结构分别进行建模，再根据子功能结构之间的连接方式组合成整体数学模型。系统建模过程如图3－18所示。

图 3－18　系统建模过程

在建模过程中，系统功能分解的合理性很重要，原则上应使分解的功能既简单，又能形成具有输入/输出关系的独立结构。机电一体化系统的各子功能一般划分为控制、驱动、执行、传动、检测等部分。如果某子功能结构复杂，则可以继续分解。

机电一体化系统的建模主要是建立机理模型，即以各种物理原理建立系统参数或者变量之间的关系，并获得系统近似数学描述。机电一体化系统组成的功能结构主要为机械系统和电子系统。机械系统由质量块、惯量、阻尼器和弹簧组成，以力学基础理论建模。电子系统由电阻、电容、电感、电子器件组成，以电学和电子学理论为基础建模。系统中的传感器和执行元件基本有较完善的物理学理论描述。

机电一体化系统（或元件）的输入量（或称输入信号）和输出量（或称输出信号）可用时间函数描述，输入量与输出量之间的因果关系或者说系统（或元件）的运动特性可用微分方程描述。若设输入信号为 $x_i(t)$，输出信号为 $x_o(t)$，则描述系统（或元件）运动特性的微分方程的一般形式为

$$a_0 \frac{d^n}{dt^n} x_o(t) + a_1 \frac{d^{n-1}}{dt^{n-1}} x_o(t) + \cdots + a_{n-1} \frac{d}{dt} x_o(t) + a_n x_o(t)$$

$$= b_0 \frac{d^m}{dt^m} x_i(t) + b_1 \frac{d^{m-1}}{dt^{m-1}} x_i(t) + \cdots + b_{m-1} \frac{d}{dt} x_i(t) + b_m x_i(t) (n \geq m)$$

系统（或元件）的运动特性也可以用传递函数描述。线性定常系统（或元件）的传递函数定义为：在零初始值下，系统（或元件）的输出量拉氏变换与输入量拉氏变换之比。将式中的各项在零初始值下进行拉氏变换，可得

$$(a_n s^n + a_{n-1} s^{n-1} + \cdots + a_1 s + a_0) C(s) = (b_m s^m + b_{m-1} s^{m-1} + \cdots + b_1 s + b_0) R(s)$$

由上式可得线性定常系统（或元件）传递函数的一般形式为

$$G(s) = \frac{X_o(s)}{X_i(s)} = \frac{b_0 s^m + b_1 s^{m-1} + \cdots + b_{m-1} s + b_m}{a_0 s^n + a_1 s^{n-1} + \cdots + a_{n-1} s + a_n} (n \geq m)$$

当系统（或元件）的运动能够用有关定律（如电学、热学、力学等的某些定律）描述时，该系统（或元件）的传递函数就可用理论推导的方法求出。对那些无法用有关定律推导其传递函数的系统（或元件），可用实验法建立其传递函数。

2. 机械系统特性建模

机械系统是由轴、轴承、丝杠及连杆等机械零件构成的，其功能是将一种机械量变换成与目的要求对应的另一种机械量。例如，有的连杆机构就是将回转运动变换为直线运动。机械系统在传递运动的同时还将进行力（或转矩）的传递。因此，机械系统的各构成零部件必须具有承受其所受力（或转矩）的足够强度和刚度。机械系统关注的是物体在力的作用下的性能。牛顿力学是机械系统的基础，主要应用牛顿第二定律。

1）机械平移系统

机械平移系统的基本元件是质量块、阻尼器和弹簧。这三种基本元件的符号如图 3 – 19 所示，$f(t)$ 表示外力，$x(t)$ 表示位移，m 表示质量，f 表示黏滞阻尼系数，K 为弹簧刚度。

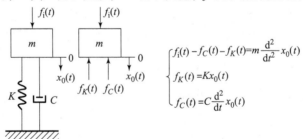

图 3 – 19　机械平移系统基本元件的符号

由图 3 – 19 可以得到质量块的数学模型

$$m \frac{d^2}{dt^2} x_o(t) + C \frac{d}{dt} x_o(t) + K x_o(t) = f_i(t)$$

2）机械转动系统

机械转动系统的基本元件是转动惯量、阻尼器和弹簧。这三种基本元件的符号如图3-20所示，在图中，$M(t)$ 表示外力，$\theta(t)$ 表示位移，J 表示转动惯量，f 表示黏滞阻尼系数，K 为弹簧刚度。

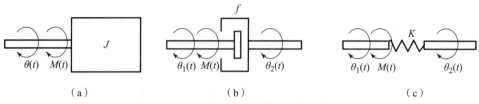

图3-20　机械转动系统基本元件的符号
(a) 转动惯量；(b) 阻尼器；(c) 弹簧

由图3-20可以得到转动惯量的数学模型为

$$M(t) = J\frac{\mathrm{d}^2\theta(t)}{\mathrm{d}t}$$

阻尼器的数学模型为

$$M(t) = f\left[\frac{\mathrm{d}\theta_1(t)}{\mathrm{d}t} - \frac{\mathrm{d}\theta_2(t)}{\mathrm{d}t}\right]$$

弹簧的数学模型为

$$M(t) = K[\theta_1(t) - \theta_2(t)]$$

3. 电子系统特性建模

传感器、电动机等耦合了电子系统和机械系统。电子系统由电阻、电容、电感、电子器件组成，以电学和电子学理论为基础建模。

电路分析是指在给定的电路图中，计算电路中所有的电压和电流的过程。该过程基于以基尔霍夫（Kirchhoff）命名的两个基本原理。

基尔霍夫电流定律：流入某节点的电流总和为零。

基尔霍夫电压定律：在某一闭环回路中所有的电压降之和为零。

下面以低通滤波器（电路见图3-21）为例进行说明。根据基尔霍夫电压定律可以得到低通滤波器的微分方程式为

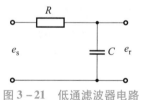

图3-21　低通滤波器电路

$$RC\frac{\mathrm{d}e_r}{\mathrm{d}t} + e_r = e_s$$

电路依靠电压和电流两个变量来传递参量，描述从电子到机械耦合的洛伦兹力定律和从机械到电子耦合的法拉第电磁感应定律。

1）洛伦兹力定律——由电向机耦合

洛伦兹力定律用来描述运动电荷在磁场中所受到的力，即磁场对运动电荷的作用力，如图3-22所示，作用力 $F = Bil$。力的方向从纸面向外，满足左手法则：食指指向电流的方向，中指指向磁场的方向，拇指的方向就是力的方向。在某些情况下，磁场方向和电流方向不成90°，这时力的计算就要使用磁场的正交部分，$F = Bil\sin\phi$（ϕ 为磁场方向与电流

方向的锐角夹角）。

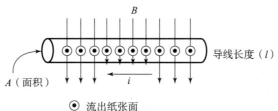

⊙ 流出纸张面

图 3 - 22　洛伦兹定律

法拉第电磁感应定律（见图 3 - 23）描述了一个运动线圈在磁场中的速度与线圈中的感应电压之间的关系——$V = BLx$。根据法拉第电磁感应定律，当导体运动时，闭环线圈中的感应生成电流和电压。在某些情况下，磁场方向和电流方向不成 90°，这时力的计算就要使用磁场的正交部分，$V = Blx\sin\phi$（ϕ 为磁场方向与电流方向的锐角夹角）。

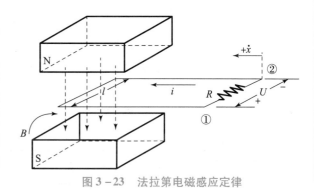

图 3 - 23　法拉第电磁感应定律

4. 动态设计方法

基层在系统建模的基础上，可以对系统进行动态设计。动态设计主要包括结构变形的消除方法、传动间隙的消除方法、系统调节方法。

1）克服结构变形对系统的影响

在进给传动系统中，进给系统的弹性变形直接影响系统的刚度、振动、运动精度和稳定性。机械传动系统的弹性变形与系统的结构、尺寸、材料性能和受力状况有关，机械传动系统的结构形式多种多样，因此分析起来相当复杂，在进行机电一体化系统动态设计时，需要考虑系统的刚度与谐振频率。

克服结构变形对系统影响的常用措施如下：

（1）提高传动刚度。

（2）提高机械阻尼，采用黏性联轴器，或在负载端设置液压阻尼器或电磁阻尼器。

（3）采用校正网络。

（4）应用综合速度反馈减小谐振。

2）克服传动间隙对系统的影响

理想的齿轮传动的输入与输出之间是线性关系，实际上，由于主动轮和从动轮之间间隙的存在和传动方向的变化，齿轮传动的输入转角和输出转角之间呈滞环特性。为了减小间隙对传动精度的影响，除尽可能地提高齿轮的加工精度外，装配时还应减小最后一级齿轮的传动间隙。

3）系统调节方法

当系统有输入或受到外部干扰时，系统的输出必将发生变化，由于系统中总是含有一些惯性或蓄能元件，系统的输出量不能立即变化到与外部干扰相对应的值。当系统不稳定或虽然稳定但过渡过程性能和稳态性能不能满足要求时，可先调整系统中的有关参数。如果仍不能满足使用要求，则需要设计校正网络。

（1）古典控制理论。

古典控制理论主要研究单输入－单输出（SISO）线性定常系统，以传递函数作为描述系统的数学模型，以时域分析、频域分析和根轨迹分析为主要分析方法，进行稳定性、快速性、准确性分析。古典控制理论根据给定的特性指标，调整模型参数，设计校正网络，使系统的性能指标变好。常用的控制方式是 PID 控制、超前－滞后校正、前馈控制、串级控制、状态反馈等，其中以 PID 控制最为经典。PID 控制原理框图如图 3－24 所示。比例环节成比例地反映控制系统的偏差信号，偏差信号一旦产生，控制器立即产生控制作用，以减小偏差，但过大的比例增益会使调节过程出现较大的超调量，降低系统的稳定性。积分环节主要用于消除静差，提高系统的无差度，保证系统对设计值的无静差跟踪。微分环节能反映系统偏差信号的变化趋势，能产生超前的控制作用。

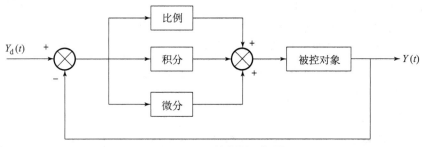

图 3－24　PID 控制原理框图

古典控制理论只能反映输入与输出间的关系（系统外部特性），难以揭示系统内部的结构和运行状态。

（2）现代控制理论。

现代控制理论是以状态变量概念为基础，利用现代数学方法和计算机来分析、综合复杂控制系统的新理论，适用于多输入－多输出（MIMO）系统、线性或非线性系统、定常或时变系统、连续或离散系统。现代控制理论用状态空间法，将高阶微分方程转化为一阶微分方程组，用以描述系统的动态过程。状态空间法本质上是时域方法。现代控制理论着眼于系统的状态，通过揭示系统对控制作用和初始状态的依赖关系，在一定指标和限制条件下，使系统达到最佳状态，即实现最优控制，从理论上解决了系统在能控性、能观测性、稳定性等方面的问题。

现代控制理论研究内容非常广泛，主要包括多变量线性系统理论、最优控制理论、最优估计理论、系统辨识理论、自适应控制理论。

（3）智能控制理论。

智能控制技术就是在无人干预的情况下能自主地驱动智能机器实现控制目标的技术，处于控制理论发展的高级阶段，主要研究具有不确定性的数学模型、高度的非线性和复杂的任务要求的系统。

智能控制是建立在被控动态过程的特征模式识别，基于知识、经验的推理及智能决策基础上的控制。智能控制研究的主要目标不再是被控对象，而是控制器本身。控制器不再是单一的数学模型,而是数学解析和知识系统相结合的广义模型,是多种学科知识相结合的控制系统。智能控制算法在对模糊控制、神经网络、专家系统和遗传算法等理论进行分析和研究的基础上,重点研究多种智能方法综合应用的集成智能控制算法,具有多模式、变结构、变参数等特点,可根据被控动态过程特征识别、学习并组织自身的控制模式,改变控制器的结构,调整控制器的参数。

通过机电有机结合设计,可综合分析机电一体化产品的性能要求及各机、电组成单元的特性,选择最合理的单元组合方案,实现机电一体化产品整体优化设计。这样虽然得到了一个较为详细的设计方案,但这种工程设计计算是近似的,只能作为工程实践的基础,系统的实际参数还要通过样机的试验和调试才能最终确定。

拓展资源:工业机器人

工业机器人(Industrial Robot)是一种能模拟人的手、臂的部分动作,按照预定的程序、轨迹及其他要求,实现抓取、搬运工件或操纵工具的自动化装置,是具有发展前途的机电一体化典型产品,将在实现柔性自动化生产、提高产品质量、代替人在恶劣环境条件下工作中发挥重大作用。

1. 工业机器人的组成

工业机器人一般应由机械系统、驱动系统、控制系统、检测传感系统和人工智能系统等组成。

1)机械系统

机械系统是完成抓取工件(或工具)实现所需运动的机械部件,包括以下几个部分:

手部:是工业机器人直接与工件或工具接触用来完成握持工件(或工具)的部件。有些工业机器人直接将工具(如焊枪、喷枪、容器)装在手部位置,而不再设置手部。

腕部:是连接手部与臂部的部件,主要用来确定手部工作方位、姿态并适当扩大臂部动作范围。

臂部:是支承腕部、手部、实现较大范围运动的部件。

机身:是用来支承臂部、安装驱动装置及其他装置的部件。

行走机构:是扩大工业机器人活动范围的机构,有的是专门的行走装置,有的是轨道、滚轮机构。

2)驱动系统

驱动系统的作用是向执行元件提供动力。随驱动源不同,驱动系统的传动方式有液动式、气动式、电动式和机械式四种。

3)控制系统

控制系统是工业机器人的指挥系统。它控制工业机器人按规定的程序运动,可记忆各种指令信息(如动作顺序、运动轨迹、运动速度及时间等),同时按指令信息向各执行元件发出指令。必要时还可对机器人动作进行监视,当动作有误或发生故障时即发出警报信号。

4)检测传感系统

它主要检测工业机器人执行系统的运动位置、状态,并随时将执行系统的实际位置反馈给控制系统,并与设定的位置进行比较,然后通过控制系统进行调整,从而使执行系统以一定的精度达到设定位置状态。

5）人工智能系统

该系统主要赋予工业机器人五感功能，以实现机器人对工件的自动识别和适应性操作。

2. BJDP - 1 型机器人介绍

该机器人为全电动式、五自由度、具有连续轨迹控制等功能的多关节型示教再现型机器人，用于高噪声、高粉尘等恶劣环境的喷砂作业。

1）机器人本体

该机器人的五个自由度分别是立柱回转（L）、大臂回转（D）、小臂回转（X）、腕部俯仰（W1）、腕部转动（W2），其机构原理如图 3 - 25 所示，机构的传动关系如图 3 - 26 所示。

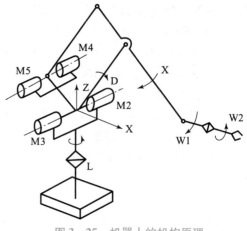

图 3 - 25　机器人的机构原理

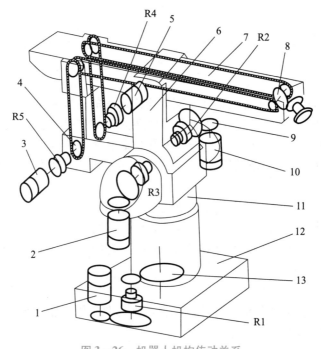

图 3 - 26　机器人机构传动关系

1—立柱驱动器 M1；2—小臂驱动电机 M3；3—腕部回转电动机 M5；4—链轮链条；

5—腕部俯仰电动机 M4；6—大臂；7—小臂；8，9—锥齿轮；10—大臂驱动电动机 M2；

11—立柱；12—基座；13—直齿轮；R1、R2、R3、R4、R5—谐波减速器

2）控制（驱动与检测）系统

控制系统（包括驱动与检测）主要由微型计算机、接口电路、速度控制单元、位置检测（码盘—编码器）电路、示教盒等组成。

计算机：实现机器人示教、校验、再现的控制功能，包括示教数据编辑、坐标正逆变

换、直线插补运算，以及伺服系统闭环控制。

接口电路：通过光电编码器进行机器人各关节坐标的模数转换（A/D），及把计算机运算结果的数字量转换为模拟量（D/A）传送给速度控制单元。

速度控制单元：它是驱动机器人各关节运动的电气驱动系统。

示教盒：它是人－机联系的工具，主要由一些点动按键和指令按键组成。通过点动按键可以对机器人各关节的运动位置进行示教，利用指令键完成某一指定的操作，实现示教、再现的各种功能。

项目三 机电一体化系统总体设计

任务工单

任务名称	机电一体化系统总体设计	组别	组员：

一、任务描述

机电一体化系统设计依据及评价标准、机电一体化系统总体设计方法和机电有机结合方法。机电一体化系统总体设计包括系统原理方案设计、结构方案设计、测控方案设计；机电有机结合设计主要包括稳态设计和动态设计两方面。通过对本章的学习，学生应理解机电一体化系统总体设计方法，掌握机电一体化系统总体设计的基础知识和设计过程，会对机电一体化产品进行总体设计、稳态设计和动态设计。

二、技术规范

三、计划（制订小组工作计划）

工作流程	完成任务的资料、工具或方法	人员安排	时间分配	备注

四、决策（确定工作方案）

1. 小组讨论、分析、阐述任务完成的方法、策略，确定工作方案。
2. 教师指导、确定最终方案。

五、实施（完成工作任务）

工作步骤	主要工作内容	完成情况	问题记录

六、检查（问题信息反馈）

反馈信息描述	产生问题的原因	解决问题的方法

任务名称	机电一体化系统总体设计	组别	组员:

七、评估（基于任务完成的评价）

1. 小组讨论，自我评述任务完成情况、出现的问题及解决方法，小组共同给出改进方案和建议。
2. 小组准备汇报材料，每组选派一人进行汇报。
3. 教师对各组完成情况进行评价。
4. 整理相关资料，完成评价表。

任务名称			姓名	组别	班级	学号	日期
考核内容及评分标准			分值	自评	组评	师评	均分
三维目标	素质	自主学习、合作学习、团结互助等	25				
	认知	任务所需知识的掌握与应用等	40				
	能力	任务所需能力的掌握与数量度等	35				
加分项	收获（10分）	有哪些收获（借鉴、教训、改进等）：	你进步了吗？			加分	
			你帮助他人进步了吗？				
	问题（10分）	发现问题、分析分问题、解决方法、创新之处等：				加分	
总结与反思						总分	

八、拓展（基于本任务延伸的知识与能力）

九、备注（需要注明的内容）

指导教师评语：

任务完成人签字：   日期：   年   月   日
指导教师签字：   日期：   年   月   日

习题与思考题

1. 什么是机电一体化系统总体设计？机电一体化系统总体设计的主要内容有哪些？
2. 试述机电一体化系统原理方案设计的步骤和方法。
3. 试述机电一体化测控系统的设计步骤。
4. 试述机电一体化系统主体结构方案设计基本要求。
5. 试述负载等效换算的原理。
6. 为什么要进行机电一体化系统动态设计？
7. 机电一体化系统稳态设计和动态设计各包含哪些内容？

项目四　可编程序控制器

项目导入		机电一体化系统设计的第一个环节是总体设计。近年来，随着微处理器芯片及其有关元器件价格的大幅度下降，PLC 的成本也随之下降。与此同时，PLC 把自动化技术、计算机技术、通信技术融为一体，其性能在不断完善，PLC 的应用由早期的开关逻辑控制扩展到现在工业控制的各个领域，最终实现机电一体化产品整体优化设计
工匠引领		刘先林，中国工程院院士。测绘是把地球"搬回家""画成图"，刘先林就是为测量地球做"量尺"的人。多年来，他始终从事测绘仪器的研发，凭借百折不挠、勇于创新的精神把"量尺"做到了极致，将中国测绘仪器的水平推进到国际领先。他连续两次获得国家科技进步一等奖，是第一个把计算机技术用在了航空测量的人，也成为第一个把测量方法写入《航空摄影测量作业规范》的中国人
学习目标	知识目标	了解 PLC 的概述、发展历史、可编程序控制器的特点和应用范围，会编写常用的 PLC 程序；理解 PLC 输入和输出电路模块，掌握 PLC 顺序功能图和 I/O 接线图。能进行计算机和 PLC 之间的通信，会使用 GX – WORK2 编写和调试 PLC 程序，掌握 PLC 设计内容和步骤
	技能目标	绘制 PLC 输入和输出接线图，进行计算机和 PLC 之间的通信，会使用 GX – WORK2 编写和调试 PLC 程序
	素质目标	对大国工匠产生敬佩之情，分享不合格产品在生产中的危害，教育学生树立质量安全意识和认真严谨的工作态度，熟记电气操作安全规范，牢记电气安全的操作规范

任务 4.1　可编程序控制器概述

可编程序控制器（Programmable Logic Controller，PLC），简称可编程控制器。国际电工委员会（IEC）在其标准中将可编程序控制器定义为一种数位运算操作的电子系统，专为在工业环境下应用而设计。可编程序控制器及其有关外部设备，都按易于与工业控制系统连成一个整体、易于扩充其功能的原则来设计。

PLC 具有可靠性高、抗干扰能力强、配套齐全、功能完善、适用性强、易学易用及系统建造周期短等一系列的优点，深受工程技术人员欢迎。目前 PLC 是工业领域使用最广泛的计算机，工厂自动化领域中约有 90% 以上的控制系统使用 PLC。

4.1.1 可编程序控制器的发展概况

1969 年，美国数字设备公司研制成功了世界上第一台可编程序逻辑控制器。该控制器应用在美国通用汽车公司生产线上并取得了成功，自此开创了可编程序控制器的时代。最初的设计思想是为了取代继电器控制装置，因此仅有逻辑运算、定时和计数等顺序控制功能。

20 世纪 70 年代末至 80 年代初，微处理器技术日趋成熟，可编程序控制器的处理速度大大提高，增加了许多特殊功能，如浮点运算、函数运算及查表等。可编程序控制器不仅可以进行逻辑控制，而且还可以进行模拟量控制。

20 世纪 80 年代后，随着大规模和超大规模集成电路技术的迅猛发展，以 16 位和 32 位微处理器构成的微机化可编程序控制器得到了惊人的发展，使之在概念上、设计上和性能价格比等方面有了重大的突破。

20 世纪 90 年代，随着工控编程语言 IEC61131 - 3 的正式颁布，PLC 开始了它的第三个发展时期，在技术上取得了新的突破。PLC 除了机械设备自动化控制外，更发展了以 PLC 为基础的分布式控制系统、监控和数据采集系统、柔性制造系统、安全连锁保护系统等，全方位地提高了 PLC 的应用范围和水平。

进入 21 世纪以来，PLC 技术取得了更大的进展，除了处理速度更快、功能更强大外，还在网络化功能增强方面有所表现，小型 PLC 都有网络接口，中、大型 PLC 更有专用网络接口，PLC 的通信联网能使其与 PC 和其他智能控制设备很方便地交换信息，实现分散控制和集中管理。

4.1.2 可编程序控制器的特点和应用

1. PLC 的主要特点

由于控制对象的复杂性、使用环境的特殊性和运行工作的连续长期性，使 PLC 在设计、结构上具有其他许多控制器所无法相比的特点。

（1）可靠性高，抗干扰能力强。

为了满足 PLC "专为在工业环境下应用而设计"的要求，PLC 通常采用了以下硬件和软件的措施：

①数字输入输出部分采用光电耦合隔离，模拟输入通道加入 R - C 滤波器，可有效地防止干扰信号的进入。

②内部采用电磁屏蔽，可防止电磁辐射干扰。

③采用优良的开关电源，以防止电源线引入的干扰。对程序及有关数据用电池作后备电源，一旦断电或运行停止，可保证有关状态及信息不会丢失。

④具有良好的自诊断功能。可随时对系统内部电路进行监测，检查判断故障迅速方便。

⑤对采用的器件都进行了严格的筛选和老化，可排除因器件问题而造成的故障。

⑥采用了冗余技术进一步增强可靠性。对于某些大型的 PLC，还采用了双 CPU 构成的冗余系统或三 CPU 构成的表决式系统。一般 PLC 的平均无故障时间可达到几万小时。

（2）配套齐全、功能完善、适用性强。

现在的 PLC 产品都已系列化和模块化了，PLC 配备有各种各样、品种齐全的 I/O 模块和配套部件供用户使用，系统的功能和规模可根据用户的实际需求自行组合。特殊功能模块的种类也较以前增加了许多，如定位模块、通信模块和温控模块，有的 PLC 甚至提供了两轴插补模块。丰富的功能模块使得 PLC 系统功能更强，系统设计实现更容易。

除功能模块外，触摸屏作为一种适合与 PLC 相连接的人机界面发展得非常快。各 PLC 厂家几乎都有配套的触摸屏提供。触摸屏与 PLC 之间采用 RS – 485 或其他现场总线相连，代替传统的操作面板，成了一种新的常见模式。触摸屏本质也是一种自带 CPU、可以通过组态软件进行编程的工业计算机。

（3）易学易用，系统开发周期短。

PLC 是一种新型的工业自动化控制装置，其主要的使用对象是广大的电气技术人员。PLC 生产厂家考虑到这种实际情况，提供了一种特殊的编程方法，即采取与继电器控制原理图非常相似的梯形图语言，工程人员学习、使用这种编程语言十分方便，这也是为什么 PLC 能迅速普及和推广的原因之一。由于系统硬件的设计任务仅仅是依据对象的要求配置适当的模块，如同点菜一样方便，这样也就大大缩短了整个设计所花费的时间，加快了整个工程的进度。此外，触摸屏等人机界面运行的编程软件也采用图形化、模块化的组态软件，开发者可以在几个小时的时间内完成程序开发。

（4）对生产工艺改变适应性强，可进行柔性生产。

PLC 实质上就是一种侧重于 I/O 接口控制环节的工业用计算机，其控制操作的功能是通过软件编程来确定的。当生产工艺发生变化时，不必改变 PLC 硬件设备，只需改变 PLC 中的程序，这特别适合现代化的小批量、多品种产品的生产方式。

2. 可编程序控制器与其他工业控制系统的比较

1）PLC 与通用计算机的比较（见表 4 – 1）

表 4 – 1　PLC 与通用计算机的比较

比较项目	通用计算机	PLC
工作目的	科学计算、数据处理等	工业自动控制
工作环境	对工作环境的要求较高，本身无抗干扰设计	对环境的要求低，可在恶劣的工业现场工作
工作方式	中断处理方式	循环扫描方式，扫描周期一般为几十毫秒
系统软件	需自备功能较强的系统软件，如 Windows	一般只需简单的监控程序
采用的特殊措施	掉电保护等一般性措施	采用多种抗干扰措施，I/O 有效隔离、自诊断、断电保护、可在线维修
编程语言	汇编语言、高级语言，如 Visual C、LabView、Matlab 等	梯形图、助记符语言、SFC 标准化语言
对操作人员要求	需专门培训，并具有一定的计算机基础	一般的技术人员，稍加培训即可操作使用
对内存的要求	容量大	容量小
其他	应用范围更广泛，通用、开放程度高	机种多、模块种类多，易于构成系统

PLC 本质上是一种工业控制计算机，是工业控制计算机的一种存在形式。悬挂式工业控制机、工业平板计算机、一体化工作站等在软、硬件体系结构上都与通用计算机相似。PLC 与通用计算机的运行方式则有很大的区别，主要体现在 PLC 采用循环扫描的工作方式，而通用计算机采用中断处理方式。

2）PLC 与集散控制系统的比较

由前所述可知，PLC 是由继电器逻辑控制系统发展而来的。而集散控制系统（Distribution Control System，DCS）是由回路仪表控制系统发展起来的分布式控制系统，它在模拟量处理、回路调节等方面有一定的优势。随着微电子技术、计算机技术和通信技术的发展，PLC 无论在功能上、速度上、智能化模块以及联网通信上，都有了很大的提高，并开始与小型计算机连成网络，构成了以 PLC 为重要部件的分布式控制系统。这样便具备了集散控制系统的形态，加上 PLC 的性价比高和可靠性的优势，使之可与传统的集散控制系统相竞争。但由于 PLC 的工作方式为循环扫描方式，其扫描周期一般要限制在几十毫秒范围内，因此不适于单独构成需要进行较大数据量处理的集散控制系统。

3. PLC 的应用范围

近年来，随着微处理器芯片及其有关元器件价格的大幅下降，PLC 的成本也随之下降。与此同时，PLC 把自动化技术、计算机技术、通信技术融为一体，其性能在不断完善，PLC 的应用由早期的开关逻辑控制扩展到现在工业控制的各个领域。根据 PLC 的特点，可以将其应用形式归纳为以下几种类型：

（1）开关逻辑控制。利用 PLC 最基本的逻辑运算、定时、计数、比较、数字量输入输出等功能实现逻辑控制，可以取代传统的继电器控制，用于单机控制、多机群控制、生产自动线控制等。

（2）过程控制。现代 PLC 能够完成 A/D、D/A 转换，能够接收模拟量输入和输出信号，从而实现对模拟量的控制。模拟量控制中最常用的 PID 控制算法被大多数 PLC 厂家固化在 CPU 内部。PLC 一个程序中存在多个 PID 回路，如西门子小型 PLC S7 – 200 系列的一个程序中最多可以存在 8 个 PID 路，因此 PLC 在过程控制系统中被广泛使用。

（3）顺序控制。顺序控制侧重于生产设备的启动和工艺流程的联动与互锁关系，PLC 为这一类的控制专门提供顺序控制指令和顺序控制继电器，大大减少了采用逻辑关系来实现编程的难度。

（4）监控保护。PLC 可以应用于大型电力、工矿、交通、环境的状态监测与保护系统。PLC 高速、网络化、远程 I/O 以及丰富的组态软件为状态监测提供了硬件设备和便利。触摸屏等人机界面的使用也使得监测系统可以生动、实时再现工业现场的状况。组态软件自带的图形库方便编程人员迅速建立形象的系统静态或者动态状态图。

4.1.3　可编程序控制器的发展趋势

（1）向高速、大存储容量方向发展。

为了提高数据处理的能力，要求 PLC 具有更高的响应速度和更大的存储容量。例如，三菱电机可编程序控制器在 F1、F2、A 系列的基础上推出了超小型 FX2N 系列，基本指令处理速度快到 0.08 μs/命令，控制距离达 100 m（最远可达 400 m）。

目前在存储容量方面，大型 PLC 是几百 KB，甚至几 MB。西门子公司的 CPU417 为 2 MB。总之，各公司都把 PLC 的扫描速度、存储容量作为一个重要的竞争指标。

（2）向多品种方向发展。

为了适应市场的各个方面的需求，世界各厂家不断对 PLC 进行改进，推出功能更强、结构更完善的新产品。

①在结构、规模上：整体结构向小型模块化方向发展，使配置更加方便灵活。例如，日本三菱电机公司近年推出了超小型的 FX1N、FX2N 等系列 PLC。

在规模上向两头发展。小型 PLC 一般指 I/O 点数在 256 点以下、CPU 和 I/O 为一体、结构紧凑的 PLC，可以像继电器一样安装于导轨上。近年来，小型 PLC 应用十分普遍，超小型 PLC 的需求也日趋增多。国外许多 PLC 厂家都在研制开发各种小型、超小型、微型 PLC，如西门子公司的 S7 CPU 221（I/O 点为 14 点），System 公司的 AP41（仅有 9 点）。

在发展小型和超小型 PLC 的同时，为适应大规模控制系统的需求，对于大型的 PLC 除了在向高速、大容量和高性能方向发展外，还不断地增加输入、输出点数，如 MIDICON 公司的 984–780、984–785 的最大开关量输入输出点数为 16 384，这些大规模 PLC 可与主计算机联机，实现对工厂全过程的集中管理。

②开发更丰富的 I/O 模块（其中包括智能模块）。在增强 PLC 的 CPU 功能的同时，不断推出新的 I/O 模块，如数控模块、语音处理模块、高速计数模块、远程 I/O 模块、通信和人机接口模块等。另外，模块逐渐向智能化方向发展。因为模块本身就有微处理器，这样，它与 PLC 的主 CPU 并行工作，占用主 CPU 的时间少，有利于 PLC 扫描速度的提高。所有这些模块的开发和应用，不仅提高了功能，减小了体积，也大大地扩大了 PLC 的应用范围。

（3）发展容错技术。

为了更进一步提高系统的可靠性，必须发展容错技术，如采用 I/O 双机表决机构，采用热备用等。

（4）高性能，组态编程。

随着工厂自动化和计算机集成制造系统的发展，功能强大的 PLC 需求日益增加。其高性能主要体现在：函数运算及浮点运算，数据处理和方案处理，队列和矩阵运算，PID 运算以及超前、滞后补偿，多段、斜坡曲线，配方和批处理，菜单组合的多窗口技术，控制与管理综合，组态编程简便等。

（5）分散型、智能型和现场总线型 I/O 子系统。

分散型、智能型和现场总线型 I/O 子系统也是一种发展趋势，这种趋势甚至比 PLC 自身的进步还要强劲。

（6）增强通信网络功能。

增强 PLC 的通信联网功能就可以使 PLC 与 PLC 之间、PLC 与计算机之间能够通信、交换信息，形成一个分布式控制系统。

（7）实现软、硬件标准化。

长期以来 PLC 的研制走的是专门化的道路，但其在获得成功的同时也带来许多的不便，如各个公司的 PLC 都有通信联网的能力，但不同公司的 PLC 之间是无法通信联网的。因此，制定 PLC 的国际标准将是今后发展的趋势。

4

拓展资源：FX 的 PLC 型号含义

FX 系列 PLC 型号命名的基本格式如下：

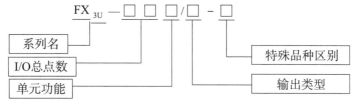

- 电源/输入输出方式：连接方式为端子排；
- R/ES：AC 电源/DC 24 V（漏型/源型）输入/继电器输出；
- T/ES：AC 电源/DC 24 V（漏型/源型）输入晶体管（漏型）输出；
- T/ESS：AC 电源/DC 24 V（漏型/源型）输入晶体管（源型）输出；
- S/ES：AC 电源/DC 24 V（漏型/源型）输入/晶体管（SSR）输出；
- R/DS：DC 电源/DC 24 V（漏型/源型）输入/继电器输出；
- T/DS：DC 电源/DC 24 V（漏型/源型）输入/晶体管（漏型）输出；
- T/DSS：DC 电源/DC 24 V（漏型/源型）输入/晶体管（源型）输出；
- R/UAI：AC 电源/AC 100 V 输入/继电器输出

系列名（系列序号）：如 FX0S、FX1S、FX0N、FX2N、FX3U、FX3UC、FX3G 等。

I/O 总点数（输入/输出总点数）：4～64 点。

单元功能：M—基本单元；E—输入/输出混合扩展单元及扩展模块；EX—输入专用扩展模块；EY—输出专用扩展模块。

输出类型（其中输入专用无记号）：R—继电器输出；T—晶体管输出；S—晶闸管输出。

特殊品种区别：D—DC 电源，DC 输入；A1—AC 电源，AC 输入（AC 100～120 V）或 AC 输入模块；H—大电流输出扩展模块；V—立式端子排的扩展模式；C—接插口输入输出方式；F—输入滤波器 1 ms 的扩展模块；L—TTL 输入型模块；S—独立端子（无公共端）扩展模块。

任务4.2　可编程序控制器的基本组成和工作原理

要正确地应用 PLC 去完成各种不同的控制任务，首先应了解 PLC 的结构特点和工作原理。目前，可编程序控制器的产品很多，不同厂家、不同型号的 PLC 结构也各不相同，但就其基本组成和基本工作原理而言，却大致相同。

4.2.1　可编程序控制器的基本组成

PLC 实质上就是一台工业控制计算机，其硬件结构与微型计算机基本相同，特殊的地方主要在于它更侧重于与外界对象的交互和干涉、I/O 接口的输入输出控制及抗干扰环节。PLC 硬件系统有主机、扩展模块，还包括根据需要配置人机界面等输入和显示设备。扩展模块包括 I/O 扩展模块、智能扩展模块、通信模块等。PLC 组成结构一般分为整体式和模块式。整体式主要应用于小型控制领域，控制点数不多。模块式一般应用于中、大型系统，组成系统的模块多且不同，设计者按需完成硬件组态。

PLC 最小系统是能够实现几个数字量输入输出功能的基本单元，其基本结构如图 4 - 1 所示。

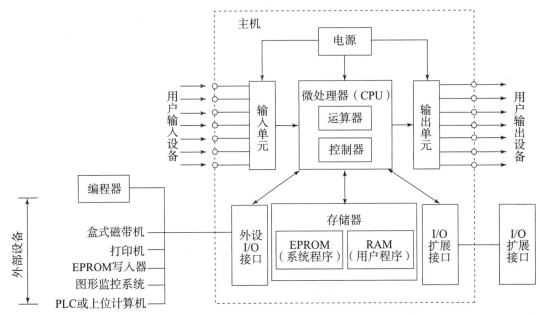

图 4 - 1   PLC 硬件系统基本结构框图

在图 4 - 1 中，主机由微处理器（CPU）、存储器（EPROM、RAM）、输入/输出模块、通信接口、外围设备接口及电源（图中未画出）组成。对整体式的 PLC，如西门子 S7 - 200 系列，其 CPU 221 是自带 6 个数字量输入、4 个数字量输出的无扩展能力的整体式小型 PLC，输入、输出全部集中在一个机壳内，还可以自带通信接口和触摸屏通信。整体式结构的 PLC 也可以进行扩展，增强应用能力，比如西门子 S7 - 200 系列的 CPU 222 ~ CPU 226 都可以进行扩展，这种 PLC 结构也称为混合式结构。

而对于模块式结构的 PLC，比如西门子 S7 - 300/400，各部件独立封装称为模块。各模块通过机架和电缆线连接在一起。一个系统的硬件组态首先包括电源模块、CPU 模块、基本 I/O 模块，在此基础上还可以扩展功能模块。

目前，PLC 程序普遍使用离线编程方式，在 PC 机上编制好的程序通过传送线下载到 PLC 主机或保存至 Flash 存储卡，插入主机。

主机内的各个部分均通过总线连接。总线分为电源总线、控制总线（CB）、地址总线（AB）和数据总线（DB）。根据实际应用的需要配备一定的外部设备，可构成不同的 PLC 控制系统。常用的外部设备有人机界面、打印机、EPROM 写入器等。PLC 也可以通过通信接口与上位机及其他的 PLC 进行通信，构成 PLC 工业控制局域网或集散型控制系统。下面分别介绍 PLC 各组成部分及其作用。

1. 中央处理单元（CPU）

CPU 是 PLC 的核心部分，由控制器和运算器组成。其中，控制器是用来统一指挥和控制 PLC 工作的部件，运算器则是进行逻辑、算术等运算的部件。PLC 在 CPU 的控制下不断地循环扫描整个用户程序，从而实现对现场各设备预定的控制任务。

CPU 的具体作用如下：

（1）以扫描方式接收来自输入单元的数据和状态信息，并存入相应的数据存储区。

（2）诊断电源、PLC 内部电路工作状态和编程过程中的语法错误等。

（3）执行监控程序和用户程序。完成数据和信息的逻辑处理，产生相应的内部控制信号，完成用户指令规定的各种操作。

（4）响应外部设备（如编程器、打印机）的请求。

一般来说，小型 PLC 大多采用 8 位微处理器或单片机作为 CPU，如 Z80A、8085、8031等，具有价格低、普及通用性好等优点。

对于中型的 PLC，大多采用 16 位微处理器或单片机作为 CPU，如 Intel8086、Intel96 系列单片机，具有集成度高、运算速度快、可靠性高等优点。

对大型 PLC，大多采用高速位片式微处理器，它具有灵活性强、速度快、效率高等优点。

目前，一些厂家生产的 PLC 中还采用了冗余技术，即采用双 CPU 或三 CPU 工作，进一步提高了系统的可靠性。采用冗余技术可使 PLC 的平均无故障工作时间达几十万小时以上。

2. 存储器

PLC 系统中的存储器主要用于存放系统程序、用户程序和工作状态数据。

（1）系统程序存储区采用 PROM 或 EPROM 芯片存储器，用来存放生产厂家预先编制并固化好的永久存储的程序和指令称为监控程序，一般包括 I/O 初始化、自诊断、键盘显示处理、指令编译及监督管理等功能。用户不能改写这部分存储器的内容。

（2）数据存储区采用随机存储器 RAM，用来存储需要随机存取的一些数据，这些数据一般不需要长久保存。数据存储区一般包括输入、输出数据映像区，定时器/计数器，内部寄存器和当前值的数据区等。

（3）用户程序存储区一般采用 Flash 或 EEPROM 存储器，用于存放用户通过编程器输入的应用程序，用户可擦除重新编程。用户程序存储器的容量一般代表 PLC 的标称容量。通常，小型机小于 8 KB，中型机小于 50 KB，而大型机可在 50 KB 以上。

3. 输入、输出模块

PLC 的控制对象是工业生产过程或生产机械，输入/输出（I/O）模块是 CPU 与生产现场 I/O 设备或其他外部设备之间的连接部件。生产过程有许多控制变量，如温度、压力、液位、速度、电压、开关量和继电器状态等，因此，需要有相应的 I/O 模块作为 CPU 与工业生产现场的桥梁，且这些模块应具有较好的抗干扰能力。

4. 编程器

编程器是 PLC 的重要外部设备。目前市场上的编程器种类很多，性能、价格相差很悬殊，有手持式、便携式、显示屏式和台式等多种形式。编程器的基本功能是输入、修正、检查及显示用户程序，调试程序和监控程序的执行过程，查找故障和显示 I/O、各继电器的工作占用情况、信号状态和出错信息等。编程器是人机对话的窗口，有的还可嵌在 PLC 的本体上。工作方式既可以是联机编程，又可以是脱机编程，还可以是梯形图编程；也可以用助记符指令编程。同时编程器还可以与打印机、绘图仪等设备相连，并有较强的监控功能。

近年来，采用通用计算机编程是发展的新趋势，通过硬件接口和专用软件包，用户可以直接在计算机上以联机或脱机的方式编程，既可以运用梯形图编程，也可以采用助记符指令编程，并有较强的监控能力。这样用户就可以充分利用现有的计算机，省去了编程器。

5. 人机界面

人机界面（Human Machine Interface，HMI）是系统和用户之间进行交互和信息交换的媒介，它实现了信息内部形式与人类可以接受形式之间的转换。人机界面产品由硬件和软件两部分组成，硬件部分包括处理器、显示单元、输入单元、通信接口、数据存储单元等，其中处理器的性能决定了 HMI 产品的性能高低，是 HMI 的核心单元。HMI 软件一般分为两部分，即运行于 HMI 硬件中的系统软件和运行于 PC 机 Windows 操作系统下的画面组态软件。

目前，人机界面产品的分类如下：薄膜键输入的 HMI，显示尺寸小于 5.7 in[①]，属初级产品，如西门子的 TD200、TD400 文本显示器，台达 OIP 系列文本显示器等；触摸屏输入的 HMI，显示屏尺寸为 5.7 ~ 12.1 in，属中级产品，如西门子的 6 in 触摸屏 TP177，台达 5.7 in 触摸屏 DOP – A57CSTD；基于平板电脑、多种通信接口、高性能的 HMI，显示尺寸大于 10.4 in，属高端产品，如研华的 TPC – 1560、西门子的 MP370 触控彩色多功能面板。

随着计算机和数字电路技术的发展，人机界面产品的接口能力越来越强。除了传统的串行（RS – 232RS – 422/RS – 485）通信接口外，大部分的人机界面产品都集成了现场总线接口，如西门子的 OP177B 具有 RS – 485/RS – 422 接口、PROFINET 接口、USB 接口，台达 DOP – B 系列触摸屏整合了 Ethernet 和 Canbus 接口。

人机界面的使用需要编写程序，不同的厂家提供了不同的组态软件。组态软件是运行在 PC 硬件平台、Windows 操作系统下的一个通用工具软件产品。使用者必须先使用 HMI 的画面组态软件制作"工程文件"，再通过 PC 和 HMI 产品的各种通信接口，把编制好的"工程文件"下载到 HMI 的处理器中运行。西门子触摸屏的组态软件是 WINCC FLEXIBLE，台达触摸屏组态软件是 Screen Editor。

4.2.2 可编程序控制器的工作原理

1. 循环扫描工作方式

PLC 的工作方式与微型计算机有本质的不同。PLC 是采用循环扫描的工作方式，而不是采用微型计算机的中断处理方式，即 PLC 对用户程序进行反复的循环扫描，逐条地解释用户程序并加以执行，其工作原理如图 4 – 2 所示。单片机、DSP 以及微型计算机语句执行是按照顺序、循环、选择的基本结构进行的，一般在程序结束处设计空循环语句，CPU 对控制对象的输入和输出是以中断方式处理的。PLC 循环扫描工作方式在一个扫描周期中按顺序执行 CPU 自诊断、处理通信、扫描输入、执行 PLC 程序、将内存结果输出。每个扫描

---

① 英寸，1 in = 25.4 mm。

周期都会首先读取输入信号、执行程序、将结果输出。通常一个输出线圈或逻辑线圈被接通或断开，该线圈的所有触点（包括它的常开触点和常闭触点）不会像电气继电控制中的继电器那样立即动作，而是必须等程序全部执行完，再将输出映像寄存器的值输出至输出端口。由于 PLC 扫描用户程序的时间一般只有几十毫秒，因此可以满足大多数工业控制的需要。特殊的立即输出线圈会在程序执行后立即将结果输出，但程序中这样的输出不宜过多，会影响 PLC 程序的执行。循环扫描工作方式简单直观，简化了程序设计，为 PLC 可靠运行提供了有力的保证。PLC 也支持中断方式，在有的情况下根据需要也可插入中断方式，允许中断正在扫描运行的程序，以处理急需处理的事件。

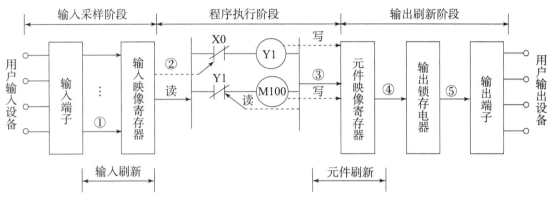

图 4 – 2　PLC 工作原理

1）输入采样

在输入采样阶段，PLC 首先扫描所有输入端子，并将各输入状态存入内存中各对应的输入映像寄存器中。此时，输入映像寄存器被刷新。接着，进入程序执行阶段。在程序执行阶段和输出刷新阶段，输入映像寄存器与外界隔离，无论输入信号如何变化，其内容保持不变，直到下一个扫描周期的输入采样阶段，才重新写入输入端的新内容。

2）程序执行

根据 PLC 梯形图程序扫描原则，CPU 按先左后右、先上后下的步序语句逐句扫描。当指令中涉及输入、输出状态时，PLC 就从输入映像寄存器读入上一阶段采入的对应输入端子状态，从元件映像寄存器读入对应元件（软继电器）的当前状态。然后，进行相应的运算，运算结果再存入元件映像寄存器中。对元件映像寄存器来说，每一个元件（软继电器）的状态都会随着程序执行过程变化。

3）输出刷新

当所有指令执行完毕后，元件映像寄存器中所有输出继电器 Y 的状态在输出刷新阶段转存到输出锁存器中，通过隔离电路，驱动功率放大电路使输出端子向外界发出控制信号，驱动外部负载。

2. 可编程序控制器的工作过程

PLC 的工作过程就是程序执行过程。接通电源之后，首先要对所有 I/O 通道进行初始化；为消除各元件状态的随机性，将内部寄存器和定时器进行清零或复位处理；为保证自身的完好性，在没有进行扫描之前，先检查 I/O 单元连接是否正确，再执行一段程序，使它涉及各种指令和内存单元。如果执行的时间不超过规定的时间范围，则证明自身完好，否则系统关闭。上述操作完成后，将时间监视定时器复位，才允许扫描用户程序。扫描工作所要完成的一系列操作大致可分为自诊断测试、网络通信、读输入、执行用户程序、写输出五类。

1）自诊断测试

公共操作是在每次扫描程序前都进行一次自检，若发现故障，除了显示灯亮之外，还判断故障性质。对于一般性故障，只报警不停机，等待处理；对于严重故障，则停止运行用户程序，此时 PLC 切断一切输出联系，防止出现误动作。

2）网络通信

在网络通信处理阶段，CPU 处理从通信接口或智能模块接收到的信息，如读取智能模块的信息并存放在缓冲区中，在适当的时候将信息传送给通信请求方。网络通信处理 PLC 之间、PLC 与计算机之间、PLC 与人机界面之间的信息传递。

3）读输入

在读输入阶段，CPU 对各个输入端子进行扫描，通过输入电路将各输入点的状态锁入输入映像寄存器中。

4）执行用户程序

CPU 将按照先左后右、先上后下的顺序对指令依次进行扫描，根据输入映像寄存器和输出映像寄存器的状态执行用户程序，同时将执行结果写入输出映像寄存器中。在程序执行期间，即使输入端子状态发生了变化，输入状态寄存器的内容也不会立即改变（输入端子状态变化只能在下一个工作周期的读输入阶段才被集中读入）。

5）写输出

在输出扫描过程中，CPU 把输出映像寄存器的"位"锁定到实际输出点。

扫描周期的长短跟程序长短有关。程序长，扫描周期则长，有条件跳转指令也会根据条件而使程序执行时间不同。扫描周期跟系统连接 I/O 点数有关，I/O 点数多，每一次扫描 I/O 的时间就多，扫描周期就长。

3. 输入/输出接口模块

PLC 系统的基本组成方式中，完全的集成式只能适用于极少数的应用场合，因为集成式 PLC 本身所带的 I/O 点数一般很少。大部分的 PLC 是需要扩展输入输出的。目前，生产厂家已开发出各种型号的模块供用户选择。常用的 PLC 扩展模块分类见表 4 - 2。

表 4 - 2　常用的 PLC 扩展模块分类

种类	名称
基本扩展模块	数字量输入模块、数字量输出模块、模拟量输入模块、模拟量输出模块
智能模块	计数器模块、定位模块、高速布尔处理模块、闭环控制模块、温度控制模块、电子凸轮控制模块
通信模块	RS - 232C 模块、PROFIBUS 模块、以太网模块
特殊模块	仿真模块、占位模块、热电偶模块、热电阻模块

4. 数字量输入、输出模块

PLC 通过数字量输入和输出模块处理按钮、位置开关、操作开关、继电器触点、接近开关、拨码器等提供的开关量。这些信号经过输入电路进行滤波、光电隔离、电平转换等处理后，变成 CPU 能够接收和处理的信号。数字量输出模块将 CPU 处理后的弱电信号通过光电隔离、功率放大等处理，转化成外部设备所需要的强电信号，以驱动各种执行元器件，如接触器、电磁阀、指示灯和继电器等。

为适应不同的外部电气连接需要，数字量输入可分为直流输入、交流输入类型。

1）直流输入

直流输入单元电路如图 4-3 所示，外接的直流电源的极性任意。虚线框内是 PLC 内部的输入电路，框外左侧为外部用户连接线。图 4-3 中只画出对应于一个输入点的输入电路，而各个输入点对应的输入电路均相同。图 4-3 中，A 为一个光耦合器，发光二极管和光敏晶体管封装在一个管壳中。当二极管中有电流时发光，可使光敏晶体管导通。R_1 为限流电阻；R_2 和 C 构成滤波电路，可滤除输入信号中的高频干扰；LED 显示该输入点的状态。

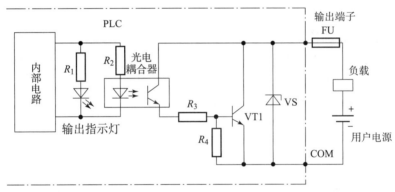

图 4-3　直流输入单元电路

2）交流输入

交流输入单元的电路如图 4-4 所示。电容 C 为隔直电容，对交流相当于短路。电阻 R_1

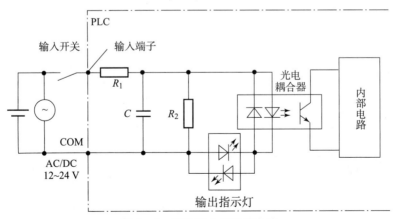

图 4-4　交流输入单元的电路

和 R_2 构成分压电路。这里光耦合器中是两个反向并联的发光二极管，任何一个二极管发光均可以使光敏晶体管导通。用于显示的两个发光二极管 LED 也是反向并联的。该电路可以接收外部的交流输入电压。

典型的直流输入和交流输入模块的电气特性对比见表 4－3。

表 4－3 典型的直流输入和交流输入模块的电气特性对比

类型		直流输入	交流输入
输入电压	额定值	DC 24 V	AC 120 V 或 AC 230 V
	"1" 信号	15 ~ 30 V	AC 79 ~ 260 V（47 ~ 63 Hz）
	"0" 信号	0 ~ 5 V	AC 0 ~ 20 V
"1" 信号输入电流		4 mA	8 mA 或 16 mA
额定电压时输入延时		4.5 ms	15 ms

3）数字量输出

数字量输出单元电路原理图如图 4－5 所示。数字量输出的作用是用 PLC 的输出信号来驱动外部负载，并将 PLC 内部的电平信号转换为外部所需要的电平等级。每个输出点的输出电路可以等效成一个输出继电器，通常按输出电路所用的开关器件不同，PLC 的数字量输出单元可分为晶体管输出单元、晶闸管输出单元和继电器输出单元，它们的不同主要体现在驱动的负载类型、负载的大小和响应时间上，如表 4－4 所示。

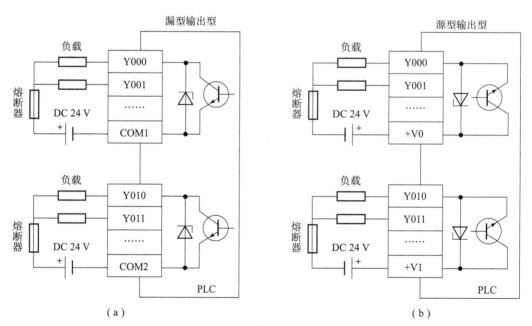

图 4－5 数字量输出单元电路原理图
（a）漏型输出；（b）源型输出

表 4 - 4　数字量输出类型

类型	负载类型	负载大小	响应时间	寿命
晶体管输出	直流	小	最小	长
晶闸管输出	直流、交流	较大	较小	长
继电器输出	直流、交流	最大	大	短

5. 模拟量输入、输出模块

1）模拟量输入模块

模拟量输入模块将外部模拟量传感器信号转化为 PLC 可以处理的数据。一般模拟量输入模块既可以接收电压信号，也可以接收电流信号。电压信号可以分为单极性和双极性两种。信号种类有 $0 \sim 1$ V、$0 \sim 5$ V、± 5 V、± 2.5 V、$0 \sim 20$ mA。模拟量输入模块的分辨率有 9 位、12 位、13 位、14 位、15 位不等。EM2314 输入 12 位模拟量输入模块的技术规范见表 4 - 5。

表 4 - 5　EM2314 输入 12 位模拟量输入模块技术规范

输入点数			4	
输入分辨率	类型	量程	输入分辨率	数据格式
	电压（单极性）	$0 \sim 10$ V	2.5 mV	$0 \sim +32\ 000$
		$0 \sim 5$ V	1.25 mV	$0 \sim +32\ 000$
	电压（双极性）	± 5 V	2.5 mV	$-32\ 000 \sim +32\ 000$
		± 2.5 V	1.25 mV	$-32\ 000 \sim +32\ 000$
	电流	$0 \sim 20$ mA	5 μA	$0 \sim +32\ 000$
模数转换时间			< 250 μs	
输入阻抗			≥10 MΩ	
最大输入电压			30 V	
最大输入电流			32 mA	

EM2314 输入 12 位模拟量输入模块内部原理图如图 4 - 6 所示。R_A 为采样电阻，可将电流信号转化为电压，一般 R_A 的值为 250 Ω，标准电流变送器输出的 $4 \sim 20$ mA 信号将被转化为 $1 \sim 5$ V 的电压信号。

EM2314 输入 12 位模拟量输入模块端子外部接线图如图 4 - 7 所示。每一路模拟输入可以连接为差分电压输入或电流输入。当连接差分电压输入时，RA 端子悬空；当连接电流输入时，将 RX 与相应的 X + 相连；当模拟量输入没有使用时，应将 X + 与 X - 之间短路。

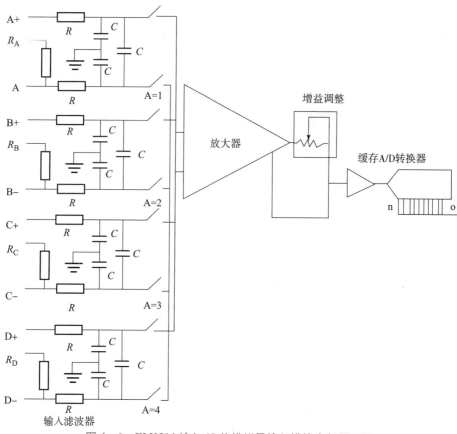

图 4 - 6　EM2314 输入 12 位模拟量输入模块内部原理图

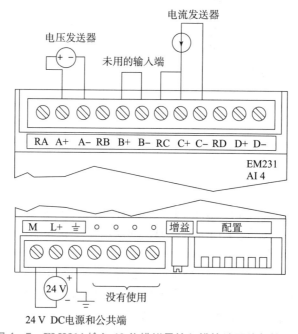

图 4 - 7　EM2314 输入 12 位模拟量输入模块端子外部接线图

2）模拟量输出模块

模拟量输出模块将 PLC 处理后内存中的数据输出给外部负载。一般模拟量输出模块既可以输出电压，也可以输出电流。EM2322 模拟量输出模块技术规范见表 4 - 6。

表 4 - 6　EM2322 模拟量输出模块技术规范

输出类型	信号格式	分辨率	数字格式	稳定时间	最大驱动 24 V 用户电源
电压输出	±10 V	12 位	- 32 000 ~ + 32 000	100 μs	最小 5 000 Ω
电流输出	0 ~ 20 mA	11 位	0 ~ + 32 000	2 ms	最大 500 Ω

模拟量输出接线时应考虑驱动能力。当以电压形式输出时，负载的阻值不宜过小，否则会由于电流过大而使输出模块受损；当以电流形式输出时，负载的阻值不宜过大，否则将无法驱动负载。西门子 EM2322 模拟量输出模块的接线图如图 4 - 8 所示，其内部原理图如图 4 - 9 所示。

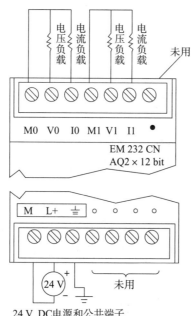

图 4 - 8　EM2322 模拟量输出模块的接线图

6. 智能模块

PLC 智能模块是内部带有独立处理器的特殊功能扩展模块，可以通过处理输入量来控制输出量，而不需要 CPU 的操作，一般处理特殊的通信、控制等任务。常见的智能模块有西门子的定位模块 EM253、Modem 模块 EM241、PROFIBUS 模块 EM277，ABPLC 的步进定位模块 1771 - QA、高速计数模块 1771 - VHSC、1746HSCE。

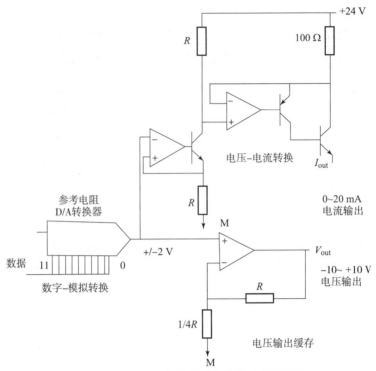

图 4 – 9　EM2322 模拟量输出模块内部原理图

1）定位模块 EM253

西门子 S7 – 200 PLC 的定位模块 EM253 是专为连接步进电动机驱动器、伺服系统进行定位控制的智能模块。模块集成了定位控制所需的输出、输入信号接口。输入信号包括正、负向限位信号输入、急停输入、回零参考点输入以及电动机零位脉冲输入。输出信号包括两路指令输出（可以配置为指令、脉冲或相差90°的两路脉冲方式）、电动机使能信号、脉冲寄存器清零输出信号。

定位模块可以发出脉冲串，对步进电动机、伺服电动机进行控制，最高频率可以达到几十千赫兹。通过 PLC 编程软件的 EM253 配置板可以很方便地对由定位模块和电动机组成的定位系统进行控制、配置和诊断。定位模块使擅长处理逻辑功能的 PLC 能够方便地对电动机进行控制，使得 PLC 的应用在工业自动化领域更加广泛。典型的 EM253 控制步进电动机应用如图 4 – 10 所示，EM253 与步进电动机驱动器的连接如图 4 – 11 所示。

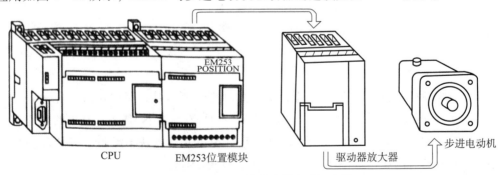

图 4 – 10　EM253 控制步进电动机应用

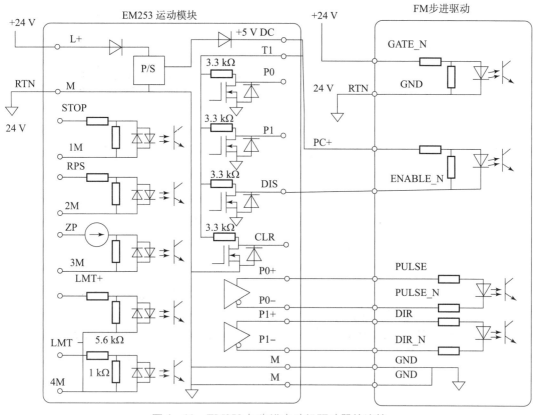

图 4–11　EM253 与步进电动机驱动器的连接

2）AB 高速计数模块 1746HSCE

在工业自动化领域中常常会用到高速计数模块，如包装生产线、电动机转速计算等。因为 PLC 按照循环扫描方式进行工作，扫描周期根据程序长短的不同而不同，常常达到几十毫秒，也就是说普通的 I/O 小于扫描周期长度的信号变化会丢失。为了实现准确计数，PLC 常常采用自带计数器的高速计数模块。

1746HSCE 采用 16 位计数器对高速脉冲输入进行双向计数，最高频率可以达到 50 kHz。1746HSCE 可以工作在工业自动化领域中，常常会用到高速计数模块，如包装生产线、电动机转速计算等。因为 PLC 按照循环扫描方式进行工作，扫描周期根据程序长短的不同而不同，常常达到几十毫秒，也就是说普通的 I/O 小于扫描周期长度的信号变化会丢失。为了实现准确计数，PLC 常常采用自带计数器的高速计数模块。

1746HSCE 采用 16 位计数器对高速脉冲输入进行双向计数，最高频率可以达到 50 kHz。1746HSCE 可以工作在三种工作方式，并自带四个输出，当计数满足设置条件，模块输出自动触发与 PLC 的 CPU 单元无关。1746HSCE 可以工作在范围模式、顺序器模式和速率模式。典型线性计数器顺序器模式应用如图 4–12 所示。

3）电子凸轮控制器

电子凸轮控制器是通过计算机控制从动轴的位置跟踪主动轴的位置变化，代替机械凸轮的功能模块。PLC 电子凸轮控制器模块通过传感器检测主动轴的位置，根据模块内部存

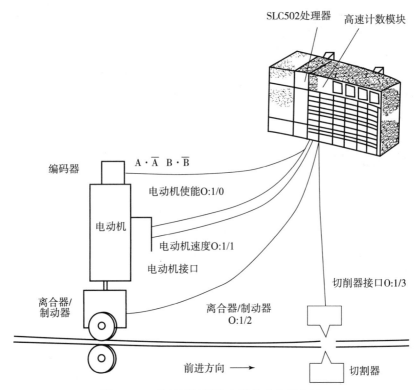

图 4 – 12　线性计数器顺序器模式应用实例

储的凸轮轨迹控制多个从动轴运行。凸轮可以定义为位置凸轮或时间凸轮。电子凸轮广泛应用于机床、传送带和冲压自动化等应用领域。

　　FM352 是用于 S7 – 300 PLC 的单通道电子凸轮控制器，它支持转动轴和线性轴，即主动轴和从动轴可以是直线运动也可以是旋转运动。它可以接多种类型的编码器，如 2 线 BERO 传感器、增量编码器、绝对值编码器（只支持格雷码类型）。它最大可以设定 128 个位置或时间凸轮，可以分配 32 个凸轮轨迹输出，其中前 13 个可以通过模板的数字量输出点直接输出，其他可以通过程序输出到别的数字量输出点。FM352 可以用在中央机架上，也可以用在分布式 I/O（ET200M）机架上。FM352 技术规范如表 4 – 7 所示。

表 4 – 7　FM352 技术规范

电源电压		DC 24 V	
数字量输入		参考点切换、运行中设定实际值/长度测量，制动释放使能 3 号轨迹输出	
数字量输入信号	电压（额定 DC 24 V）	"0" 信号	− 3 ~ 5 V
		"1" 信号	11 ~ 30 V
	电流（2 线制 BERO）	"0" 信号	2 mA
		"1" 信号	9 mA

续表

数字量输出	数量	13 个
	作用	凸轮轨迹输出
位置传感器	增量式编码器（对称的）	A、A 反，B、B 反，N、N 反；5 V 差分信号；1 MHz
	增量式编码器（不对称的）	A、B、N；24 V；25 m 电缆时 50 kHz，100 m 电缆时 25 kHz
	绝对值编码器（SSI）	DATA、DATA 反；CL、CL 反；13 或 25 位；1 MHz；格雷码
	2 线制 BERO	"0" 信号时最大 2 mA；"1" 信号时最大 9 mA

4）闭环控制模块

闭环控制模块是为了满足工厂自动化领域中温度、压力、流速和位置等量需要的闭环控制而设计的。闭环控制模块可以实现多路模拟量控制，控制算法固化在模块内部或者由组态软件进行设计。采样时间根据模拟量输入 AD 转换精度的不同而不同，转换精度越大，需要的时间越长，则采样时间也越长。西门子 4 路闭环控制模块 F355 技术规范见表 4 - 8。

表 4 - 8　F355 技术规范

型号	F355S	作为步进或脉冲控制器使用，带 8 个数字量输出，用于控制 4 路动力（集成的）执行器或二进制控制执行器（如电热片和电热管）
	F355C	作为一个连续控制器使用，带 4 个模拟量输出，用于驱动 4 路模拟量执行器
采样时间	12 b	20 ~ 100 ms
	14 b	100 ~ 500 ms（取决于使能模拟量输入的数量）
传感器	热电偶、Pt100、电压编码器、电流编码器	
标准控制结构	定点数控制、级联控制、比例控制、组件控制	
控制算法	自优化温度算法、PID 算法	
应用领域	温度、压力、流速、位置	

7. 远程 I/O

远程 I/O 在自动化系统组态中通常集中安装在一起。在过程 I/O 和自动化系统之间的距离越长，接线的工作量会越大且越复杂，从而使得系统越易受到电磁干扰而削弱其可靠性。远程 I/O（分布式 I/O）成了此类系统的理想解决方案：主站 CPU 位于中央位置，远程 I/O 系统通过现场总线与 CPU 相连，在远程位置就地操作。高性能的各类现场总线及其高数据传输率实现了在 CPU 及其远程 I/O 系统之间进行顺畅的通信。西门子的远程 I/O 系列模块基于 PROFIBUS DP 和 PROFINET 网络总线标准。远程 I/O 模块在现场也由总线连接器、电源模块、数字量输入输出模块、模拟量输入输出模块、特殊模块等组成。西门子基于 PROFIBUS 网络的 ET 200 远程 I/O 应用示例如图 4 - 13 所示，西门子基于 PROFINET 网络的 ET 200 远程 I/O 应用示例如图 4 - 14 所示。

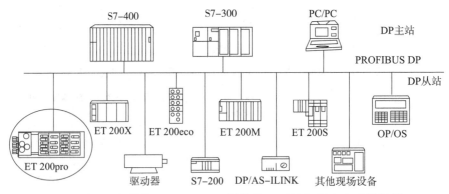

图 4 – 13　西门子基于 PROFIBUS 网络的 ET 200 远程 I/O 应用示例

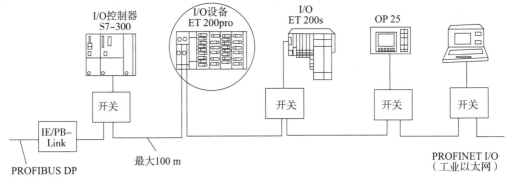

图 4 – 14　西门子基于 PROFINET 网络的 ET 200 远程 I/O 应用示例

　　西门子 ET 200 分类见表 4 – 9，远程 I/O 包括数字量、模拟量、电动机启动、变频器控制模块等。其中，ET 200pro 组成见表 4 – 10。

表 4 – 9　西门子 ET 200 分类

ET 200pro	SIMATIC ET 200pro 是多功能、模块化、防护等级为 IP65/66/67 产品，支持包括数字量/模拟量/电动机启动器/变频器/气动模块/RFID 模块在内的多种模块，同时支持 PROFIBUS 和 PROFINET 现场总线，并且在汽车、钢铁、电力等行业有着极为广泛的应用
ET 200eco DP	SIMATIC ET 200eco PROFIBUS DP 是一款紧凑型、防护等级为 IP65/66/67 的分布式 I/O 模块，也是低成本解决方案的最佳选择
ET 200M	SIMATIC ET 200M 是一款高密度、模块化、防护等级为 IP20 的分布式 I/O 产品，可以使用 S7 – 300 的 I/O 模块和部分功能模块，同时支持 PROFIBUS DP 和 PROFINET 现场总线，IM153 – 2 接口模块可以扩展最大 12 个模块
ET 200iSP	SIMATIC ET 200iSP 是一款模块化、本质安全型分布式 I/O 产品，可以直接安装于危险 1 区，但可以连接来自危险 0 区的传感器/执行器信号，其防护等级为 IP30，可以节省安全栅的使用，减少故障的可能性

续表

ET 200S/ET 200S Compact	SIMATIC ET 200S 是一款按位模块化，防护等级为 IP20，同时支持 PROFI-BUS 和 PROFINET 现场总线的分布式 I/O 产品，其模块的宽度只有 15 mm 或 30 mm，并且可以连接包括数字量、模拟量、高速计数器、步进电动机启动器和变频器在内的所有模块，在烟草、钢铁、汽车和 OEM 行业具有广泛的应用前景，SIMATIC ET 200S Compact 接口模块是一款集成 32DI 或 16DI/16DO 的 PROFIBUS DP 接口模块，同时可以扩展 12 个 I/O 模块
ET 200eco PN	SIMATIC ET 200eco PN 是一款防护等级为 IP65/66/67、支持 PROFINET 现场总线的紧凑型 I/O 产品，该产品具有快速启动功能，最短的启动时间为 500 ms

表 4 - 10　西门子远程 I/O ET 200pro 组成

ET 200pro 模块组成		描述
接口模块		与 CPU 单元的连接，PROFIBUS DP 或 PROFINET 可选
电源模块管理模块		用于对 ET 200pro 站内的电气模块进行补充供电，PM - E，DC 24 V，10 A
数字量扩展模块	ET141	8 路 24 V 输入
	ET142	4 路 24 V，2 A 输出；8 路 24 V，0.5 A
模拟量扩展模块	ET144	4 路 ±10 V，±5 V，0 ~ 10 V，0 ~ 5 V 电压输入 4 路 ±20 mA，0 ~ 20 mA，4 ~ 20 mA 电流输入 4 路 0 ~ 150 Ω，0 ~ 300 Ω，0 ~ 6 000 Ω，0 ~ 3 000 Ω 热电阻
	ET145	4 路 ±10 V，0 ~ 10 V，0 ~ 5 V 电压输出 4 路 ±20 mA，0 ~ 20 mA，4 ~ 20 mA 电流输出
特殊模块	RF170C	通信模块，将 ET 200 与西门子射频识别 RFID 系统相连接
	气动控制模块	CPV10，10 点输出，CPV14，14 点输出，电流与气动阀匹配
	电动机启动器	直接电动机启动器、可逆电动机启动器

FM352 是用于 S7 - 300 PLC 的单通道电子凸轮控制器，它支持转动轴和线性轴，即主动轴和从动轴可以是直线运动也可以是旋转运动。它可以接多种类型的编码器，如 2 线 BE-RO 传感器、增量编码器、绝对值编码器（只支持格雷码类型）。它最大可以设定 128 个位置或时间凸轮，可以分配 32 个凸轮轨迹输出，其中前 13 个可以通过模板的数字量输出点直接输出，其他可以通过程序输出到别的数字量输出点。FM352 可以用在中央机架上，也可以用在分布式 I/O（ET200M）机架上。FM352 技术规范见表 4 - 7。

8. 可编程序控制器的编程语言

IEC1131 - 3 为 PLC 制定了五种标准的编程语言，包括图形化编程语言和文本化编程语言。图形化编程语言包括：梯形图（Ladder Diagram，LD）、功能块图（Function Block Diagram，FBD）、顺序功能图（Sequential Function Chart，SFC）。文本化编程语言包括：指令表（Instruction List，IL）和结构化文本（Structured Text，ST）。IEC1131 - 3 的编程语言是 IEC 工作组对世界范围的 PLC 厂家的编程语言在合理吸收、借鉴的基础上形成的一套针对工业控制系统的国际编程语言标准，它不但适用于 PLC 系统，而且还适用于更广泛的工业控制领域，为 PLC 编程语言的全球规范化做出了重要的贡献。

1）梯形图语言

（1）梯形图与继电器控制的区别。

梯形图语言表达的逻辑关系最简明，应用最广泛。它是基于继电器控制系统的梯形原理图开发得到的，因此梯形图结构沿用了继电控制原理图的形式，仅符号和表示方式有所区别。对于同一控制电路，继电器控制原理图和梯形图的输入、输出信号基本相同，控制过程等效，但有本质的区别：继电器控制原理图使用的是硬件继电器和定时器，靠硬件连接组成控制线路；而 PLC 梯形图使用的是内部软继电器、定时器/计数器等，靠软件实现控制。因此 PLC 的使用具有很高的灵活性，修改控制过程非常方便。

（2）梯形图设计方法简介。

①梯形图按行依次从左至右、从上到下顺序编写。PLC 程序执行顺序与梯形图的编写顺序一致。

②梯形图左边垂直线称母线。左侧放置输入接点和内部继电器接点。梯形图接点有两种，即常开接点和常闭接点。这些接点可以是 PLC 的输入接点或内部继电器接点，也可以是内部寄存器、定时/计数器的状态。从梯形结构的最左侧开始，每一个指令单元的有效输出信号都作为其右边一个控制指令单元是否被执行的条件，直到这一支路被执行完为止；如果中间某处条件不满足，将不再往右扫描，输出信号置零，转向下一支路执行。

③梯形图的最右侧必须放置输出元素。PLC 的输出元素用圆圈（或括号）表示。圆圈（或括号）可以表示内部继电器线圈、输出继电器线圈或定时/计数器的逻辑运算结果。其逻辑动作只有在线圈接通后，对应的接点才动作。

④梯形图中的输入接点和内部继电器接点可以任意串、并联，而输出元素只能并联不能串联。

⑤输出线圈只对应输出映像区的相应位，不能直接驱动现场设备。该位的状态，只有在程序执行周期结束后，对输出刷新。刷新后的控制信号经 I/O 接口对应的输出模块驱动负载工作。

根据 PLC 类型的不同，在每一个支路中，横向和纵向能容纳的指令单元数是不同的，一个支路上允许的输出线圈数也不同。

利用通用计算机（作为上位机）进行编程时，只要按梯形图的编写顺序把逻辑行输入计算机内即可，也可将梯形图转换成助记符语言，经编程器逐句输入 PLC。典型梯形图及对应指令表语句如图 4 - 15 所示。

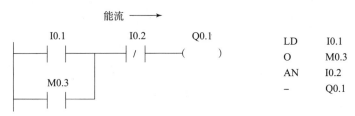

图 4 - 15　典型梯形图及对应指令表语句

2）顺序功能图语言

新一代的 PLC 除了采用梯形图编程外，还可以采用适于顺序控制的标准化语言——顺序功能图编制。顺序功能图又称状态转移图或状态流程图。它是描述控制系统的控制过程、功能和特性的一种图形，是分析和设计 PLC 顺序控制的得力工具。

（1）顺序功能图（SFC）概念。

顺序功能图由状态、转移、转移条件和动作或命令四个内容构成，图 4 - 16 所示为某机械手机构及工作顺序功能图。

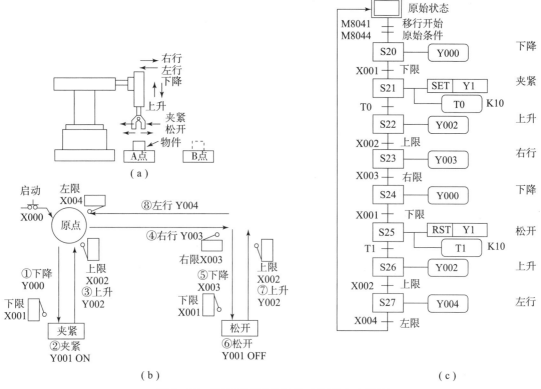

图 4 - 16　某机械手机构及其工作顺序功能图

（a）动作机构；（b）控制机构；（c）顺序功能图

①状态。用顺序功能图设计顺序控制系统的 PLC 梯形图时，根据系统输出量的变化，将系统的一个工作循环过程分解成若干个顺序相连的阶段，这些阶段就称之为"步"（Step）或状态。例如，在机械工程领域，每一步就表示一个特定的机械动作，称之为"工步"。因此，状态的编号可以用该状态对应的工步序号，也可以用与该状态相对应的编程元件（如 PLC 内部继电器、移位寄存器、状态寄存器等）作为状态的编号。而状态则用矩形框表示，框中的数字是该状态的编号，原始状态（"0"状态）用双线框表示。

②转移。转移用有向线段表示。在两个状态框之间必须用转移线段相连接，也就是说，在两相邻状态之间必须用一个转移线段隔开，不能直接相连。

③转移条件。转移条件用与转移线段垂直的短画线表示。每个转移线段上必须有 1 个或 1 个以上转移条件短画线。在短画线旁，可以用文字、图形符号、逻辑表达式注明转移条件的具体内容。当相邻两状态之间的转移条件满足时，两状态之间的转移得以实现。

④动作或命令。在状态框的旁边，用文字来说明与状态相对应的工步内容也就是动作或命令，用矩形框围起来，以短线与状态框相连。动作与命令旁边往往也标出实现该动作

或命令的电气执行元件的名称。

（2）顺序功能图的几种结构形式。

①分支。某前级状态之后的转移，引发不止一个后级状态或状态流程序列，这样的转移将以分支形式表示。各分支画在水平直线之下。

a. 选择性分支。如果从多个分支状态或分支状态序列中只选择执行某一个分支状态或分支状态序列，则称为选择性分支，如图 4 – 17（a）所示，这样的分支画在水平单线之下。选择性分支的转移条件短画线画在水平单线之下的分支上。每个分支上必须具有 1 个或 1 个以上的转移条件。

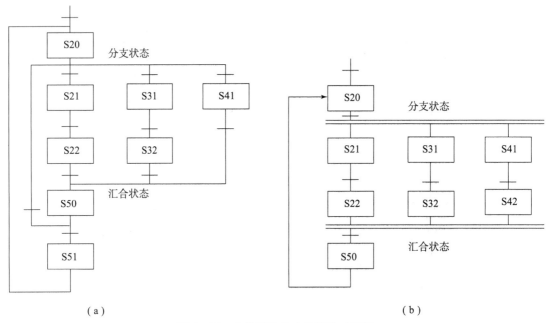

（a）　　　　　　　　　　　　　　　　　　（b）

图 4 – 17　有并行性分支的顺序功能图

（a）选择性分支；（b）并行性分支

在这些分支中，如果某一个分支后的状态或状态序列被选中，当转移条件满足时就会发生状态的转移。而没有被选中的分支，即使转移条件已满足，也不会发生状态的转移。选择性分支可以允许同时选择 1 个或 1 个以上的分支状态或状态序列。

b. 并行性分支。所有的分支状态或分支状态流程序列都被选中执行的，则称为并行性分支，如图 4 – 17（b）所示。

并行性分支画在水平双线之下。在水平双线之上的干支上必须有 1 个或 1 个以上的转移条件。当干支上的转移条件满足时，允许各分支的转移得以实现。干支上的转移条件称为公共转移条件。在水平双线之下的分支上，也可以有各分支自己的转移条件。在这种情况下，表示某分支转移要得以实现，除了具有公共转移条件之外，还必须具有特殊转移条件。

②分支的汇合。分支的结束称为汇合。

选择性分支汇合于水平单线。在水平单线以上的分支上，必须有 1 个或 1 个以上的转移条件。而在水平单线以下的干支上则不再有转移条件，如图 4 – 17（a）所示。

并行性分支汇合于水平双线。转移条件短画线画在水平双线以下的干支上，而在水平双线以上的分支上则不再有转移条件，如图 4 – 17（b）所示。

③跳步。在选择性分支中，会有跳过某些中间状态不执行而执行后边的某状态，这种转移称为跳步。跳步是选择性分支的一种特殊情况，如图 4 – 17（a）所示。

④局部循环。在完整的状态流程中，会有按一定条件在几个连续状态之间的局部重复循环运行。局部循环也是选择性分支的一种特殊情况，如图 4 – 17（a）所示。

⑤封闭图形。状态的执行按有向连线规定的路线进行，它是与控制过程的逐步发展相对应的，一般习惯的方向是从上到下或由左到右展开。为了更明显地表示进展的方向，也可以在转移线段上加箭头指示进展方向，特别是当某转移不是由上到下或由左到右时，就必须加箭头指示转移进展的方向。

机械运动或工艺过程为循环式工作方式时，当一个工作循环中的最后一个状态之后的转移条件满足时，自动转入下一个工作循环的初始状态。因此，可由状态、转移和转移条件构成封闭图形。图 4 – 16（c）、图 4 – 17（a）和图 4 – 17（b）所示都是封闭图形。

（3）顺序功能图设计方法简介。

顺序功能图完整地表现了顺序控制系统的控制过程、各状态的功能、状态转移的顺序和条件。它是进行 PLC 应用程序设计很方便的工具。利用状态流程图进行程序设计时，大致按以下几个步骤进行：

①按照机械运动或工艺过程的工作内容、步骤、顺序和控制要求画出顺序功能图。

②在顺序功能图上，以 PLC 输入点或其他元件定义状态为转移条件。当某转移条件的实际内容不止一个时，每个具体内容定义一个 PLC 元件编号，并以逻辑组合形式表现为有效转移条件（例如 X000 · X001 + X002）。

③按照机械或工艺提供的电气执行元件功能表，在顺序功能图上对每个状态和动作命令配画上实现该状态或动作命令的控制功能的电气执行元件，并以对应的 PLC 输出点编号定义这些电气执行元件。

3）功能块图

这是一种类似于数字逻辑门电路的编程语言，有数字电路基础的编程人员很容易掌握。该编程语言用类似与门、或门的方框来表示逻辑运算关系，方框的左侧为逻辑运算的输入变量，右侧为输出变量，输入、输出端的小圆圈表示"非"运算，方框被"导线"连接在一起，信号自左向右流动。图 4 – 18 中的控制逻辑与图 4 – 15 中的相同。西门子公司的"LOGO！"系列微型 PLC 使用功能块图语言，除此之外，国内很少有人使用功能块图语言。

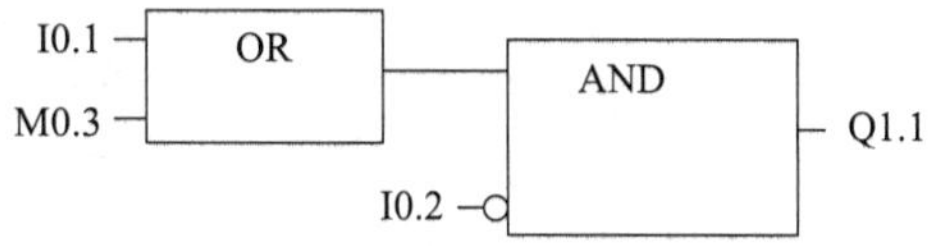

图 4 – 18　功能块图

4）指令表

指令表编程语言类似于计算机中的助记符汇编语言，它是可编程序控制器最基础的编程语言。所谓指令表编程，是用一个或几个容易记忆的字符来代表可编程序控制器的某种操作功能。指令表程序设计语言有以下特点：

（1）采用助记符来表示操作功能，具有容易记忆，便于掌握的特点。

（2）在编程器的键盘上采用助记符表示，具有便于操作的特点，可在无计算机的场合进行编程设计。

5）结构化文本

结构化文本是一种高级的文本语言，可以用来描述功能、功能块和程序的行为，还可以在顺序功能流程图中描述步、动作和转变的行为。结构化文本语言表面上与 PASCAL 语言很相似，但它是一个专门为工业控制应用开发的编程语言，具有很强的编程能力，用于对变量赋值、回调功能和功能块、创建表达式、编写条件语句和迭代程序等。结构化文本程序设计语言有以下特点：

（1）采用高级语言进行编程，可以完成较复杂的控制运算。

（2）需要有一定的计算机高级程序设计语言的知识和编程技巧，对编程人员的技能要求较高，普通电气人员无法完成。

（3）直观性和易操作性等性能较差。

（4）常被用于采用功能模块等其他语言较难实现的一些控制功能的实施。

拓展资源：可编程序控制器的生产厂家及产品介绍

目前，可编程序控制器的生产厂家有几百家，生产的产品从微型 PLC 到大型 PLC 都有许多型号和系列。在我国市场上常见的可编程序控制器产品的国外生产厂家主要有：德国西门子公司、美国罗克韦尔公司、日本立石公司。

1. 德国西门子（SIEMENS）公司

西门子公司的 PLC 产品最早是 1975 年投放市场的 SIMATIC S3，它实际上是带有简单操作接口的二进制控制器。1979 年，S3 系统被 SIMATIC S5 所取代，该系统广泛地使用了微处理器。20 世纪 80 年代初，S5 系统进一步升级为 U 系列 PLC，较常用机型有：S5 – 90U、S5 – 95U、S5 – 100U、S5 – 115U、S5 – 135U、S5 – 155U。1994 年 4 月，S7 系列诞生，它具有更国际化、更高性能等级、安装空间更小、更良好的 Windows 用户界面等优势，其机型为：S7 – 200、S7 – 300、S7 – 400。1996 年，在过程控制领域，西门子公司又提出了 PCS7（过程控制系统 7）的概念，将其优势的 WINCC（与 Windows 兼容的操作界面）、PROFI-BUS（工业现场总线）、COROS（监控系统）、SINEC（西门子工业网络）及调控技术融为一体。现在，西门子公司又提出全集成自动化系统（Totally Integrated Automation，TIA）概念，将 PLC 技术融于全部自动化领域。西门子公司 PLC 产品分类见表 4 – 11。

表 4 – 11　西门子公司 PLC 产品分类

类型	应用领域	编程软件		CPU 型号
S7 – 200	小型	STEP7 – Micro/WIN32		CPU221/222/224/224XP/226
S7 – 300	中型	SIMATIC S7	紧凑型	CPU312C/313C/313C – 2PtP/313C – 2DP/314C – 2PtP/314C – 2DP
			标准型	CPU312/314/315 – 2DP/315 – 2PN/DP/315 – 2DP/315 – 2PN/DP/CPU319 – 3PN/DP
			技术功能型	CPU 315T – 2DP/317T – 2DP
			故障安全型	CPU317F – 2DP

续表

类型	应用领域	编程软件	CPU 型号
SIPLUS S7 – 300	中型、恶劣特殊环境	SIMATIC S7	SIPLUS CPU 312C/314/315 – 2DP 等
S7 – 400	大型、高性能、复杂场合	SIMATIC S7	CPU412 – 1/412 – 2/414 – 2/414 – 3/416 – 2/416 – 3/417 – 4DP/417H

2. 美国罗克韦尔公司的 ABPLC

Allen – Bradley 公司最早由 Dr. Stanton Allen 和 Lynde Bradley 创立于 1903 年，早期的产品主要有自动启动器、开关设备、电流断路器、继电器。1985 年，以 16.5 亿美元的价格被罗克韦尔国际集团（Rockwell Internation）收购，Allen – Bradley 成为罗克韦尔自动化旗下重要的品牌。1981 年前后，Allen – Bradley 公司基于 AMD 微处理器的 PLC – 3 面世。1986 年前后，Allen – Bradley 基于摩托罗拉 68000 芯片的 PLC – 5 面世。1991 年前后，Allen – Bradley SLC500 PLC 面世。1995 年，Allen – Bradley 推出了 Micrologix1000 控制器和 Flex I/O 产品。1998—1999 年，Allen – Bradley 推出了 Control Logic PLC。罗克韦尔公司的 AB PLC 按照应用领域的主要分类见表 4 – 12。

表 4 – 12　罗克韦尔公司的 AB PLC 按照应用领域的主要分类

类型	所属分类	编程软件	产品目录号
Micro Logix500	低端	RSLogix500	1761
SLC500	中端小型机	RSLogix500	1747
Compact Logix	中端新产品	RSLogix5000	1769
Control Logix5000	高端主流机型	RSLogix5000	1756
PLC – 5	高端老机型	RSLogix5	1785

3. 日本立石（OMRON 欧姆龙）公司

20 世纪 80 年代初期，OMRON 的大、中、小型 PLC 分别为 C 系列的 C2000、C1000、C500、C120、C2000 等。20 世纪 80 年代后期，OMRON 开发出了 H 型机，大、中、小型分别对应有 C2000H/C1000H、C200H、C60H/C40H/C28H/C20H。20 世纪 90 年代初期，OMRON 推出了无底板模块式小型机 CQM1、大型机 CV 系列。1997 年，推出了小型机 CPM1A、中型机 C200Hα。1999 年，在中国市场上又推出了 CS1 系列大型机以及 CPM2A、CPM2C、CPM2AE 等小型机，CQM1H 中型机。按照应用领域的不同，目前市场上存在的 OMRON 系列 PLC 分类见表 4 – 13。

表 4 – 13　OMRON 系列 PLC 分类

分类	CPU 型号
小型 PLC	CP、SRM2C、CPM2AH、CPM2AH – S、CPM2C、CPM2A、CPM1A
中型 PLC	CJ1、CQM1H、CJ1M、C200Hα
大型 PLC	CS1D、CV 系列、CVM1D、CVM1、CS1

4. 其他 PLC 公司

国外 PLC 生产企业有：

（1）美国通用电气（General Electric Compeny）公司，简称 GE 公司。

（2）法国施耐德（Schneider）公司。

（3）日本三菱（Mitsubishi）公司。

（4）日本日立（HITACHI）公司。

（5）日本富士（FUJI）公司。

国内 PLC 生产企业有：

（1）无锡市信捷科技电子有限公司，产品有 XC 系列、FC 系列 PLC。

（2）北京凯迪恩自动化技术有限公司，产品有 KDN - K3 系列 PLC。

（3）南京冠德科技有限公司，产品有嘉华 PLC。

（4）台达电子集团。

（5）永宏电机股份有限公司。

任务 4.3　可编程序控制器应用系统设计的内容和步骤

4.3.1　PLC 应用系统设计的内容和步骤

PLC 系统设计包括硬件设计和软件设计两部分，主要内容及步骤见表 4 - 14。

表 4 - 14　PLC 应用系统设计主要内容及步骤

步骤	内容	描述
1	需求分析	统计 I/O 点数以及类型、网络要求、有无特殊功能模块要求等
2	选择 PLC 型号	PLC 的品牌往往根据客户需求选择，根据被控系统的复杂程度、特殊功能需求等选择合适的 PLC 型号
3	硬件组态	包括数字量、模拟量扩展模块，网络通信模块，人机界面的组态
4	分配 I/O 点	根据信号输入输出与传感器、执行元件一一对应，并留 10% ~ 15% I/O 余量
5	设计操作台、控制柜	总电源、急停等按钮，人机界面的布置，PLC 机架安装、布线
6	设计控制程序	编写 PLC 的控制程序（使用梯形图语言等）以及人机界面的显示程序（组态软件等）
7	编制系统文件	软件使用说明书、电气原理图、电气布置图、电气安装图、元器件明细表、I/O 对照表

4.3.2　PLC 应用系统的硬件设计

1. PLC 的型号选择

PLC 型号选择应当遵循表 4 - 15 中的原则。

表 4 - 15　PLC 型号选择应遵循的原则

原则	描述
结构合理	工艺过程固定，小型系统选择集成式 PLC，否则选择模块式 PLC
功能强弱适当	综合考虑系统要求、成本各因素，尽量选择满足功能中最经济的组态方式
机型统一	企业内部 PLC 应做到机型统一，便于维修维护，并可通过工业网络实现多级分布式控制系统
根据环境安全选择适当的产品	易燃、易爆恶劣环境可以选择相应安全型模块或安全型 CPU，如西门子的 SIMPLUS S7 - 300 系列 CPU、ET200iSP 远程 I/O 模块

2. I/O 模块的选择

PLC 的硬件设计要根据需要选择合适的数字量、模拟量输入输出模块。I/O 选择原则见表 4 - 16。

表 4 - 16　I/O 选择原则

类型	参数	选择原则
数字量	频率	继电器类型数字量输出不宜超过 1 Hz
	电压	交流输出、直流输出的区别
	功率	晶体管输出可过电流 750 mA，继电器输出可过 2 A
	传输距离	低于 24 V 电压不宜传输距离过远，如 12 V 电压一般不超过 10 m
模拟量	普通型	双极性电压型 - 10 ~ 10 V，单极性电压型 0 ~ 10 V，电流型 4 ~ 20 mA
	特殊型	热电偶、热电阻

3. 电源选择

电源模块的选择一般只需考虑输出电流。电源模块的额定输出电流必须大于处理器模块、I/O 模块、专用模块等消耗电流的总和。表 4 - 17 所示为 PLC 选择电源的一般规则。

表 4 - 17　PLC 选择电源的一般规则

序号	选择原则
1	根据电压一致原则确定所需电源模块
2	将所有 I/O 模块所需背板电流相加计算 I/O 模块所需背板电流
3	处理器所需背板电流
4	远程 I/O 所需背板电流
5	电源电流按照 2 ~ 4 项中的总和进行选择

4.3.3　PLC 的应用软件设计

PLC 应用系统软件设计内容见表 4 - 18。

表 4 – 18　PLC 应用系统软件设计内容

步骤	主要内容
需求分析	控制、操作、自诊断等功能分析
	I/O 信号及数据结构分析
	编写需求规格说明书（包括任务概述、功能需求、性能需求、运行需求）
软件设计	程序结构设计
	数据结构设计
	软件过程设计
	编写软件设计规格说明书（包括技术要求、程序编制依据、软件测试）
编程实现	程序编制
	程序测试
	编制程序设计说明书
软件测试	检查程序、寻找程序中的错误、测试软件、程序运行限制条件与功能软件、验证软件文件

4.3.4　PLC 的应用实例——自动搬运机械手

图 4 – 19 所示为自动搬运机械手，其用于将左工作台上的工件搬到右工作台上。机械手的全部动作由气缸驱动，气缸由电磁阀控制。

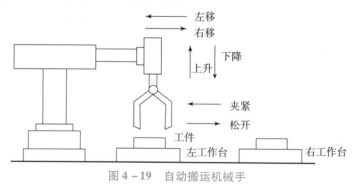

图 4 – 19　自动搬运机械手

1. 机械手动作分析

将机械手的原点（即原始状态）定为左工位、高位、放松状态。在原始状态下，检测到左工作台上有工件时，机械手下降到低位并夹紧工件，然后上升到高位，向右移到右工位。在右工作台上无工件时，机械手下降到低位，松开工件，然后机械手上升到高位，左移回原始状态。

动作过程中，上升、下降、左移、右移、夹紧（放松）为输出信号。放松和夹紧共用一个线圈，线圈得电时夹紧，失电时放松。低位、高位、左工位、右工位、工作台上有无工件作为输入信号。

2. PLC 控制系统的硬件设计

搬运机械手控制系统中共有 13 个输入信号、7 个输出信号，逻辑关系较为简单。因此，可选用C40P来实现该任务。假定输入信号全部采用常开触点，手动控制I/O分配见表4-19。

表4-19 手动控制I/O分配

输入信号	工位号	输出信号	工位号
高位	0000	上升	0504
低位	0001	下降	0505
左工位	0008	左移	0506
右工位	0003	右移	0507
台有工件	0004	夹紧	0508
自动	0005	手动指示	0509
手动	0006	自动指示	0510
手动上升	0007		
手动下降	0008		
手动左移	0009		
手动右移	0010		
手动夹紧	0011		
手动放松	0012		

图4-20所示为机械手PLC控制系统的硬件原理。动作指示利用发光二极管与输出接触器并联。

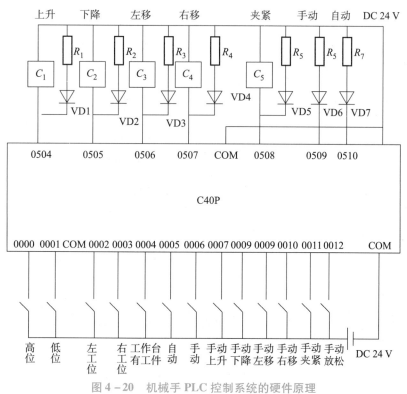

图4-20 机械手PLC控制系统的硬件原理

3. PLC 控制系统的软件设计

PLC 控制系统的梯形图如图 4 – 21 所示。

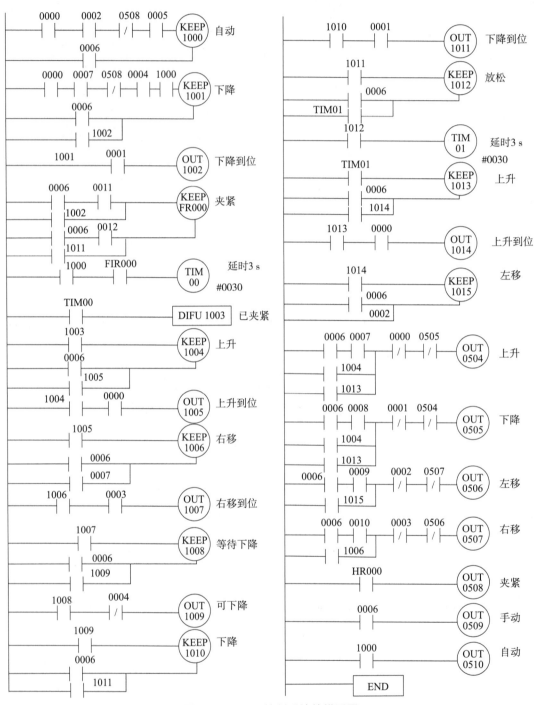

图 4 – 21　PLC 控制系统的梯形图

拓展资源：大小球分拣系统 PLC 设计

大小球分类传送装置的主要功能是将大球吸住送到大球容器中，将小球吸住送到小球容器中，实现大、小球分类放置。

1）初始状态

如图 4-22 所示，左上为原点位置，上限位开关 SQ1 和左限位开关 SQ3 压合动作，原点指示灯 HL 亮。装置必须停在原点位置时才能启动；若初始时不在原点位置，可通过手动方式调整到原位后再启动。

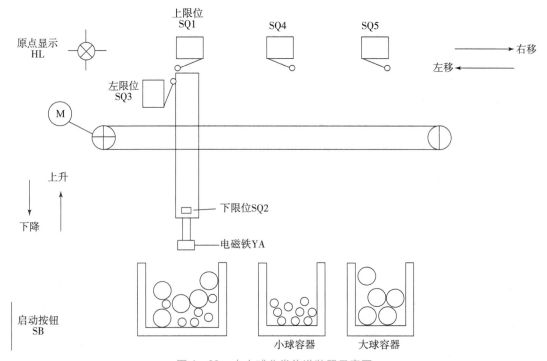

图 4-22　大小球分类传送装置示意图

（1）大小球判断。当电磁铁碰着小球时，下限位开关 SQ2 动作压合；当电磁铁碰着大球时，SQ2 不动作。

（2）工作过程。按下启动按钮 SB，装置按以下规律工作（下降时间为 2 s，吸球、放球时间为 1 s）：

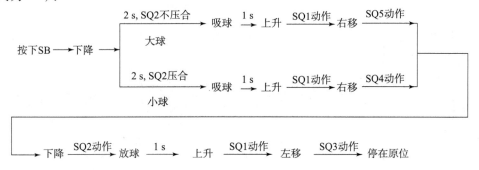

2）任务流程图

本项目的任务流程如图4-23所示。

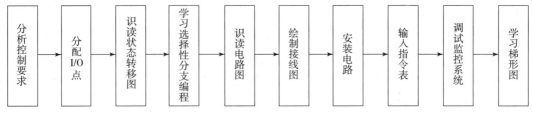

图4-23　任务流程图

（1）分析控制要求，确定输入和输出设备。

①分析控制要求。根据步进状态编程的思想，首先将系统的工作过程进行分解，其流程如图4-24所示。

②确定输入设备。系统的输入设备有5个行程开关和1只按钮，PLC需用6个输入点分别和它们的动合触点相连。

③确定输出设备。系统由电动机 M1 拖动分拣臂左移或右移，电动机 M2 拖动分拣臂上升或下降，电磁铁 YA 吸、放球，原点到位由指示灯 HL 显示。由此确定，系统的输出设备有4只接触器、1只电磁铁和1只指示灯，PLC需用6个输出点分别驱动控制两台电动机正反转的接触器线圈、电磁铁和指示灯。

（2）I/O 点分配。

根据确定的输入输出设备及输入输出点数分配 I/O 点，如表4-20所示。

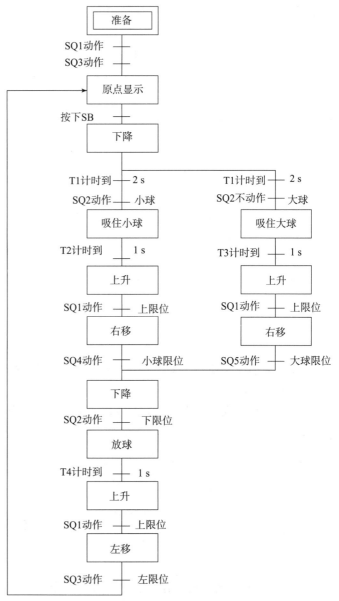

图4-24　大小球分拣工作流程图

表 4－20　输出设备及输入输出点数分配 I/O 点

输入			输出		
元件代号	功能	输入点	元件代号	功能	输出点
SB	系统启动	X0	KM1	上升	Y0
SQ1	上限位	X1	KM2	下降	Y1
SQ2	下限位	X2	KM3	左移	Y2
SQ3	左限位	X3	KM4	右移	Y3
SQ4	小球限位	X4	YA	吸球	Y4
SQ5	大球限位	X5	HL	原点显示	Y10

（3）识读系统状态转移图。

根据工作流程图与状态转移图的转换方法，将图 4－24 转换成状态转移图，如图 4－25 所示。

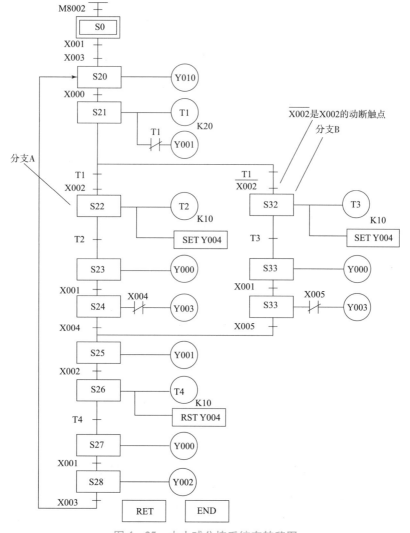

图 4－25　大小球分拣系统态转移图

项目四　可编程序控制器

任务工单

任务名称	可编程序控制器	组别	
		组员：	

一、任务描述

了解 PLC 的概述、发展历史、可编程序控制器的特点和应用范围，会编写常用的 PLC 程序；理解 PLC 输入和输出电路模块；掌握 PLC 顺序功能图 I/O 接线图。能进行计算机和 PLC 之间的通信，会使用 GX – WORK2 编写和调试 PLC 程序。掌握 PLC 设计内容和步骤。

二、技术规范

三、计划（制订小组工作计划）

工作流程	完成任务的资料、工具或方法	人员安排	时间分配	备注

四、决策（确定工作方案）

1. 小组讨论、分析、阐述任务完成的方法、策略，确定工作方案。

2. 教师指导、确定最终方案。

五、实施（完成工作任务）

工作步骤	主要工作内容	完成情况	问题记录

六、检查（问题信息反馈）

反馈信息描述	产生问题的原因	解决问题的方法

续表

任务名称	可编程序控制器	组别	组员：

七、评估（基于任务完成的评价）

1. 小组讨论，自我评述任务完成情况、出现的问题及解决方法，小组共同给出改进方案和建议。

2. 小组准备汇报材料，每组选派一人进行汇报。

3. 教师对各组完成情况进行评价。

4. 整理相关资料，完成评价表。

任务名称			姓名	组别	班级	学号	日期

考核内容及评分标准			分值	自评	组评	师评	均分
三维目标	素质	自主学习、合作学习、团结互助等	25				
	认知	任务所需知识的掌握与应用等	40				
	能力	任务所需能力的掌握与数量度等	35				
加分项	收获（10分）	有哪些收获（借鉴、教训、改进等）：	你进步了吗？		加分		
			你帮助他人进步了吗？				
	问题（10分）	发现问题、分析分问题、解决方法、创新之处等：			加分		
总结与反思					总分		

八、拓展（基于本任务延伸的知识与能力）

九、备注（需要注明的内容）

指导教师评语：

任务完成人签字：　　　　　　　　　　　　　　日期：　　年　　月　　日

指导教师签字：　　　　　　　　　　　　　　　日期：　　年　　月　　日

习题与思考题

1. 设计交通红绿灯 PLC 控制系统控制要求：

（1）东西向：绿 5 s，绿闪 3 次，黄 2 s；红 10 s；

（2）南北向：红 10 s，绿 5 s，绿闪 3 次，黄 2 s。

2. 设计彩灯顺序控制系统控制要求：

（1）A 亮 1 s，灭 1 s；B 亮 1 s，灭 1 s；

（2）C 亮 1 s，灭 1 s；D 亮 1 s，灭 1 s；

（3）A、B、C、D 亮 1 s，灭 1 s；

（4）循环三次。

3. 物料传送系统控制。

要求：图 4 – 26 所示为两组带机组成的原料运输自动化系统，该自动化系统启动顺序为：盛料斗 D 中无料，先启动带机 C，5 s 后，再启动带机 B，经过 7 s 后再打开电磁阀 YV，该自动化系统停机的顺序恰好与启动顺序相反，试完成梯形图设计。

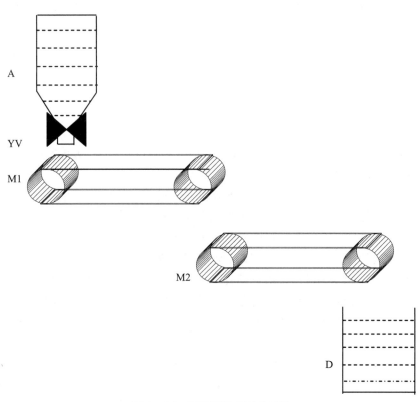

图 4 – 26　原料运输自动化系统

4. 设计电动机正反转控制系统。

控制要求：正转 3 s，停 2 s，反转 3 s，停 2 s，循环 3 次。

5. 用 PLC 对自动售汽水机进行控制，工作要求：

（1）此售货机可投入 1 元、2 元硬币，投币口为 LS1、LS2；

（2）当投入的硬币总值大于等于 6 元时，汽水指示灯 L1 亮，此时按下汽水按钮 SB，则汽水口 L2 出汽水 12 s 后自动停止；

（3）不找钱，不结余，下一位投币又重新开始。

请：①设计 I/O 口，画出 PLC 的 I/O 口硬件连接图并进行连接；

②画出状态转移图或梯形图。

6. 设计电镀生产线 PLC 控制系统，控制要求：

（1）SQ1～SQ4 为行车进退限位开关，SQ5～SQ6 为上下限位开关。

（2）工件提升至 SQ5 停，行车进至 SQ1 停，放下工件至 SQ6，电镀 10 s，工件升至 SQ5 停，滴液 5 s，行车退至 SQ2 停，放下工件至 SQ6，定时 6 s，工件升至 SQ5 停，滴液 5 s，行车退至 SQ3 停，放下工件至 SQ6，定时 6 s，工件升至 SQ5 停，滴液 5 s，行车退至 SQ4 停，放下工件至 SQ6。

（3）完成一次循环。

7. 有一 3 台皮带运输机传输系统，分别用电动机 M1、M2、M3 带动，控制要求如下：

按下启动按钮，先启动最末一台皮带机 M3，经 5 s 后再依次启动其他皮带机正常运行时，M3、M2、M1 均工作。按下停止按钮时，先停止最前一台皮带机 M1，待料送完毕后再依次停止其他皮带机。

（1）写出 I/O 分配表；

（2）画出梯形图。

8. 使用传送机，将大、小球分类后分别传送的系统。

左上为原点，按启动按钮 SB1 后，其动作顺序为：下降→吸收（延时 1 s）→上升→右行→下降→释放（延时 1 s）→上升→左行。

其中，LS1：左限位；LS3：上限位；LS4：小球右限位；LS5：大球右限位；LS2：大球下限位；LS0：小球下限位。

注意：机械壁下降时，吸住大球，则下限位 LS2 接通，然后将大球放到大球容器中；若吸住小球，则下限位 LS0 接通，然后将小球放到小球容器中。

请：（1）设计 I/O；（2）画梯形图；（3）写出指令系统。

9. 某系统有两种工作方式，手动和自动现场的输入设备有：6 个行程开关（SQ1～SQ6）和 2 个按钮（SB1、SB2）仅供自动程序使用，6 个按钮（SB3～SB8）仅供手动程序使用，4 个行程开关（SQ7～SQ10）为手动、自动两程序共用。现有 CPM1A－20CDR 型 PLC，其输入点 12 个（00000～00011），是否可以使用？若可以，试画出相应的外部输入硬件接线图。

10. 设计一个汽车库自动门控制系统，具体控制要求是：当汽车到达车库门前，超声波开关接收到车来的信号，开门上升，当升到顶点碰到上限开关，门停止上升，当汽车驶入车库后，光电开关发出信号，门电动机反转，门下降，当下降碰到下限开关后门电动机停止，试画出输入输出设备与 PLC 的接线图、设计出梯形图程序并加以调试。

11. 电动机正反转控制线路。

要求：正反转启动信号 X1、X2，停车信号 X3，输出信号 Y2、Y3 具有电气互锁和机械互锁功能。

12. 两种液体混合装置控制。

要求：有两种液体 A、B 需要在容器中混合成液体 C 待用，初始时容器是空的，所有输出均失效。按下启动信号，阀门 X1 打开，注入液体 A；到达 I 时，X1 关闭，阀门 X2 打开，注入液体 B；到达 H 时，X2 关闭，打开加热器 R；当温度传感器达到 60 ℃ 时，关闭 R，打开阀门 X3，释放液体 C；当最低位液位传感器 L = 0 时，关闭 X3 进入下一个循环，按下停车按钮，要求停在初始状态。

启动信号 X0，停车信号 X1、H（X2）、I（X3）、L（X4），温度传感器 X5，阀门 X1（Y0），阀门 X2（Y1），加热器 R（Y2），阀门 X3（Y3）。

13. 设计喷泉电路

要求：喷泉由 A、B、C 三组喷头启动后，A 组先喷 5 s，后 B、C 同时喷，5 s 后 B 停，再 5 s C 停，而 A、B 又喷，再 2 s，C 也喷，持续 5 s 后全部停，再 3 s 重复上述过程说明：A（Y0），B（Y1），C（Y2），启动信号 X0。

14. 设计通电和断电延时电路。

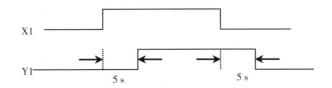

项目导入		动力系统是机电一体化系统的心脏，承担着为系统提供能源和动力的任务。随着伺服技术的发展，系统对动力元件的要求越来越高，要求动力元件达到更高的精度、稳定性并具有更好的响应特性，高性能机电一体化产品更是对动力元件的性能提出了挑战。电力电子技术和现代控制理论的发展，使得动力元件的驱动和控制方法更多、结构更复杂。因此，在选型或使用的过程中，不但要熟悉各种动力元件的原理和特性，而且要掌握其驱动和控制方法，根据工程实际需要，合理、正确地选择、使用动力元件
工匠引领		深海蛟龙号载人潜水器首席装配钳工技师顾秋亮爱琢磨、善钻研，喜欢啃工作的"硬骨头"，解决了许多技术难题，成功带领全组人员多次完成了潜水器的组装和海试。大国工匠顾秋亮是一线工匠们的代表，他们对技术创新的执着、对技艺完美的追求，感染我们，也值得全社会尊重。我们只要爱岗敬业、开拓创新，在平凡的工作岗位也可以做出不平凡的成绩
学习目标	知识目标	本章主要讲述机电一体化系统中动力系统的特性和驱动方法，使学生了解伺服系统的基本概念，掌握电气类动力元件的原理和特性，掌握动力元件的驱动和控制方法，掌握动力元件的选型原则和控制电动机的选型方法
	技能目标	机电一体化系统总体设计是从整体目标出发，对所要设计的机电一体化系统的各方面进行的综合性设计。本章的学习以系统工程的思想和方法论为基础，学习过程中一定要总览全局，从"总工程师"的角度，对系统原理、结构、测控方案等进行综合分析，理论联系实际，查阅相关的资料文献，加深对机电一体化系统总体设计、稳态设计和动态设计的认识与理解
	素质目标	建议学生多查阅相关的资料文献，包括参看网上大量的各类动力元件资料，分析各类机电一体化系统中动力元件的选用依据，加深对不同类型动力元件特性的理解

任务5.1　三相交流异步电动机

交流电动机主要分为同步电动机和感应电动机两大类，它们的工作原理和运行性能都有很大差别。同步电动机的转速与电源频率之间有着严格的关系，感应电动机的转速虽然也与电源频率有关，但不像同步电动机那样严格。同步电动机主要用作发电机，目前交流发电机几乎都是采用同步电动机。感应电动机则主要用作电动机，大部分生产机械用感应电动机作为原动机。

本章主要分析讨论三相感应电动机并结合讨论交流电动机中的一般问题。

5.1.1　三相异步电动机的工作原理

在图 5 – 1 中，N – S 是一对磁极，在两个磁极相对的空间里装有一个能够转动的圆柱形铁芯，在铁芯外圆槽内嵌放有导体，导体两端各用一圆环将它们接成一个整体。如图 5 – 1 所示，如在某种因素的作用下，使磁极以 n_1 的速度逆时针方向旋转，形成一个旋转磁场，转子导体就会切割磁力线而产生感应电动势 e。用右手定则可以判定，在转子上半部分的导体中，感应电动势的方向为⊗，下半部分导体的感应电动势方向为⊙。在感应电动势的作用下，导体中就有电流 i，若不计电动势与电流的相位差，则电流 i 与电动势 e 同方向。载流导体在磁场中将受到一

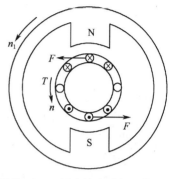

图 5 – 1　三相交流电动机工作原理

电磁力的作用，由左手定则可以判定电磁力 F 的方向。由于电磁力 F 所形成的电磁转矩 T 使转子以 n 的速度旋转，旋转方向与磁场的旋转方向相同，这就是感应电动机的基本工作原理。

旋转磁场的旋转速度 n_1 称为同步转速。由于转子转动的方向与磁场的旋转方向是一致的，所以如果 $n = n_1$，则磁场与转子之间就没有相对运动，它们之间就不存在电磁感应关系，也就不能在转子导体中形成感应电动势、产生电流，从而不能产生电磁转矩。所以感应电动机的转子速度不可能等于磁场旋转的速度，因此这种电动机一般也称为异步电动机。

转子转速 n 与旋转磁场转速 n_1 之差称为转差 Δn，转差与磁场转速 n_1 之比称为转差率 s。

$$s = \frac{n_1 - n}{n_1} \times 100\% \qquad (5 - 1)$$

转差率 s 是决定感应电动机运行情况的一个基本数据，也是感应电动机一个很重要的参数。

实际上感应电动机的旋转磁场是由装在定子铁芯上的三相绕组，通入对称的三相电流而产生的。

5.1.2　三相感应电动机的结构

和其他旋转电动机一样，感应电动机也是由定子和转子两大部分组成的。定、转子之间为气隙，感应电动机的气隙比其他类型的电动机要小得多，一般为 0.25 ~ 2.0 mm，气隙的大小对感应电动机的性能影响很大。下面简要介绍感应电动机的主要零部件的构造、作用和材料。

1. 定子部分

1）机座

感应电动机的机座仅起固定和支撑定子铁芯的作用，一般用铸铁铸造而成。根据电动

机防护方式、冷却方式和安装方式的不同，机座的形式也不同。

2）定子铁芯

由厚0.5 mm的硅钢片叠压而成，铁芯内圆有均匀分布的槽，用以嵌放定子绕组，冲片上涂有绝缘漆（小型电动机也有不涂漆的）作为片间绝缘以减少涡流损耗，感应电动机的定子铁芯是电动机磁路的一部分。

3）定子绕组

三相感应电动机的定子绕组是一个三相对称绕组，它由三个完全相同的绕组所组成，每个绕组即为一相，三个绕组在空间相差120°电角度，每相绕组的两端分别用u1 – u2，v1 – v2，w1 – w2 表示，可以根据需要接成星形或三角形。

2. 转子部分

1）转子铁芯

其作用和定子铁芯相同，一方面作为电动机磁路的一部分，一方面用来安放转子绕组。转子铁芯也是用厚0.5 mm的硅钢片叠压而成，套在转轴上。

2）转子绕组

感应电动机的转子绕组分为绕线型与笼型两种，根据转子绕组的不同，分为绕线转子感应电动机与笼型感应电动机。绕线型转子绕组也是一个三相绕组，一般接成星形，三根引出线分别接到转轴上的三个与转轴绝缘的集电环上，通过电刷装置与外电路相连。这就有可能在转子电路中串接电阻以改善电动机的运行性能，如图5 – 2所示。

笼型绕组在转子铁芯的每一个槽中插入一铜条，在铜条两端各用一铜环（称为端环）将导条连接起来，这称为铜排转子，如图5 – 3（a）所示。也可用铸铝的方法，将转子导条和端环、风扇叶片用铝液一次浇铸而成，称为铸铝转子，如图5 – 3（b）所示。100 kW以下的感应电动机一般采用铸铝转子。

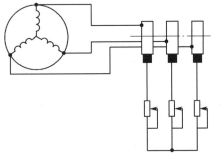
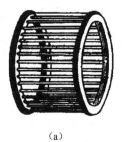
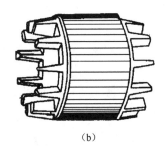

(a)　　　　　　　　　　　(b)

图5 – 2　绕线型转子绕组与外加变阻器的连接　　　　图5 – 3　笼型转子绕组

笼型绕组因结构简单、制造方便、运行可靠，所以得到广泛应用。

图5 – 4、图5 – 5分别所示为笼型感应电动机和绕线型感应电动机的结构图。

5.1.3　三相感应电动机的机械特性

三相感应电动机的机械特性是指在一定条件下，电动机的转速 n 与转矩 T_{em} 之间的关系 $n = f(T_{em})$。因为感应电动机的转速与转差率存在一定的关系，所以感应电动机的机械特性

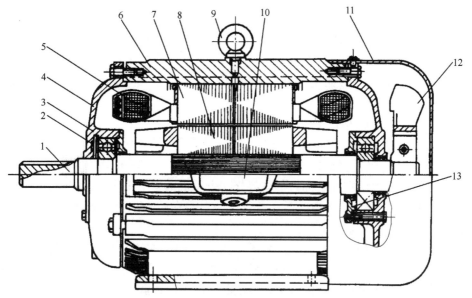

图 5 – 4　笼型感应电动机的结构图

1—轴；2—弹簧片；3—轴承；4—端盖；5—定子绕组；6—机座；

7—定子铁芯；8—转子铁芯；9—吊环；10—出线盒；11—风罩；12—风扇；13—轴承内盖

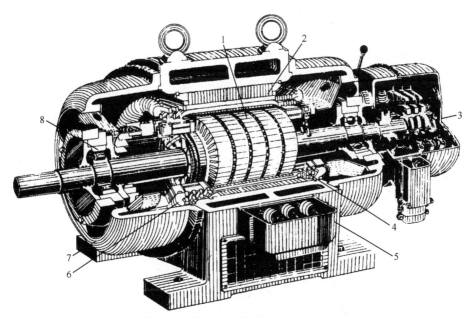

图 5 – 5　绕线型感应电动机的结构图

1—转子；2—定子；3—集电环；4—定子绕组；5—出线盒；6—转子绕组；7—端盖；8—轴承

也往往往用 $T_{em} = f(s)$ 的形式表示，通常称为 T – s 曲线。

1. 固有机械特性的分析

三相感应电动机的固有机械特性是指感应电动机工作在额定电压和额定频率下，按规定的接线方式接线，定、转子外接电阻为零时，n 与 T_{em} 的关系。

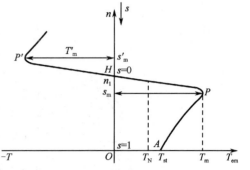

图 5 - 6 所示为感应电动机的固有特性曲线，对于负载一定的电动机，在某一转差率 s_m 时，转矩有一最大值 T_m，s_m 称为临界转差率，整个机械特性曲线可看作由两部分组成。

（1） $H - P$ 部分（转矩由 $0 \sim T_m$，转差率由 $0 \sim s_m$）。在这一部分随着转矩 T 的增加，转速降低，根据电力拖动系统稳定运行的条件，

图 5 - 6　感应电动机的固有特性曲线

称这部分为可靠稳定运行部分或称为工作部分（电动机基本上工作在这一部分）。感应电动机的机械特性曲线的工作部分接近于一条直线，只是在转矩接近于最大值时，弯曲较大，故一般在额定转矩以内可看作直线。

（2） $P - A$ 部分（转矩由 $T_m \sim T_{st}$，转差率由 $s_m \sim 1$）。在这一部分随着转矩的减小，转速也减小，特性曲线为一曲线，称为机械特性的曲线部分。只有当电动机带动通风机负载时，才能在这一部分稳定运行；而对恒转矩负载或恒功率负载，在这一部分不能稳定运行，因此有时候也称这一部分为非工作部分。

2. 人为机械特性的分析

人为机械特性是人为地改变电动机参数或电源参数而得到的机械特性，三相感应电动机的人为机械特性种类很多，本节着重讨论两种人为特性。

1）降低定子电压时的人为机械特性

当定子电压 U_1 降低时，电动机的电磁转矩（包括最大转矩 T_m 和启动转矩 T_{st}）将与 U_1^2 成正比地降低，但产生最大转矩的临界转差率 s_m 因与电压无关而保持不变；由于电动机的同步转速 n_1 也与电压无关，因此同步点也不变。可见降低定子电压的人为机械特性曲线为一组通过同步点的曲线族。图 5 - 7 所示为 $U_1 = U_N$ 的固有特性曲线和 $U_1 = 0.8U_N$ 及 $U_1 = 0.5U_N$ 时的人为机械特性曲线。

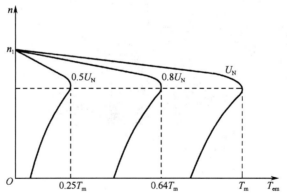

图 5 - 7　感应电动机降低电压时的人为特性曲线

由图 5 - 7 可见，当电动机在某一负载下运行时，若降低电压，将使电动机转速降低，转差率增大，转子电流将因此增大，从而引起定子电流的增大。若电动机电流超过额定值，则电动机最终温升将超过允许值，导致电动机寿命缩短，甚至使电动机烧坏。如果电压降

低过多，致使最大转矩 T_m 小于总的负载转矩时，则会发生电动机停转事故。

2）转子电路中串接对称电阻时的人为机械特性

在绕线转子感应电动机转子电路内，三相分别串接大小相等的电阻 R_{pa}，由以上分析可知，此时电动机的同步转速 n_1 不变，最大转矩 T_m 不变，而临界转差率 s_m 则随 R_{pa} 的增大而增大，人为特性曲线为一组通过同步点的曲线族，如图 5-8 所示。

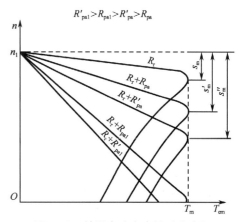

$$R'_{pa1} > R_{pa1} > R'_{pa} > R_{pa}$$

图 5-8 转子电路中串接对称电阻时的人为机械特性曲线

显然在一定范围内增加转子电阻，可以增大电动机的启动转矩 T_{st}，如果串接某一数值的电阻后使 $T_{st} = T_m$，这时若再增大转子电阻，启动转矩将开始减小。

转子电路串接附加电阻，适用于绕线转子感应电动机的启动和调速。

三相感应电动机人为机械特性的种类很多，除了上述两种外，还有改变定子极对数、改变电源频率的人为特性等，以后将在讨论感应电动机的各种运行状态时进行分析。

5.1.4 三相感应电动机的启动

1. 三相笼型转子感应电动机的启动

三相笼型转子感应电动机有直接启动与降压启动两种方法。

1）直接启动

直接启动也称为全压启动，启动时，电动机定子绕组直接承受额定电压。这种启动方法最简单，也不需要复杂的启动设备，但是，这时启动的电流较大，一般可达额定电流的 4~7 倍。过大的启动电流对电动机本身和电网电压的波动均会带来不利影响，一般直接启动只允许在小功率电动机中使用（$P_N \leqslant 7.5$ kW）。

2）降压启动

降压启动的目的是限制启动电流，通过启动设备使定子绕组承受的电压小于额定电压，待电动机转速达到某一数值时，再使定子绕组承受额定电压，使电动机在额定电压下稳定工作。

（1）电阻降压或电抗降压启动。

图 5-9 所示为电阻降压启动的原理图，电动机启动时，在定子电路中串接电阻，这样就降低了加在定子绕组上的电压，从而也就减小了启动电流。若启动瞬时加在定子绕组上的电压为 $U_N/\sqrt{3}$，则启动电流 I'_{st} 将为全压启动时启动电流 I_{st} 的 $1/\sqrt{3}$，即 $I'_{st} = I_{st}/\sqrt{3}$。因为转矩与电压的平方成正比，所以启动转矩 T'_{st} 仅为全压启动时

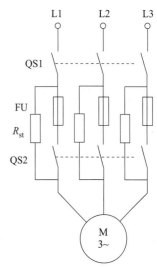

图 5-9 电阻降压启动的原理图

启动转矩 T_{st} 的 $1/3$，即 $T'_{st} = T_{st}/3$，这种启动方法，由于启动时能量损耗较多，故目前已被其他方法所代替。

（2）星－三角（Y－△）启动。

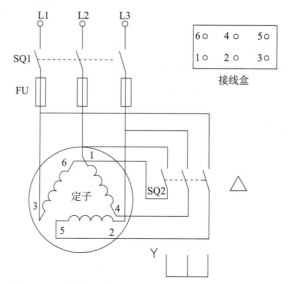

用这种启动方法的感应电动机，必须是定子绕组正常接法为"△"的电动机。在启动时，先将三相定子绕组接成星形，待转速接近稳定时，再改接成三角形，图 5－10 所示为星－三角形启动原理图。启动时，开关 S2 投向"Y"位置，定子绕组做星形连接，这时定子绕组承受的电压只有做三角形连接时的 $1/\sqrt{3}$，电动机降压启动，当电动机转速接近稳定值时，将开关 S2 迅速投向"△"位置。定子绕组接成三角形运行，启动过程结束。

图 5－10　电动机的星－三角（Y－△）启动原理图

电动机停转时，可直接断开电源开关 S1，但必须同时将开关 S2 放在中间位置，以免再次启动时造成直接启动。

Y－△启动时，定子电压为直接启动的 $1/\sqrt{3}$，启动转矩则为直接启动的 $1/3$，由于三角形连接时绕组内的电流是线路电流的 $1/\sqrt{3}$，而星形连接时，线路电流等于绕组内的电流。因此，接成星形启动时的线路电流只有接成三角形直接启动的 $1/3$。

Y－△启动操作方便、启动设备简单、应用较广泛，但它仅适用于正常运转时定子绕组接成三角形的电动机。为此，对于一般用途的小型感应电动机，当容量大于 4 kW 时，定子绕组的正常接法都采用三角形。

2. 三相绕线型感应电动机的启动

1）转子串联电阻启动

在上一节分析转子串电阻的人为特性时，已经说明适当增加转子电路电阻，可以提高电动机的启动转矩，绕线转子感应电动机正是利用了这一特性。当启动时，在转子电路中接入启动电阻器，借以提高启动转矩，同时，增加转子电阻也限制了启动电流。为了在整个启动过程中得到比较大的加速转矩，并使启动过程平滑，将启动电阻也分成几级，在启动过程中逐步切除。

图 5－11 所示为绕线转子感应电动机启动时的接线图和特性曲线。其中曲线 1 对应于转子电阻为 $R_3 = R_r + R_{st3} + R_{st2} + R_{st1}$ 的人为特性曲线。曲线 2 对应于转子电阻为 $R_2 = R_r + R_{st2} + R_{st1}$ 的人为特性曲线，曲线 3 对应于转子电阻为 $R_1 = R_r + R_{st1}$ 的人为特性曲线，曲线 4 则为固有机械特性曲线。

开始启动时，$n = 0$，电阻全部接入，这时启动转矩为 T_{st1}，随着转速上升，转矩沿曲线

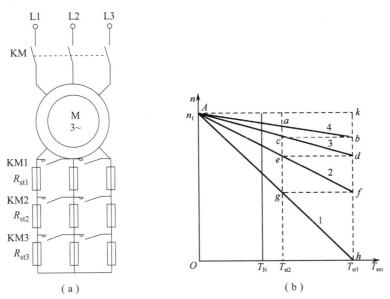

图 5-11　绕线转子感应电动机启动时的接线图和特性曲线

（a）接线图；（b）特性曲线

1 变化，逐渐减小，当减小到 T_{st2} 时，接触器触头 KM1 闭合，R_{st3} 被切除，电动机的运行点由曲线 1（g 点）移到曲线 2（f 点）上，转矩跃升为 T_{st1}；电动机的转速和转矩沿曲线 2 变化，待转矩又减小到 T_{st2} 时，接触器触头 KM2 闭合，电阻 R_{st2} 被切除，电动机的运行点由曲线 2（e 点）移到曲线 3（d 点）上，电动机的转速和转矩沿曲线 3 变化，最后接触器触头 KM3 闭合，启动电阻全部切除，转子绕组直接短路，电动机运行点沿固有特性曲线变化，直到电磁转矩与负载转矩平衡，电动机稳定工作。

在启动过程中，一般取启动转矩的最大值 T_{st1} 为（0.7~0.85）T_m，最小值 T_{st2} 为（1.1~1.2）T_N。

启动电阻通常用高电阻系数合金或铸铁电阻片制成，在大容量电动机中也有用小电阻的。

2）转子串接频敏变阻器启动

绕线转子感应电动机用转子串接启动电阻的启动方法，可以增大启动转矩，减小启动电流，但是若要在启动过程中始终保持有较大的启动转矩，使启动平稳，就必须增加启动级数，这就会使启动设备复杂化。为此可以采用在转子电路中串入频敏变阻器的启动方法。

所谓频敏变阻器，实质上就是一个铁耗很大的三相电抗器，从结构上看，它好似一个没有二次绕组的三相芯式变压器，只是它的铁芯不是用硅钢片而是用厚 30~50 mm 的钢板叠成，以增大铁芯损耗，三个绕组分别绕在三个铁芯柱上，并且接成星形，然后接到转子滑环上，如图 5-12 所示。

当电动机启动时，转子频率较高

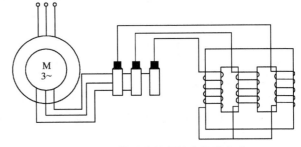

图 5-12　转子串接频敏变阻器启动

（$f_2 = f_1$，f_1 为电源频率），频敏变阻器的铁耗就大，因此等效电阻 R_m 也较大。在启动过程中，随着转子转速的上升，转子频率逐步降低，频敏变阻器的铁耗和相应的等效电阻 R_m 也就随之而减小，这就相当于在启动过程中逐渐切除转子电路串入的电阻。启动结束后，转子频率很低（$f_2 = 1 \sim 3$ Hz），频敏变阻器的等效电阻和电抗都很小，于是可将频敏变阻器切除，转子绕组直接短路。因为等效电阻 R_m 是随着频率的变化而自动变化的，因此称为频敏变阻器（相当于一种无触点的变阻器）。在启动过程中，它能够自动、无级地减小电阻，如果频敏变阻器的参数选择恰当，可以在启动过程中保持启动转矩不变，这时的机械特性曲线如图 5 - 13 中曲线 2 所示，曲线 1 为固有特性曲线。

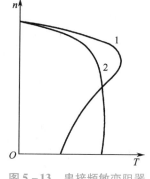

图 5 - 13　串接频敏变阻器启动机械特性曲线

频敏变阻器结构简单、运行可靠、使用维护方便，因此应用日益广泛，但与转子串电阻的启动方法相比，由于频敏变阻器还具有一定的电抗，在同样的启动电流下，启动转矩要小些。

5.1.5　三相异步电动机的制动

三相异步电动机的制动是指在运行过程中其产生的电磁转矩与转速的方向相反的运行状态。根据能量传送关系可分为能耗制动、反接制动和回馈制动三种。

1. 能耗制动

将运行的三相异步电动机定子绕组断开，接入直流电源，串入适当转子电阻，这时的电动机处于能耗制动运行状态，如图 5 - 14 所示。

断开定子三相交流电源，定子旋转磁场消失。当定子输入直流电时，在电动机中产生恒磁场，由于转子在动能作用下转动，切割恒定磁场，产生转子感应电动势，从而产生感应电流（可由右手定则判断）；转子电流与磁场的作用产生电磁转矩与转速方向相反（可由左手定则判断）。其特性曲线如图 5 - 15 所示。

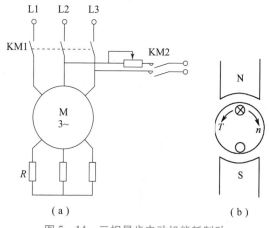

图 5 - 14　三相异步电动机能耗制动

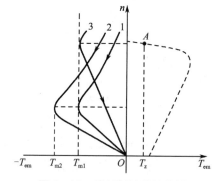

图 5 - 15　能耗制动特性曲线

三相异步电动机在能耗制动过程中，利用转子的动能进行发电，在转子电阻中以热的形式消耗掉。

能耗过程中，由于定子磁场固定，转子转速为 n，所以转差 $\Delta n = n$，转差率 $s = \dfrac{\Delta n}{n_1} = \dfrac{n}{n_1}$，转子感应电动势频率 $f_2 = \dfrac{pn}{60} = \dfrac{psn_1}{60} = sf_1$。

定子直流励磁电流越大→磁场越强→感应电势越大→转子电流越大→制动电磁转矩越大→制动效果越好，但电流过大会使绕组过热。根据经验，对于鼠笼式异步电动机取直流励磁电流的 $(4 \sim 5)I_0$，对绕线式异步电动机取 $(2 \sim 3)I_0$。能耗制动的优点是制动力矩较大、制动平稳，主要用于快速平稳停车。

2. 反接制动

反接制动分电源反接制动与倒拉反接制动两种。

1）电源反接制动

电源反接方法：电源反接是通过改变运行中的电动机的相序实现的，即将定子绕组的任意两相对调。如图 5 – 16 所示，设三相异步电动机正向运转，将正向开关 KM1 断开，接通 KM2，由于改变了相序，旋转磁场的方向与转子旋转方向相反，所以电动机进入反接制动运行状态。

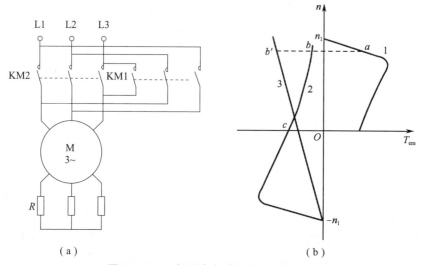

（a）   （b）

图 5 – 16　三相异步电动机电源反接制动

由于在反接制动中，旋转磁场与转子的相对速度 $n_1 + n$ 很高，感应电势很大，转子电流也很大。为了限制电流，常在转子回路串入比较大的电阻。

电源反接制动的优点是制动迅速，但不经济，电能消耗大，有时还会出现反转，所以就得与机械抱闸配合。

制动过程中的能量关系：定子由三相交流电源供电，电动机本身将动能发电消耗在转子回路的电阻中，以热的形式散发。

2）倒拉反接制动

图 5 – 17 所示为绕线转子感应电动机转子串电阻的人为机械特性曲线，如果负载为一

位能负载，负载转矩为 T_z，则电动机将稳定工作在特性曲线的 c 点。此时电磁转矩方向与电动工作状态时相同，而转向与电动工作状态时相反，电动机处于制动工作状态，这时转差率 $s = \dfrac{n_1 - (-n)}{n_1} = \dfrac{n_1 + n}{n_1} > 1$ ，所以也属于反接制动。

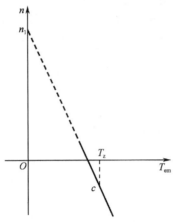

图 5 – 17   绕线转子感应电动机转子串电阻的人为机械特性曲线

倒拉反接制动时的机械特性曲线就是电动机工作状态时的机械特性曲线在第四象限的延长部分。不论是两相反接制动还是倒拉反接制动，仍继续向电网输送功率，同时还输入机械功率（倒拉反接制动是位能负载做功，两相反接时则是转子的动能做功），这两部分功率都消耗在转子电阻上，所以反接制动时，能量损耗是很大的。

拓展资源：三相异步电动机的调速方法

从三相异步电动机的转速关系可得异步电动机调速有三种基本方法。

$$n = n_1(1 - s) = \frac{60f_1}{p}(1 - s) \qquad (5-2)$$

异步电动机的调速方法有以下三种：

（1）变极调速：通过改变定子绕组的极对数 p 来改变同步转速 n_1，以进行调速。

（2）变频调速：通过改变电源频率 f_1 来改变同步转速 n_1，以进行调速。

（3）变转差率调速：保持同步转速不变，改变转差率 s 进行调速，包括改变定子电压调速、转子电路串电阻调速、转子电路串电动势调速即串级调速等。

下面分别介绍各种常用调速方法的基本原理、运行特点及调速性能。

1. 变极调速

改变定子绕组的极对数，通常用改变定子绕组的接线方式来实现。当异步电动机定、转子极对数一致时，才能产生有效的电磁转矩。对于绕线转子异步电动机，当通过改变定子绕组的接线来改变定子极对数时，必须同时改变转子绕组的接线才能保持定、转子极对数相等，这将使变极接线及控制变得复杂。而对于笼型异步电动机，当改变定子极对数时，其转子极对数能自动地保持与定子极对数相等，因此变极调速仅用于笼型异步电动机。

2. 变极原理

因为异步电动机的定子三相绕组对称、接法相同，所以通过一相绕组的分析，可知其三相变极原理。如图 5 – 18 所示，设电动机的定子每相绕组都由两个完全对称的"半相绕组"所组成，以 U 相为例，假设相电流是从首端 U1 流进，尾端 U2 流出。如果将两个"半相绕组"首尾相串联（称之为顺串），则根据"半相绕组"内的电流方向，用右手螺旋定则可以判断出磁场的方向，表示在图 5 – 18（a）中，很显然，这时电动机形成的是一个 $2p = 4$ 极的磁场；如果将两个"半相绕组"尾尾相串联（称之为反串）或首尾相并联（称之为反并），则形成一个 $2p = 2$ 极的磁场，分别如图 5 – 18（b）、（c）所示。三相笼型异步电动机常用的两种变极接线方式如图 5 – 19（a）、（b）所示。

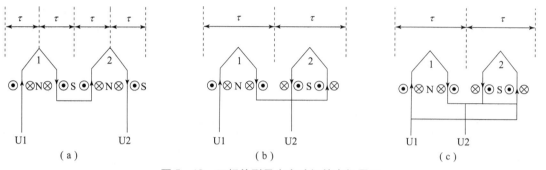

图 5 – 18　三相笼型异步电动机的变极原理

（a）顺串 $2p = 4$；（b）反串 $2p = 2$；（c）反并 $2p = 2$

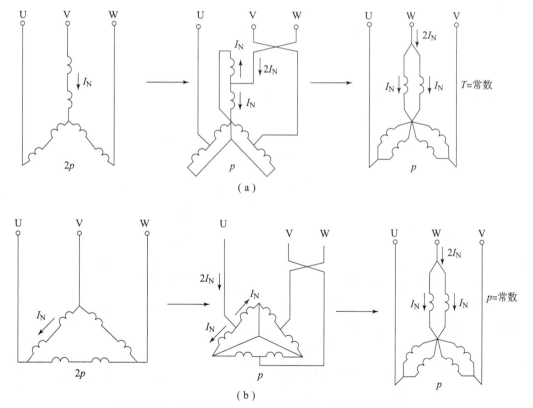

图 5 – 19　三相笼型异步电动机常用的两种变极接线方式

（a）Y／YY 变极；（b）△／YY

3. 变频调速

平滑改变电源频率，可以平滑调节同步转速 n，从而使电动机获得平滑调速。但在工程实践中，仅仅改变电源频率，还不能得到满意的调速特性，因为只改变电源频率，会引起电动机其他参数的变化，影响电动机的运行性能，所以下面将讨论变频的同时如何调节电压，以获得满意的调速性能。

当电源频率 f_1 从基频 50 Hz 降低时，若电压 U_1 的大小保持不变，则主磁通 Φ_1 将增大，使原来接近饱和的磁路变得饱和，导致励磁电流明显增大、铁损耗显著增加、电动机发热严重、效率降低、功率因数降低，电动机不能正常运行。因此为了防止铁芯磁路饱和，一般在降低电源频率 f_1 的同时，也成比例地降低电源电压，保持 $U_1/f_1 =$ 常数，使 Φ_1 基本恒定，又可保持电动机带恒转矩负载时过载能力不变（证明从略）。当电源频率 f_1 从基频 50 Hz 升高时，由于电源电压不能大于电动机的额定电压，因此电压 U_1 不能随频率 f_1 成比例升高，只能保持额定值不变，这样使得电源频率 f_1 升高时，主磁通 Φ_1 将减小，相当于电动机弱磁调速，从而导致最大转矩减小，影响电动机过载能力。所以变频调速一般在基频 50 Hz 向下调速，且要求变频电源输出电压的大小与其频率成正比地调节。异步电动机变频调速时的机械特性如图 5 - 20 所示。

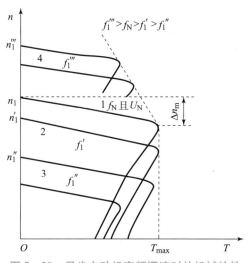

图 5 - 20 异步电动机变频调速时的机械特性

4. 变转差率调速

变转差率调速的方法很多，这里主要介绍转子电路串电阻调速、串级调速和改变定子电压调速。这些调速方法的共同特点是：在调速过程中转差率 s 增大，转差功率 sP_{em} 也增大。除串级调速外，这些转差功率均消耗在转子电路的电阻上，使转子发热，效率降低，调速的经济性较差。

对绕线转子异步电动机，改变转子电路串电阻时的机械特性如图 5 - 21 所示。当电动机转子电路不串附加电阻，拖动恒转矩负载 $T_L = T_N$ 时，电动机稳定运行在 A 点，转速为 n_A。若转子电路串入 R_{p1} 时，串电阻的瞬间，转子转速不变，转子电流 I_2 减小，电磁转矩 T 也减小，因此电动机开始减速，转差率 s 增大，使转子电动势、转子电流和电磁转矩均增大，直到 B 点满足 $T = T_L$ 为止，此时电动机将以转速 n_B 稳定运行，显然 n_B

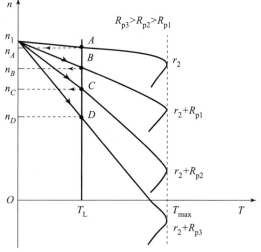

图 5 - 21 异步电动机转子电路串电阻调速的机械特性

$< n_A$。若转子电路所串电阻增大到 R_{p2} 和 R_{p3} 时，电动机将分别以转速 n_C 和 n_D 稳定运行。显然，转子电路所串电阻越大，稳定运行转速越低，机械特性越软。

当三相异步电动机电源电压一定时，主磁通 Φ_1 基本恒定。若调速过程中要求转子电流保持调速前的额定值不变，则通过分析可知转子串电阻调速为恒转矩调速方式，适宜带恒转矩负载。

从理论上看，转子串电阻调速的调速范围不算小，但实际应用中由于串入电阻越大，转速越低，转差率越大，转子铜损耗就越大，效率也越低，很不经济且发热严重；而且串入电阻越大，机械特性越软，转速越不稳定，因此转子串电阻调速的调速范围一般不大，约为 2:1。由于电阻的调节一般是有级的，因此转子串电阻调速属于有级调速。所以这种调速方法多用于断续工作的生产机械上，低速运行的时间不长且调速性能要求不高的情况下，如用于桥式起重机。

任务 5.2　直流电动机

直流电机是一种能将直流电能与机械能进行相互转换的电气设备，包括直流电动机与直流发电机两大类。

能将直流电能转换成机械能的称为直流电动机；能将机械能转换成直流电能的则称为直流发电机。

直流电动机的主要优点是调速范围广，平滑性、经济性及启动性能好，过载能力较大，被广泛用于对调速性能要求较高的生产机械。因此在冶金、船舶、纺织、高精度机床加工等大中型企业中都大量地采用了直流电动机拖动。

直流电动机的主要缺点是存在换向问题。由于这一缺陷的存在，从而使其制造工艺复杂、价格昂贵、维护技术要求较高。本节主要分析直流电动机的结构、原理、启动方法、制动方法及调速。

直流电机是一种旋转电器，完成直流电能与机械能的转换，能将直流电能转换成机械能的旋转电器，称直流电动机或称其工作于直流电动状态，而将机械能转换成电能的旋转电器，则称为直流发电机或称其工作于直流发电状态。

直流电动机和直流发电机在结构上没有根本区别，只是由于工作条件不同，从而得到相反的能量转换过程。

5.2.1　直流电动机的结构

直流电动机可概括地分为静止和转动两大部分。其静止的部分称为定子；转动的部分称为转子（电枢），这两部分由空气隙分开，其结构如图 5-22 所示。

1. 定子部分

定子由主磁极、机座、换向极、端盖及电刷装置等组成。

主磁极：其作用是产生恒定的主磁场，由主磁极铁芯和套在铁芯上的励磁绕组组成。铁芯的上部叫极身，下部叫极靴。极靴的作用是减小气隙磁阻，使气隙磁通沿气隙均匀

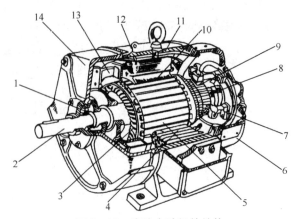

图 5 – 22　直流电动机的结构

1—轴承；2—轴；3—电枢绕组；4—换相磁极绕组；5—电枢铁芯；6—后端盖；

7—电刷杆座；8—换向器；9—电刷；10—主磁极；11—机座；12—励磁绕组；13—风扇；14—前端盖

分布。

铁芯通常用低碳钢片冲压叠成，其目的是减小励磁涡流损耗。

机座：机座有两个作用，一是作为各磁极间的磁路，这部分称为定子的磁轭；二是作为电动机的机械支撑。

换向极：换向极的作用是改善直流电动机的换向性能，消除直流电动机带负载时换向器产生的有害火花。换向极的数目一般与主磁极数目相同，只有小功率的直流电动机不装换向极或装设只有主磁极数一半的换向极。

电刷装置：其作用有两个，一是使转子绕组与电动机外部电路接通；二是与换向器配合，完成直流电动机外部直流电与内部交流电的互换。

2. 转子部分

转子是直流电动机的重要部件。由于感生电动势和电磁转矩都是在转子绕组中产生，是机械能和电磁能转换的枢纽，因此直流电动机的转子也称为电枢。电枢主要由电枢铁芯、电枢绕组、换向器及转轴等组成。

电枢铁芯：有两个作用，一是作为磁路的一部分；二是将电枢绕组安放在铁芯的槽内。为了减小由于电动机磁通变化产生的涡流损耗，电枢铁芯通常采用 0.35 ~ 0.5 mm 硅钢片冲压叠成。

电枢绕组：电枢绕组的作用是产生感生电动势和电磁转矩，从而实现电能和机械能的相互转换。它是由许多形状相同的线圈按一定的排列规律连接而成的。每个线圈的两个边分别嵌在电枢铁芯的槽里，在槽内的这两个边，称为有效边。

换向器：是直流电动机的关键部件，它与电刷配合，在直流电动机中，能将电枢绕组中的交流电动势或交流电流转变成电刷两端的直流电动势或直流电流。

5.2.2　直流电动机的工作原理

直流电动机的工作原理是基于电磁感应定律和电磁力定律的。直流电动机是根据载流导体在磁场中受力这一基本原理工作的。

直流电动机的工作原理是建立在电磁力基础理论上的，通过电磁关系，将电能转变机械能。这一原理有两个基本的条件，一是要有恒定的磁场，二是在磁场中的导体要有电流。

直流电动机要想将电能转换成机械能，拖动负载工作，首先要在励磁绕组上通入直流励磁电流，产生所需要的磁场，再通过电刷和换向器向电枢绕组通入直流电流，提供电能，于是电枢电流在磁场的作用下产生电磁转矩，驱动电动机转动。图 5 – 23 所示为直流电动机工作原理。

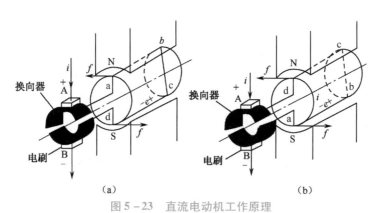

图 5 – 23　直流电动机工作原理

将电刷 A、B 接到一直流电源上，电刷 A 接电源的正极，电刷 B 接电源的负极，此时在电枢线圈中将有电流流过。

根据毕 – 萨电磁力定律可知导体每边所受电磁力的大小为

$$f = B_x lI \tag{5-3}$$

式中，I 为导体中流过的电流，单位为 A；f 为电磁力，单位为 N；B_x 为磁感应强度，单位为 T；l 为导体有效长度，单位为 m。

导体受力方向由左手定则确定。在图 5 – 23 （a）所示情况下，位于 N 极下的导体 ab 的受力方向为从右向左，而位于 S 极上的导体 cd 的受力方向为从左向右。该电磁力与转子半径之积即为电磁转矩，该转矩的方向为逆时针。当电磁转矩大于阻力矩时，线圈按逆时针方向旋转。当电枢旋转到图 5 – 23 （b）所示位置时，原来位于 S 极上的导体 cd 转到 N 极下，其受力方向变为从右向左；而原来位于 N 极下的导体 ab 转到 S 极上，导体 ab 受力方向变为从左向右，该转矩的方向仍为逆时针方向，线圈在此转矩作用下继续按逆时针方向旋转。这样虽然导体中流通的电流为交变的，但 N 极下的导体受力方向和 S 极上导体所受力的方向并未发生变化，电动机在此方向不变的转矩作用下转动。

与直流发电机相同，实际直流电动机的电枢并非单一线圈，磁极也并非一对。

电动机的启动是指电动机接通电源后，由静止状态加速到稳定运行状态的过程。电动机启动瞬间（$n = 0$）的电磁转矩称为启动转矩，此时所对应的电流称为启动电流，分别用 T_{st}、I_{st} 表示。启动转矩为

$$T_{st} = C_T \Phi I_{st} \tag{5-4}$$

如果他励直流电动机在额定电压下直接启动，由于启动瞬间 $n = 0$，电枢电动势 $E_a = 0$，故启动电流为

$$I_{\mathrm{st}} = \frac{U_{\mathrm{N}}}{R_{\mathrm{a}}} \tag{5-5}$$

因为电枢电阻 R_{a} 很小，所以直接启动时启动电流很大，通常可达额定电流的 $10 \sim 20$ 倍。过大的启动电流会使电网电压下降过多，影响本电网上其他用户的正常用电；使电动机的换向恶化，甚至烧坏电动机；同时过大的冲击转矩会损坏电枢绕组和传动机构。因此，除容量很小的电动机以外，一般不允许直接启动。对直流电动机的启动，一般有如下要求：

（1）要有足够大的启动转矩；

（2）启动电流要限制在一定的范围内；

（3）启动设备要简单、可靠。

为了限制启动电流，他励直流电动机通常采用电枢回路串电阻启动或降低电枢电压的启动方式。无论采用哪种启动方式，启动时都应保证磁通 Φ 达到最大值。因为在同样的电流下，Φ 越大则 T_{st} 越大；在同样的转矩下，Φ 越大则 I_{st} 越小。

5.2.3　直流电动机的速度控制

为了提高生产效率或满足生产工艺的要求，许多生产机械在工作过程中都需要调速。例如车床切削工件时，精加工用高转速，粗加工用低转速；轧钢机在轧制不同品种和不同厚度的钢材时，也必须有不同的工作速度。

电力拖动系统的调速可以采用机械调速、电气调速或二者配合起来调速。通过改变传动机构速比进行调速的方法称为机械调速；通过改变电动机参数进行调速的方法称为电气调速。本节只介绍他励直流电动机的电气调速。

改变电动机的参数就是人为地改变电动机的机械特性曲线，从而使负载工作点发生变化，转速随之变化。可见，在调速前后，电动机必然运行在不同的机械特性曲线上。根据他励直流电动机的转速公式

$$n = \frac{U - I_{\mathrm{a}}(R_{\mathrm{a}} + R_{\mathrm{s}})}{C_{\mathrm{e}}\Phi} \tag{5-6}$$

可知，当电枢电流 I_{a} 不变时（即在一定的负载下），只要改变电枢电压 U、电枢回路串联电阻 R_{s}，以及励磁磁通 Φ 三者之中的任意一个量，就可改变转速 n。因此，他励直流电动机具有三种调速方法：调压调速、电枢串电阻调速和调磁调速。

为了评价各种调速方法的优缺点，对调速方法提出了一定的技术经济指标，称为调速指标。下面先对调速指标做一介绍，然后再讨论他励电动机的三种调速方法及其与负载类型的配合问题。

1. 调速指标的评价

评价调速性能好坏的指标有以下四个方面。

1）调速范围

调速范围是指电动机在额定负载下可能运行的最高转速 $n_{\max}$ 与最低转速 $n_{\min}$ 之比，通常用 D 表示，即

$$D = \frac{n_{\max}}{n_{\min}} \tag{5-7}$$

不同的生产机械对电动机的调速范围有不同的要求。要扩大调速范围，必须尽可能地

提高电动机的最高转速和降低电动机的最低转速。电动机的最高转速受到电动机的机械强度、换向条件、电压等级方面的限制，而最低转速则受到低速运行时转速的相对稳定性的限制。

2）静差率（相对稳定性）

转速的相对稳定性是指负载变化时，转速变化的程度。转速变化小，其相对稳定性好。转速的相对稳定性用静差率 δ 表示。当电动机在某一机械特性曲线上运行时，由理想空载增加到额定负载，电动机的转速降落 $\Delta n_N = n_0 - n_N$ 与理想空载转速 n_0 之比，就称为静差率。

$$\delta = \frac{n_0 - n_N}{n_0} \times 100\% = \frac{\Delta n_N}{n_0} \times 100\% \qquad (5-8)$$

显然，电动机的机械特性越硬，其静差率越小，转速的相对稳定性就越高。

静差率与调速范围两个指标是相互制约的。若对静差率这一指标要求过高，即 δ 值越小，则调速范围 D 就越小；反之，若要求调速范围 D 越大，则静差率 δ 也越大，转速的相对稳定性越差。

不同的生产机械，对静差率的要求不同，普通车床要求 $\delta < 30\%$，而高精度的造纸机则要求 $\delta < 0.1\%$。在保证一定静差率指标的前提下，要扩大调速范围，就必须减小转速降落 Δn_N，即必须提高机械特性的硬度。

3）调速的平滑性

在一定的调速范围内，调速的级数越多，就认为调速越平滑。相邻两级转速之比称为平滑系数，用 φ 表示：

$$\varphi = \frac{n_i}{n_i - 1} \qquad (5-9)$$

φ 值越接近1，则平滑性越好，当 $\varphi = 1$ 时，称为无级调速。当调速不连续、级数有限时，称为有级调速。

4）调速的经济性

主要指调速设备的投资、运行效率及维修费用等。

2. 调速方法

直流电动机的速度调节主要有三种方法：电枢回路串电阻调速、降低电源电压调速、减弱磁通调速。

<h3 style="text-align:center">拓展资源：直流电动机励磁方法</h3>

主磁极励磁绕组的供电方式称为励磁方式。直流电动机按励磁方式的不同，可以分成以下四种类型。

1）他励直流电动机

他励直流电动机的励磁绕组由其他直流电源供电，与电枢绕组之间没有电的联系，如图 5-24（a）所示。直流电动机采用永久磁铁产生磁场，称为永磁式电动机。永磁直流电动机也可看作他励直流电动机，因其励磁磁场与电枢电流无关。

2）并励直流电动机

并励直流电动机的励磁绕组与电枢绕组并联，如图 5-24（b）所示。显然，励磁电路端电压就等于电枢电路端电压。

3）串励直流电动机

串励直流电动机的励磁绕组与电枢绕组串联，如图5-24（c）所示。显然，励磁回路的励磁电流等于电枢回路的电枢电流，所以励磁绕组的导线粗而匝数较少。

4）复励直流电动机

复励直流电动机的主磁极上有两套励磁绕组，一套与电枢绕组并联，另一套与电枢绕组串联，如图5-24（d）所示。两套绕组产生的磁动势方向相同时称为积复励，磁动势方向相反时称为差复励，积复励方式较常用。

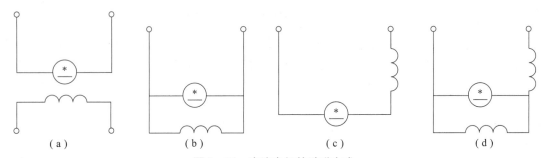

图5-24　直流电机的励磁方式

（a）他励；（b）并励；（c）串励；（d）复励

任务 5.3　控制电动机

5.3.1　步进电动机

步进电动机是一种将电脉冲信号转换成相应角位移或直线位移的机电执行元件。每当输入一个电脉冲时，转子就转动一个固定的角度。脉冲一个接一个地输入，转子就一步一步地转动，故称之为步进电动机。

步进电动机的角位移量与输入电脉冲的个数成正比，旋转速度与输入电脉冲的频率成正比，即控制输入电脉冲的个数、频率和定子绕组的通电方式，就可以改变电动机转子的角位移量、旋转速度和旋转方向。

步进电动机具有快速启停、高精度、能够直接接收数字信号和电脉冲信号就可达到较精确定位等特点，因而在需要精确定位的场合，如软盘驱动系统、绘图机、打印机、经济型数控系统等得到广泛的应用。

1. 步进电动机的结构

步进电动机的结构和一般旋转电动机一样，由定子和转子两大部分组成。定子由硅钢片叠成的定子铁芯和装在其上的多个绕组组成。输入电脉冲信号对多个定子绕组轮流进行励磁而产生磁场。定子绕组的个数称为相数。转子用硅钢片叠成或用软磁性材料做成凸极结构。凸极的个数称为齿数，根据转子的结构不同，步进电动机通常分为反应式、永磁式和混合式三种。转子本身没有励磁绕组的称为反应式步进电动机。图 5 - 25 所示为反应式步进电动机结构，图 5 - 26 所示为三相反应式步进电动机的工作原理图。它的定子有 6 个极，每个极上都绕有控制绕组，每两个相对的极组成一相。转子有 4 个均匀分布的齿，上面没有绕组。磁通总是要沿着磁阻最小的路径通过是步进电动机工作的原理，相似于电磁的工作原理。

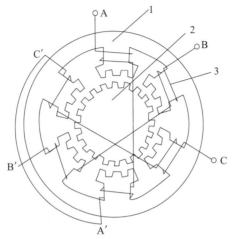

图 5 - 25 反应式步进电动机结构

1—定子；2—转子；3—绕组

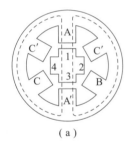 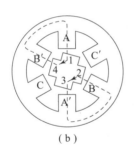 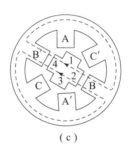 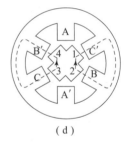

（a） （b） （c） （d）

图 5 - 26 三相反应式步进电动机工作原理图

（a）步进电动机工作原理图；（b）A 相通电；（c）B 相通电；（d）C 相通电

当 A 相绕组通电、B 相和 C 相绕组都不通电时，转子齿 1、3 的轴线向定子 A 极的轴线对齐，即在电磁吸力作用下，将转子齿 1、3 吸引到 A 极下。此时，转子受到的力只有径向力而无切向力，故转矩为零，转子被自锁在这个位置，如图 5 - 26（a）所示；当 A 相绕组通电变为 B 相绕组通电时，定子 B 极的轴线使最靠近的转子齿 2、4 的轴线向其对齐，促使转子在空间顺时针转过 30°角，如图 5 - 26（b）所示；当 B 相绕组通电又变为 C 相绕组通电时，定子 C 极的轴线使最靠近的转子齿 1、3 的轴线向其对齐，转子又将在空间顺时针转过 30°角，如图 5 - 26（c）所示。可见通电顺序为 A→B→C→A 时，电动机的转子便一步一步按顺时针方向转动，每步转过的角度均为 30°。步进电动机转子齿与齿之间的角度称为齿距角，转子每步转过的角度称为步距角。图 5 - 26 所示的转子有 4 个齿，齿距角为 90°。三相绕组循环通电一次，磁场旋转一周，转子前进一个齿距角，即步距角为 30°。若按 A→

C→B→A 的顺序通电，转子就反向转动。因此只要改变通电顺序，就可改变步进电动机旋转方向。

2. 通电方式

步进电动机有单相轮流通电、双相轮流通电和单、双相轮流通电的三种通电方式。"单"是指每次切换前后只有一相绕组通电，"双"就是指每次有两相绕组通电。定子控制绕组每改变一次通电状态，称为一拍。

现以三相步进电动机为例说明步进电动机的通电方式。

1）三相单三拍通电方式

这种方式的通电顺序为 A→B→C→A。因为定子绕组为二相，每次只有一相绕组通电，而每一个循环只有三次通电，故称为三相单三拍通电方式。单三拍通电方式每次只有一相控制绕组通电吸引转子，容易使转子在平衡位置附近产生振动运行，稳定性较差。另外，在切换时一相控制绕组断电而另一相控制绕组开始通电，容易造成失步，因而这种通电方式实际上很少采用。

2）三相双三拍通电方式

这种方式的通电顺序为 AB→BC→CA→AB。因为它是两相同时通电，而每一个循环只有三次通电，故称为三相双三拍通电方式。双三拍通电方式每次两相绕组同时通电，转子受到的感应力矩大，静态误差小，定位精度高；另外，转换时始终有一相控制绕组通电，所以工作稳定、不易失步。

3）三相六拍通电方式

这种方式的通电顺序为 A→AB→B→BC→C→CA→A，如图 5-27 所示。这种通电方式是单、双相轮流通电，而每一个循环有六次通电，故称为三相六拍通电方式。这种通电方式具有双三拍的特点，且一次循环的通电次数增加一倍，使步距角减小一半。上述步进电动机的结构是为了讨论工作原理而进行了简化，实际步进电动机的步距角一般比较小，如 1.8°、1.5°等。

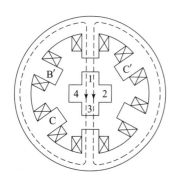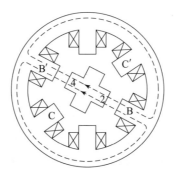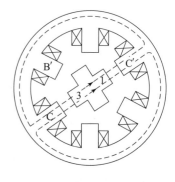

图 5-27　通电方式是单、双相轮流通电

因为每通电一次（即运行一拍）转子就走一步，各相绕组轮流通电一次，转子转过一个齿距，故步距角为

$$\alpha = \frac{360°}{Zm} \qquad (5-10)$$

式中，Z 表示转子齿数；m 为运行拍数，通常等于相数或相熟的整数倍，$m = KN$（N 为电动机的相数，单拍 $K = 1$，双拍 $K = 2$）。

3. 步距角细分

每个单步运行引起的步响应振幅跟单步的增量直接有关。普通的驱动方式因步距角大而引起的振幅也大，在系统自然谐振区内，有可能引起失步。将步进电动机的一个自然步进行细分，得到"微步距"，就可使步进电动机的步增量减小。这不仅明显提高了步进电动机的分辨率，且使电动机运行平稳、振动减小、噪声降低，即使在谐振区内也不容易引起失步。

不细分时：A 相绕组通电时，转子停在 A - A 位置，当由 A 相绕组通电转为 A、B 两相绕组同时通电时，则转子一次转过 30°，停在 A、B 之间的位置 I。细分时：当由 A 相绕组通电转为 A、B 两相绕组通电时，B 相绕组中的电流不是由零一次上升到额定值，而是先达到额定值的 1/2。由于转矩 T 与流过绕组的电流 I 呈线性关系，转子将不是顺时针转过 30°，而是转过 15° 停在位置 TL。同理，当由 A、B 两相绕组通电变为只有 B 相绕组通电时，A 相绕组中的电流也不是突然一次下降为零，而是先降到额定值的 1/2，转子将不是停在 B 而是停在位置 III，这就将精度提高了一倍。分级越多，精度越高。

4. 步进电动机的主要特性

1）矩角特性

矩角特性反映了步进电动机电磁转矩 T 随偏转角变化的关系。定子一相绕组通以直流电后，如果转子上没有负载转矩的作用，转子齿就会和通电相磁极上的小齿对齐，这个位置称为步进电动机的初始平衡位置。当转子有负载作用时，转子齿就要偏离初始平衡位置，由于磁力线有力图缩短的倾向，从而产生电磁转矩，直到这个转矩与负载转矩相平衡。转子齿偏离初始平衡位置的角度称为转子偏转角。若用电角度表示，则定子每相绕组通电循环一周（360°电角度），对应转子在空间转过一个齿距。

2）启动惯频特性

在负载转矩 $T_L = 0$ 的条件下，步进电动机由静止状态突然启动、不失步地进入正常运行状态所允许的最高启动频率，称为启动频率或突跳频率。启动频率与机械系统的转动惯量有关，包括步进电动机转子的转动惯量，加上其他运动部件折算至步进电动机轴上的转动惯量。转子转动惯量越小，在相同的电磁力矩作用下加速度就越大，极限启动频率也就越高。这反映了步进电动机的启动惯频特性（见图 5 - 6），它表示启动频率与负载转动惯量之间的关系。随着负载转动惯量的增加，启动频率下降。若同时存在负载转矩 T，则启动频率将进一步降低。在实际应用中，可采用的启动频率要比启动惯频特性中标出的数值还要低。步进电动机拍数越多，步距角越小，极限启动频率就越高；最大静转矩越大，电磁力矩越大，转子加速度就越大，步进电动机的启动频率也就越高，这反映了步进电动机的启动频率特性。

3）运行频率特性

步进电动机启动后，当控制的脉冲频率连续上升时能不失步运行的最高脉冲重复频率称为连续运行频率。转动惯量主要影响运行频率连续升降的速度，而步进电动机的绕组电感和驱动电源的电压对运行频率的上限影响很大。在实际应用中，启动频率比运行频率低得多。通常采用自动升降频率的方式，即步进电动机先在低频下启动，然后逐渐升至运行频率。当需要步进电动机停转时，先将脉冲信号的频率逐渐降低至启动频率以下，再停止输入脉冲，步进电动机才能不失步地准确停止。步进电动机在低于极限启动频率下正常启动后，控制脉冲再缓慢地升高即可正常运行（不失步、不越步）。因为缓慢升高脉冲频率，故转子的加速度很小，转动惯量的影响可以忽略。步进电动机随运行频率增高，负载能力将变差，这反映了步进电动机的运行频率特性。

在低频区，矩频曲线比较平坦，步进电动机保持额定转矩；在高频区，矩频曲线急剧下降，这表明步进电动机的高频特性差。因此，步进电动机作为进给运动控制，从静止状态到高速旋转需要有一个加速过程。同样，步进电动机从高速旋转状态到静止也要有一个减速过程。没有加、减速过程或加、减速不当，步进电动机都会出现失步现象。

步进电动机的启动频率是指在一定负载转矩下能够不失步时启动的最高脉冲频率。步进电动机的启动频率的大小与驱动电路和负载大小有关。步距角越小，负载（包括负载转矩和转动惯量）越小，启动频率就越高。

步进电动机的连续运行频率是指步进电动机启动后，当控制脉冲频率连续上升时，能不失步运行的最高频率。它的值也与负载有关。步进电动机的运行频率比启动频率高得多，这是因为在启动时除了要克服负载转矩外，还要克服轴上的惯性转矩。启动时转子的角加速度较大，它的负担要比连续运转时重。若启动时脉冲频率过高，电动机就可能发生丢步或振荡，所以启动时，脉冲频率不宜过高，后期再逐渐升脉冲频率。

步进电动机的运行频率远大于启动频率。

5. 精度

步进电动机的精度有两种表示方法：一种是用步距误差最大值来表示，另一种是用步距累积误差最大值来表示。最大步距误差是指电动机旋转一周相邻两步之间实际步距和理想步距的最大差值。连续走若干步后步距误差会形成累积值，但转子转过一周后，会回到上一周的稳定位置，所以步进电动机步距的误差不会无限累积，只会在旋转一周的范围内存在一个最大累积误差。

5.3.2　直流伺服电动机

工作台的位置通过电动机上的传感器或安装在丝杠轴端的编码器间接获得。检测元件位于系统传动链中间，故称为半闭环伺服系统。角位移测量简单，调整维护方便，定位精度低于全闭环伺服系统。伺服系统对执行元件的要求：

（1）体积小、输出功率大；

（2）快速性能好；

（3）便于计算机控制；

（4）便于维修，可靠性和动作的准确性要高；

（5）运行平稳、分辨率高；

（6）振动和噪声小。

伺服电动机是一种机电执行元件，其作用是将输入的电压信号转换成轴上的转速信号或转角信号，从而带动控制对象动作。伺服电动机主要靠脉冲来定位：电动机接收到一个脉冲，就会旋转一个脉冲对应的角度，从而实现位移。因为伺服电动机本身具备输出脉冲的功能，所以伺服电动机每旋转一个角度，都会发出对应数量的脉冲，这样输入脉冲和电机本身的脉冲形成闭环控制系统，从而精确地控制电动机转动，实现精确定位。伺服系统的分类：电气伺服系统、液压伺服系统、气动伺服系统。按驱动方式的不同分：位置控制、速度控制、加速度控制、力控制、力矩控制、位置同步控制等。

　　直流伺服电动机具有良好的机械特性和调节特性。虽然当前交流伺服电动机已占主导地位，但在某些场合直流伺服电动机仍在使用。20 世纪 70 年代研制成功了大惯量宽调速直流伺服电动机。它在结构上采取了一些措施，尽量提高转矩，改善动态特性，既具有一般直流电动机的各项优点，又具有小惯量直流电动机的快速反应性能，易与较大的负载惯量匹配，能较好地满足伺服驱动的要求，因此，在数控机床、工业机器人等机电一体化产品中得到了广泛的应用。

1. 宽调速直流伺服电动机的结构和特点

　　宽调速直流伺服电动机按电枢的结构与形状可分为平滑电枢型、空心电枢型和有槽电枢型等，按定子磁场产生方式可分为电激磁型和永久磁铁型两种。电激磁型结构的特点是激磁量便于调整，易于安排补偿绕组和换向极，电动机的换向性能得到改善、成本低，可以在较宽的速度范围内得到恒转矩特性。

　　永久磁铁型结构一般没有换向极和补偿绕组，电动机的换向性能受到一定限制，但它不需要激磁功率，因而效率高，电动机在低速时能输出较大转矩。此外，这种结构温升低，电动机直径可以做得小些，加上目前永磁材料性能不断提高，成本逐渐下降，故此结构用得较多。

　　永久磁铁型宽调速直流伺服电动机的结构如图 5 - 28 所示。电动机定子采用矫顽力大、不易去磁的永磁材料，转子直径大并且有槽，因而热容量大，而且结构上又采用了通常凸极式和隐极式永磁电动机磁路的组合，提高了电动机气隙磁密。在电动机尾部通常装有低纹波（纹波系数一般在 2% 以下）的测速发电机，用以作为闭环控制伺服系统必不可少的速度反馈元件，这样不仅使用方便，而且保证了安装精度。

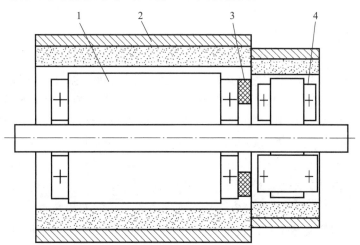

图 5 - 28　永久磁铁型宽调速直流伺服电动机的结构
1—转子；2—定子（永磁体）；3—电刷；4—测速发电机

宽调速直流伺服电动机由于在结构上采取了上述措施，因而性能上有以下特点：

（1）电动机输出转矩大。在相同的转子外径和电枢电流情况下，所设计的转矩系数较大，故可产生较大转矩，使电动机转矩和惯量的比值增大，因而可满足较快的加减速要求；在低速时，能输出较大转矩，能直接驱动丝杠、简化结构、降低成本且提高精度。

（2）电动机过载能力强。电动机转子有槽，热容量大，因而热时间常数大，耐热性能好，可以过载运行几十分钟。

（3）动态响应性能好。电动机定子采用高性能永磁材料，具有很大的矫顽力和足够的厚度，提高了电动机的效率，而且又没有激磁损耗，去磁临界电流可取得偏大，能产生10～15倍的瞬时转矩，而不出现退磁现象，从而使动态响应性能大大提高。

（4）低速运转平稳。电动机转子直径大，电动机槽数和换向片数可以增多，使电动机输出力矩波动减小，有利于电动机低速运转平稳。

（5）易于调试。电动机转子惯量较大，外界负载转动惯量对伺服系统的影响相对减小，工作稳定。此外，宽调速直流伺服电动机还配有高精度低纹波的测速发电机、旋转变压器（或编码盘及制动器），为速度环提供了较高的增益，能获得优良的低速刚度和动态性能。

2. 直流伺服电动机的调速驱动

直流伺服电动机用直流供电，调节直流伺服电动机的转速和方向时，需要对直流电压的大小和方向进行控制。目前直流伺服电动机常用可控硅（SCR）直流调速驱动和晶体管脉宽调制（PWM）直流调速驱动两种调速驱动方式。

1）可控硅直流调速驱动

可控硅又称为晶闸管，是一种大功率的半导体器件。它既有单向导电的整流作用，又有可控的开关作用，可以用作整流电路给直流电动机供电。若将专用的触发电路与整流电路相结合，可以实现直流电动机的调速。

可控硅直流调速驱动具有以下特点：

（1）可控硅是半控型器件，只能控制其开通，不能控制其关断。

（2）可控硅的工作频率也不能太高（400 Hz），这限制了它的应用。

（3）通态损耗小，控制功率大。

（4）可控硅作开关使用时，没有机械抖动现象。

20世纪70年代后期，可关断晶闸管（GTO）、功率晶闸管（GTR）、功率场控晶体管（功率 MOS – FET）等全控型（既可控制开通又可控制关断）器件及其模块的出现和实用化使得对电能的控制和转换进入新的领域。特别是20世纪80年代出现的绝缘门极双极晶体管（IGBT），它兼有 GTR 和功率 MOS – FET 两者的全部优点，因而获得广泛的应用。图5 – 29所示为普通晶闸管的结构示意图和图形符号。它是 PNPN 四层半层体三端器件，有三个 PN 结 J1、J2、J3，以及三个引出电极 A（阳极）、K（阴极）、G（门极，也称控制级）。普通晶闸管的等效电路如图5 – 30所示。门极电流 I_G 的注入，使 T2 产生 I_{C2}，I_{C3} 又使 T1 产生 I_{C1}，这进一步增大了 T 的基极电流，从而加速了晶闸管的饱和导通。

晶闸管导通必须具备两个条件：一是阳极 A 与阴极 K 之间要加正向电压（图5 – 30中为 A）；二是门极 G 与阴极 K 之间也要有足够的正向电压和正向电流（图5 – 30中为 U_G 和 I_G）。

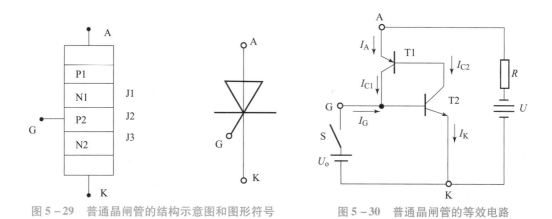

图 5 – 29　普通晶闸管的结构示意图和图形符号　　　　图 5 – 30　普通晶闸管的等效电路

晶闸管一旦导通，门极即失去控制作用，只要维持阳极电位高于阴极电位和阳极电流 I_A 大于维持电流 I_H，就可继续导通晶闸管。

为使晶闸管关断，必须使阳极电流 I_A 减小到维持电流 I_H 以下，这只有采用使阳极电压减小到零或者反向的方法来实现。普通晶闸管可以用于可控整流（AC – DC）电路、逆变（DC – AC）电路和其他开关电路。图 5 – 31 所示为单相全控桥式整流电路。图 5 – 32 所示为单相全控桥式整流电路整流电压波形，其中 U_G 是触发脉冲波形，α 为触发角，由触发电路提供。所以单相全控桥式整流电路的控制实际上就是触发控角 α 的控制，在直流电动机的调速过程中实际上也是通过调整 α 角来进行控制的。

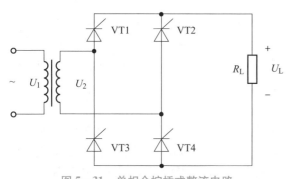

图 5 – 31　单相全控桥式整流电路

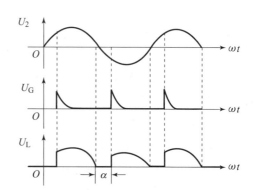

图 5 –32　单相全控桥式整流电路整流电压波形

2）晶体管脉宽调制（PWM）直流驱动

基本原理：控制方式就是对逆变电路开关器件的通断进行控制，使输出端得到一系列幅值相等但宽度不一致的脉冲，用这些脉冲来代替正弦波或所需要的波形。也就是在输出波形的半个周期中产生多个脉冲，使各脉冲的等值电压为正弦波形，所获得的输出平滑且低次谐波少。按一定的规则对各脉冲的宽度进行调制，既可改变逆变电路输出电压的大小，也可改变输出频率。其中包括：相电压控制 PWM、脉宽 PWM 法、随机 PWM、SPWM 法、线电压控制 PWM 等，而在镍氢电池智能充电器中采用的脉宽 PWM 法，它是把每一脉冲宽度均相等的脉冲列作为 PWM 波形，通过改变脉冲列的周期可以调频，改变脉冲的宽度或占空比可以调压，采用适当控制方法即可使电压与频率协调变化。可以通过调整 PWM 的周期、PWM 的占空比而达到控制充电电流的目的。

5.3.3 交流伺服电动机

直流伺服电动机具有电刷和整流子，尺寸较大，且必须经常维修，使用环境受到一定的影响，特别是其容量较小，受换向器限制，电枢电压较低，很多特性参数随转速而变化，这限制了直流伺服电动机向高转速、大容量发展。交流调速系统是在 20 世纪 60 年代末随着电子技术的发展而出现的。20 世纪 70 年代后，大规模集成电路、计算机控制技术及现代控制理论的发展与应用，为交流伺服电动机的快速发展创造了有利条件。特别是变频调速技术、矢量控制技术的应用，使得交流伺服调速逐步具备了调速范围宽、稳速精度高、动态响应快以及四象限可逆运行等良好的技术性能，在调速性能方面已可与直流伺服调速相媲美，并在逐步取代直流伺服调速。

1. 交流伺服电动机的结构特点

交流伺服电动机的类型有永磁同步交流伺服电动机（SM）和感应异步交流伺服电动机（IM）。其中，永磁同步交流伺服电动机具备十分优良的低速性能，可以实现弱磁高速控制，调速范围宽广，动态特性和效率都很高，已经成为伺服系统的主流之选；而感应异步交流伺服电动机虽然结构坚固、制造简单、价格低廉，但是在特性上和效率上与永磁同步交流伺服电动机存在差距，只在大功率场合得到重视。交流伺服电动机的结构特点是：采用了全封闭无刷构造，以适应实际生产环境，不需要定期检查和维修：定子省去了铸件壳体，结构紧凑、外形小、质量轻（只有同类直流伺服电动机的 75% ~ 90%）；定子铁芯较一般电动机的定子铁芯开槽多且深，定子铁芯绝缘可靠、磁场均匀；可对定子铁芯直接冷却，散热效果好，因而传给系统部分的热量小，提高了整个系统的可靠性；转子采用具有精密磁极形状的永久磁铁，因而可实现高扭矩、惯量比，动态响应好，运动平稳；同轴安装有高精度的脉冲编码器作为检测元件。交流伺服电动机以高性能、大容量日益受到广泛的重视和应用。

2. 交流伺服电动机的变频调速

根据交流电动机转速公式，采用改变电动机极对数 p、转差率 s 或电动机的外加电源频率（定子供电频率）f 等三种方法，都可以改变交流电动机的转速。目前高性能的交流调速系统大都采用均匀改变外加电源频率 f 这一方法来平滑地改变电动机的转速。为了保持在调速时电动机的最大转矩不变，需要维持磁通恒定，要求定子供电电压做相应调节。因此，对交流电动机供电的变频器（VFD）一般都要求兼有调压和调频两种功能。近年来，晶闸管以及大功率晶体管等半导体电力开关问世，它们具有接近理想开关的性能，促使变频器迅速发展。通过改变定子电压 U 及定子供电频率 f 的不同比例关系，获得不同的变频调速方法，从而研制了各种类型的大容量、高性能变频器，使交流电动机调速系统在工业中得到推广应用。

对交流电动机实现变频调速的装置称为变频器。变频器的功能是将电网电压提供的恒压恒频交流电变换为变压变频交流电，变频伴随变压，对交流电动机实现无级变速。变频可分为交 - 交变频和交 - 直 - 交变频两种，如图 5 - 33 所示。交 - 交变频 [图 5 - 33 (a)] 利用可控硅整流器直接将工频交流电（频率 50 Hz）变成频率较低的脉动交流电，正组输出正脉冲，反组输出负脉冲，这个脉动交流电的基波就是所需的变频电压。但采用这种变频方法所得到的交流电波动比较大，而且最大频率即为变频器输入的工频电压频率。交－直－交变频［图5－33（b）］先将交流电整流成直流电，然后将直流电压变成矩形脉冲电压，这个矩形脉冲波的基波就是所需的变频电压。采用这种变频方法所得交流电的波动小，而且调频范围比较宽，调节线性度好。交－直－交变频器根据中间直流电压是否可调可分为中间直流电压可调的 PWM 逆变器型变频器和中间直流电压固定的 PWM 逆变器，根据中间直流电路上的储能元件是大电容还是大电感可分为电压型变频器和电流型变频器。

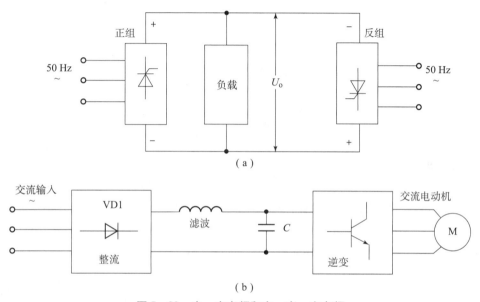

图5－33 交－交变频和交－直－交变频
（a）交－交变频；（b）交－直－交变频

拓展资源：步进电动机的驱动与控制

步进电动机的运行特性与配套使用的驱动电源有密切关系。驱动电源由脉冲分配器、功率放大器组成，如图5－34所示。驱动电源是将变频信号源（微机或数控装置等）送来的脉冲信号及方向信号按要求的配电方式自动地循环供给电动机各相绕组，以驱动电动机转子正反向旋转。变频信号源是可提供从几赫兹（Hz）到几万赫兹的频率信号连续可调的脉冲信号发生器。因此，只要控制输入电脉冲的数量和频率就可精确控制步进电动机的转角和速度。

1）环形脉冲分配器

步进电动机的各相绕组必须按一定的顺序通电才能正常工作。这种使电机绕组的通电顺序按一定规律变化的部分称为脉冲分配器，又称环形脉冲分配器。实现环形分配的方法有三种，一种是采用计算机软件利用查表或计算方法来进行脉冲的环形分配，简称软环分。表5－1所示为三相六拍分配状态，可将表中状态代码 01H、03H、02H、06H、04H、05H 列入程序数据表中，通过软件可顺次在数据表中提取数据并通过输出接口输出即可。通过

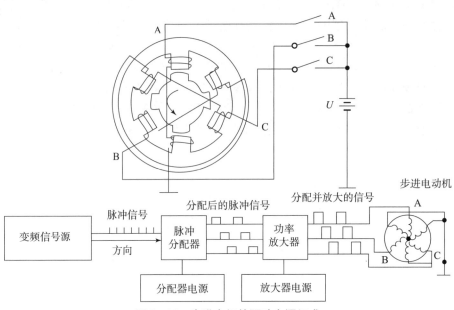

图 5-34　步进电机的驱动电源组成

正向顺序读取和反向顺序读取可控制电动机进行正反转。通过控制读取一次的时间间隔即可控制电动机的转速。该方法能充分利用计算机软件资源，以降低硬件成本。尤其是对多相电动机的脉冲分配具有更大的优点。但由于软环型分配器占用计算机的运行时间，故会使插补一次的时间增加，影响步进电动机的运行速度。另一种是采用小规模集成电路搭接而成的三相六拍环形脉冲分配器，如图 5-35 所示，图中 C1、C2、C3 为双稳态触发器。这种方式灵活性很大，可搭接任意相任意通电顺序的环形分配器，同时在工作时不占用计算机的工作时间。第三种即采用专用环形分配器器件。如市售的 CH250 即为一种三相步进电动机专用环形分配器。它可以实现三相步进电动机的各种环形分配，使用方便、接口简单。图 5-36 所示为 CH250 的管脚图和三相六拍接线图及其工作状态，CH250 工作状态如表 5-2 所示。

表 5-1　三相六拍分配状态

转向	1~2 相通电	CP	C	B	A	代码	转向
正	A	0	0	0	1	01H	正
	AB	1	0	1	1	03H	
	B	2	0	1	0	02H	
	BC	3	1	1	0	06H	
	C	4	1	0	0	04H	
	CA	5	1	0	1	05H	
	A	0	0	0	1	01H	

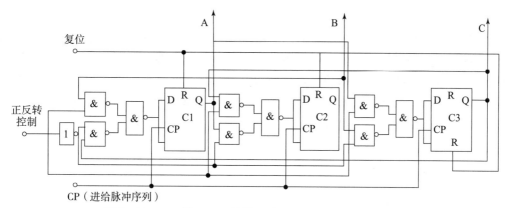

图 5 – 35　双三拍正、反转控制的环形分配器的逻辑原理图

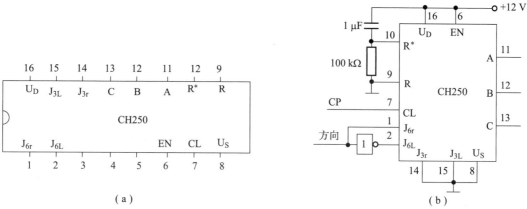

（a）

（b）

图 5 – 36　CH250 的管脚图和三相六拍接线图

（a）管脚图；（b）工作状态

表 5 – 2　CH250 工作状态

R_1	R_2	CL	EN	J_{3r}	J_{3L}	J_{6r}	J_{6L}	功能	
0	0	↑	1	1	0	0	0	双三拍	正转
		↑	1	0	1	0	0		反转
		↑	1	0	0	1	0	六拍（1 – 2 相）	正转
		↑	1	0	0	0	1		反转
		0	↓	1	0	0	0	双三拍	正转
		0	↓	0	1	0	0		反转
		0	↓	0	0	1	0	六拍（1 – 2 相）	正转
		0	↓	0	0	0	1		反转
		↓	1	×	×	×	×		
		×	0	×	×	×	×		
		0	↑	×	×	×	×		
		1	×	×	×	×	×		
1	0	×	×	×	×	×	×	$A = 1$、$B = 1$、$C = 0$	
0	1	×	×	×	×	×	×	$A = 1$、$B = 0$、$C = 0$	

2）功率放大器

从计算机输出口或从环形分配器输出的信号脉冲电流一般只有几个毫安，不能直接驱动步进电动机，必须采用功率放大器将脉冲电流进行放大，使其增大到几至十几安培，从而驱动步进电动机运转。由于电动机各相绕组都是绕在铁芯上的线圈，所以电感较大，绕组通电时，电流上升率受到限制，因而影响电动机绕组电流的大小。绕组断电时，电感中磁场的储能元件将维持绕组中已有的电流不能突变，在绕组断电时会产生反电动势，为使电流尽快衰减，并释放反电动势，必须增加适当的续流回路。步进电动机所使用的功率放大电路有电压型和电流型。电压型又有单电压型、双电压型（高低压型）。电流型有恒流驱动、斩波驱动等。

5

项目五　机电一体化动力系统设计

任务工单

任务 名称	机电一体化动力系统设计	组别	
		组员：	

一、任务描述

　　机电一体化系统中动力系统的特性和驱动方法，使学生了解伺服系统的基本概念，掌握电气类动力元件的原理和特性，掌握动力元件的驱动和控制方法，掌握动力元件的选型原则和控制电动机的选型方法。

二、技术规范

三、计划（制订小组工作计划）

工作流程	完成任务的资料、工具或方法	人员安排	时间分配	备注

四、决策（确定工作方案）

1. 小组讨论、分析、阐述任务完成的方法、策略，确定工作方案。
2. 教师指导、确定最终方案。

五、实施（完成工作任务）

工作步骤	主要工作内容	完成情况	问题记录

六、检查（问题信息反馈）

反馈信息描述	产生问题的原因	解决问题的方法

续表

任务名称	机电一体化动力系统设计	组别	组员：

七、评估（基于任务完成的评价）

1. 小组讨论，自我评述任务完成情况、出现的问题及解决方法，小组共同给出改进方案和建议。
2. 小组准备汇报材料，每组选派一人进行汇报。
3. 教师对各组完成情况进行评价。
4. 整理相关资料，完成评价表。

任务名称			姓名	组别	班级	学号	日期

考核内容及评分标准			分值	自评	组评	师评	均分
三维目标	素质	自主学习、合作学习、团结互助等	25				
	认知	任务所需知识的掌握与应用等	40				
	能力	任务所需能力的掌握与数量等	35				
加分项	收获（10分）	有哪些收获（借鉴、教训、改进等）：	你进步了吗？		加分		
			你帮助他人进步了吗？				
	问题（10分）	发现问题、分析分问题、解决方法、创新之处等：			加分		
总结与反思					总分		

八、拓展（基于本任务延伸的知识与能力）

九、备注（需要注明的内容）

指导教师评语：

任务完成人签字：　　　　　　　　　　　　　　　　日期：　　年　　月　　日

指导教师签字：　　　　　　　　　　　　　　　　　日期：　　年　　月　　日

习题与思考题

1. 通过分析步进电动机的工作原理和通电方式，可得出哪几点结论？

2. 实用的步进电动机为什么要采用小步距角？

3. 步进电动机按工作原理可分为哪几种？各有哪些特点？

4. 步进电动机的步距角的含义是什么？一台步进电动机可以有两个步距角，例如，3°/1.5°是什么意思？什么是三相单三拍、三相六拍和三相双三拍？

5. 一台五相反应式步进电动机，采用五相十拍运行方式时，步距角为1.5°，若脉冲电源的频率为3 000 Hz，试问转速是多少？

6. 一台五相反应式步进电动机，其步距角为1.5°/0.75°，该电动机的转子齿数是多少？

7. 步进电动机有哪些主要特性？了解这些特性有什么作用？

8. 步进电动机有哪些主要性能指标？了解这些性能指标有何实际意义？

9. 步进电动机的运行特性与输入脉冲频率有什么关系？

10. 步距角小、最大静转矩的步进电动机，为什么启动频率和运行频率高？

11. 负载转矩和转动惯量对步进电动机的启动频率和运行频率有什么影响？

12. 有一台直流伺服电动机，电枢控制电压和励磁电压均保持不变，当负载增加时，电动机的控制电流、电磁转矩和转速如何变化？

13. 有一台直流伺服电动机，当电枢控制电压 $U_0 = 110$ V 时，电枢电流 $I_a = 0.05$ A，转速 $n_i = 3\,000$ r/min；加负载后，电枢电流 $I_2 = 1$ A，转速 $n = 1\,500$ r/min。试作出其机械特性曲线。

14. 若直流伺服电动机的励磁电压一定，当电枢控制电压 $U_0 = 100$ V 时，理想空载转速 $n_0 = 3\,000$ r/min。试问：当 $U_0 = 50$ V 时，n_0 等于多少？

15. 为什么直流力矩电动机要做成扁平圆盘状结构？

16. 为什么多数数控机床的进给系统宜采用大惯量直流电动机？

17. 什么叫无换向器电动机？它有什么特点？

18. 有一台直线异步电动机，已知电源频率为50 Hz，极距 r 为10 cm，额定运行时的转差率 s 为0.05，试求其额定速度。

19. 直线电动机较之旋转电动机有哪些优、缺点？

项目六　传感器及其接口设计

项目导入		传感器与检测单元是机电一体化系统的感受器官。该环节与机电一体化系统的输入端相连并将检测到的信息输送至后续的自动控制或健康监测单元。传感与检测是实现自动控制、自动调节和健康监测的关键环节，检测精度的高低直接影响机电一体化系统的性能优劣。现代工程技术要求传感器能够快速、精确地获取信息，并能经受各种严酷工况的考验。不少机电一体化系统无法达到满意的效果或无法实现预期设计的关键原因在于没有合适的传感器。因此，大力开展传感器及检测单元研发对现代机电一体化系统的创新发展具有极其重要的现实意义。 　　此外，信息处理是检测系统的重要功能，包括信息的识别、运算和存储等，特别是信息识别，它扮演着重要角色。信息分析与处理是否准确、可靠和快速，直接影响机电一体化系统的性能。智能传感器及智能信息处理技术已经成为当前机电一体化系统最热门的研究方向之一
工匠引领		全国劳动模范、中国第二重型机械集团公司首席技能大师胡应华牵头承担并圆满完成了8万吨大型模锻压机、"亚洲第一锤"100 t/m无砧座对击锤、"轧机之王"、宝钢5 m轧机等数十项国家重大装备的装配工作，练就了一身重型成套设备装配的绝技绝活，探索了一套精湛的装配技艺技法。三十九年来，胡应华始终坚守一线、攻坚克难，无怨无悔，默默奉献，在平凡岗位创造了非凡业绩，用自己的忠诚和汗水谱写出了"重装大师"的华美乐章
学习目标	知识目标	主要讲述传感器的基本概念，机械控制、健康监测和智能系统常用传感器，检测系统设计与分析，现代信息处理技术及智能传感器应用，使学生理解检测系统设计方法，掌握传感器与检测系统设计基本概念与基础知识，熟悉数控机床和机器人等检测系统设计
	技能目标	传感检测、信息处理和计算机网络等多学科先进技术，检测系统是当前机电一体化系统中发展最快、最活跃的领域，是智能系统的关键组成部分。对于本章的学习，建议学生将课内与课外、理论与实践结合起来，通过查阅相关的资料文献，运用网上丰富的数控机床、机器人检测控制和应用方面的资源，加深对典型机电一体化系统中传感器和检测系统的理解
	素质目标	培育集体主义精神和生态文明意识；形成乐于奉献、热心公益慈善的良好风尚；做高素养、讲文明、有爱心的中国人，具有严谨的工作态度

任务6.1　传感器的概念

传感器是按一定规律实现信号检测并将被测量（物理、化学和生物的信息）变换为另一种物理量（通常是电量）的器件或仪表。它既能把非电量变换为电量，也能实现电量之间或非电量之间的互相转换。一切获取信息的仪表器件都可称为传感器。

传感器一般由敏感元件、转换元件、基本转换电路三部分组成，如图6-1所示。

图6-1　传感器的组成

敏感元件是能直接感受被测量，并以确定关系输出某一物理量的元件。例如，弹性敏感元件可将力转换为位移或应变，转换元件可将敏感元件输出的非电物理量转换成电路参数量，基本转换电路将电路参数量转换成便于测量的电信号，如电压、电流、频率等。

传感器种类很多，可以按不同的方式进行分类，如按被测物理量、按传感器的工作原理、按传感器转换能量的情况、按传感器的工作机理、按传感器输出信号的形式（模拟信号、数字信号）等分类。

传感器按其作用可分为检测机电一体化系统内部状态信息传感器以及检测外部对象和外部环境状态的外部信息传感器。内部信息传感器包括检测位置、速度、力、力矩、温度以及异常变换的传感器。外部信息传感器包括视觉传感器、触觉传感器、力觉传感器、接近觉传感器、角度觉（平衡觉）传感器等。具有外部传感器是先进机器人的重要标志。按输出信号的性质可将传感器分为开关型（二值型）、模拟型和数字型，如图6-2所示。

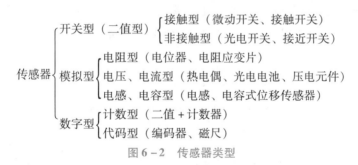

图6-2　传感器类型

机电一体化系统对检测传感器的基本要求是：①体积小、质量轻，对整机的适应性好；②精度和灵敏度高、响应快、稳定性好、信噪比高；③安全可靠、寿命长；④便于与计算机连接；⑤不易受被测对象（如电阻、磁导率）影响，也不影响外部环境；⑥对环境条件适应能力强；⑦现场处理简单，操作性能好；⑧价格便宜。

拓展资源：开关型、模拟型、数字型传感器介绍

开关型传感器的二值就是"1"和"0"或并（ON）和关（OFF）。如果传感器的输入

物理量达到某个值以上时，其输出为"1"（ON 状态），在该值以下时，输出为"0"（OFF 状态），其临界值就是开、关的设定值。这种"1"和"0"数字信号可直接传送到微机进行处理，使用方便。

模拟型传感器的输出是与输入物理量变化相对应的连续变化的电量，传感器的输入/输出关系可能是线性的，也可能是非线性的。线性输出信号可直接被采用，而非线性输出信号则需进行适当修正，将其变成线性信号。一般需先将这些线性信号进行模拟/数字（A/D）转换，将其转换成数字信号再送给微机进行处理。

数字型传感器有计数型和代码型两大类。其中计数型又称脉冲数字型，它可以是任何一种脉冲发生器，所发出的脉冲数与输入量成正比，加上计数器就可对输入量进行计数，如可用来检测通过输送带上的产品个数，也可用来检测执行机构的位移量，这时执行机构每移动一定距离或转动一定角度就会发生一个脉冲信号，例如增量式光电码盘和检测光栅就是如此。

任务6.2　传感器的特性和技术指标

6.2.1　传感器的静态特性

传感器的特性主要是指输入与输出的关系。当传感器的输入量为常量或随时间做缓慢变化时，传感器的输出与输入之间的关系为静态特性。表 6－1 所示为传感器的静态特性。

表 6－1　传感器的静态特性

特性指标	定义、公式	选用原则
量程	传感器的输入、输出保持线性关系的最大量限，一般用传感器允许的测量的上、下极限值代数差	超范围使用会使传感器的灵敏度下降，性能变坏
灵敏度 S_o	传感器输出变化量 ΔY 与引起此变化的输入变化量 ΔX 的比值，即 $$S_o = \Delta Y / \Delta X$$ 灵敏度误差　$r = (\Delta S_o / S_o) \times 100\%$	表示传感器对测量参数变化的反应能力
线性度	被测值处于稳定状态时，传感器的输出与输入之间的关系曲线（称标准或标定曲线）与拟合曲线的接近（或偏离）程度，即 $$\delta_L = \left(\frac{|\Delta L_{max}|}{Y_{FS}} \right) \times 100\%$$ 式中　δ_L——线性度； ΔL_{max}——标定曲线与拟合曲线的最大偏差； Y_{FS}——满量程输出值	选取的拟合曲线不同，所得的线性度也不同，较常用的拟合方法有最小二乘法、端点法、端点平移法等
迟滞	传感器在输入量增加的过程中（正行程）和减少的过程中（反行程），输出输入特性曲线的不重合程度。迟滞误差一般以满量程输出的百分数表示： $$r_m = (\Delta H_{mm} / Y_{FS}) \times 100\%$$	迟滞误差越小越好

续表

特性指标	定义、公式	选用原则
重复性误差	传感器在输入量按同一方向做全量程连续多次变动时所得特性曲线不一致的程度。重复性误差（用满量程输出的百分数表示）： $$r_R = (\mid \Delta R_m \mid /Y_{FS}) \times 100\%$$ 式中 ΔR——输出最大重复性偏差	
分辨率	传感器能够检测到的最小输入增量	在输入零点附近的分辨率称为阈值
稳定性	传感器在较长的时间内保持其性能参数的能力	常采用给出标定的有效期表示其稳定性
零漂	传感器在零输入状态下，输出值的变化	一般有时间零漂和温度零漂两种
精确度	表示测量结果与被测"真值"的接近程度。精度一般用极限误差来表示，或者用极限误差与满量程之比按百分数给出	一般在标定或校验过程中确定，此时的"真值"由工作基准或更高精度的仪器给出

6.2.2　传感器的动态特性

传感器的输出量相应随时间变化输入量的响应称为传感器的动态特性。

传感器的动态特性取决于传感器本身和输入信号的形式。为了分析方便，动态输入信号的形式通常采用正弦周期信号和阶跃信号来表示。传感器系统一般可用线性、定常、集中参数系统来描述，其数学模型可表达为常系数微分方程，也可以用传递函数的形式表示。能用比例环节表示的传感器称为零阶系统传感器，能用惯性环节表示的传感器称为一阶传感器，其他类推。

传感器的动态特性与控制系统的性能指标分析方法相同，可以通过时域、频域以及试验分析的方法确定。有关系统分析的指标都可以作为传感器的动态特性参数，如最大超调量、上升时间、调整时间、稳态误差、频率响应范围、临界频率等。

6.2.3　传感器的性能指标

传感器的主要性能指标如表 6 - 2 所示。对于不同的传感器，应根据实际需要确定其主要性能参数。一般选用传感器时，应主要考虑：高精度、低成本，根据实际要求合理确定静态精度和成本的关系，尽量提高精度，降低成本；高灵敏度应根据需要合理确定；工作可靠；稳定性好，长期工作稳定，耐蚀性好；抗干扰能力强；动态测量具有良好的动态特性；结构简单、小巧，使用维护方便，通用性强，功耗低等。

表 6-2　传感器的主要性能指标

项目			相应指标	
基本参数	量程	测量范围	在允许误差极限范围内被测量值的范围	
		量程	传感器允许的测量的上、下极限值代数差	
		过载能力	传感器在不致引起规定性能指标永久改变的条件下，允许超过测量范围的能力	
	灵敏度		灵敏度、分辨率、阈值、满量程输出	
	静态精度		精确度、线性度、重复性、迟滞、灵敏度误差	
	动态特性	频率特性	频率特性、频率响应范围、临界频率	时间常数、固有频率、阻尼比、动态误差
		阶跃特性	超调量、临界速度、调整时间	
环境参数	温度		工作温度范围、温度误差、温度漂移、温度系数、热滞后	
	振动冲击		允许各向抗冲击振动的频率、振幅及加速度、冲击振动所允许引入的误差	
	其他		抗潮湿、抗介质腐蚀能力、抗电磁干扰能力等	
可靠性			工作寿命、平均无故障时间、保险期、疲劳特性、绝缘电阻、耐压	
使用条件			电源、外形、质量、结构特点、安装方式等	
价格			价格、性能价格比	

6.2.3　几类传感器的主要性能及优缺点

1. 位移、位置传感器

位移、位置传感器的测址方法多为电测法。常用位移传感器的类型有电阻式、电感式、电容式、电磁式、光电式和编码式等。表 6-3 所示为各种类型线位移、位置传感器的主要性能及优缺点。表 6-4 所示为角度、角位移传感器的主要性能及优缺点。

表 6-3　线位移、位置传感器的主要性能及优缺点

类型		测量范围 /mm	线性度	分辨力 /μm	优点	缺点
电阻式	电位计式	0~300	0.1~1	10	结构简单、性能稳定、成本低	分辨力不高，易磨损
	电阻应变式	0~50	0.1~0.5	1	精度较高	动态范围窄
电感式	自感式	1~200	0.1~1	<0.01	动态范围宽、线性度好、抗干扰能力强	有残余电压
	互感式	1~1 000	0.1~0.5	0.01	分辨力高、线性度好	有残余电压
	电涡流式	1~5	1~3	0.05~5	结构简单，能防水和油污	灵敏度随检测对象的材料而变

续表

类型		测量范围/mm	线性度	分辨力/μm	优点	缺点
电感式	电感调频式	1~100	0.2%~1.5%	1~5	导杆移动使磁阻变化，调频振荡器频率发生变化，抗干扰能力强	结构复杂
电磁式	磁敏电阻式	<5	精度0.5%	0.3	体积小、结构简单、精度高，用于非接触测量	量程小
	感应同步式	200~4×10⁴	精度2.5 μm/m	0.1	在机床加工和自动控制中应用广泛，动态范围宽、精度高	安装不便
	磁栅式	1 000~2×10⁴	精度1~2 μm/m	1	制造简单、使用方便、磁信号可重新录制，可用于机床和仪表，用来检测大位移	需要磁屏蔽和防尘措施
	霍尔效应式	5	<2%，精度±1个脉冲	1	结构简单、体积小	对温度敏感
电容式	容栅式	1~100	0.5~1	0.01~0.001	结构简单，动态性能好，灵敏度和分辨率高，用于无接触检测，能适应恶劣环境	轴端窜动和电缆电容等对测量精度有影响。输出阻抗高，需要采取屏蔽措施
光电式	反射式	±1		1		
	光栅式	30~3 000	精度0.5~3 μm/m	0.1~10		
	激光式	单频激光干涉传感器可达几十米	精度10⁻⁸~10⁻⁷	0.000 1~1		
	光纤式	1	1	0.25		
	光电码盘式	1~1 000	0.5~1	±1个二进制数		

$$测量范围/mm \quad 线性度 \quad 分辨力/\mu m$$

表6-4　角度、角位移传感器的主要性能及优缺点

类型	测量范围/(°)	精确度	线性度(%FS)	分辨力	优点	缺点
应变计式	±180				性能稳定可靠	
旋转变压器式	360	2′~5′	小角度时0.1		对环境要求低，使用方便，抗干扰能力强，性能稳定	精度不高，线围小
感应同步器式	360	±0.5″~±1″		0.1″	精度较高、易数字化、能动态测量、结构简单，对环境要求低	电路较复杂

续表

类型		测量范围/(°)	精确度	线性度(% FS)	分辨力	优点	缺点
电容式		70	25″		0.1″	分辨力高、结构简单、灵敏度高、耐恶劣环境	需屏蔽
编码盘式		360	0.7″		±1 个二进制数	分辨力和精度高，易数字化	电路较复杂
光栅式		360	±0.5″		0.1″	易数字化、精度高、能动态测量	对环境要求较高
磁栅式		360	±0.5″ ~ ±5″			易数字化、结构简单、录磁方便、成本低	需磁屏蔽
激光式		±45			0.1 rad ($d=50$)	精度高，常作为计量基准	设备复杂，成本高
陀螺式		±30 ~ ±70		±2		能测动坐标转角	结构复杂
电位器式	绕线式	0 ~ 330		0.1 ~ 3	0.1 ~ 1	结构简单、测量范围广、输出信号大、抗干扰能力强、精度较高	存在接触摩擦，动态响应低
	非绕线式	0 ~ 330		0.2 ~ 5		分辨力高、面耐磨性好、阻值范围宽	接触电阻和噪声大，附加力矩较大
	光电式	0 ~ 330		3	较高	无附加力矩、寿命长、响应快	

2. 速度、加速度传感器

速度传感器有线速度、角速度和转速等传感器。加速度传感器有惯性加速度和振动冲击加速度传感器。表 6 - 5 所示为速度传感器的主要性能及优缺点，表 6 - 6 所示为加速度传感器的主要性能及优缺点。

表 6 - 5   速度传感器的主要性能及优缺点

类型	精度	线性度	分辨力或灵敏度	优点	缺点
磁电感应	5% ~ 10%	0.02% ~ 0.1%	600（mV·s)/cm	灵敏度高、性能稳定、使用方便	频率下限受限制，体积质量较大
差动变压器式	0.2% ~ 1%	0.1% ~ 0.5%	50（mV·s)/cm	漂移小	只能测低速
光电式	0.1% ~ 0.5%			结构简单、体积小、质量轻、精度高	

项目六 传感器及其接口设计

续表

类型		精度	线性度	分辨力或灵敏度	优点	缺点
电容式		±1个脉冲			可靠性高、分辨力、灵敏度高	需屏蔽
电涡流式		±1个脉冲			耐油、水污染、灵敏度高，线性范围宽	灵敏度随检测对象的材料变化
霍尔效应		±1个脉冲			结构简单、体积小	对温度敏感
测速发电机			0.2%~1%	0.4~5（mV·min）/r	线性度高、灵敏度高、输出信号大、性能稳定	
陀螺式	压电陀螺	±0.2	0.1%~1%		体积小、响应快、滞后小、功耗低	
	转子陀螺	-2%~2%	0.20%	0.6~2°/s	安装简单、使用方便	质量较大、成本高、寿命较短
	激光陀螺			$10^{-4} \sim 10^8$ rad/s	灵敏度高	转速低时可能发生锁现象
	光纤陀螺			10^8 rad/s	精度高、稳定性好、体积小	

表6-6 加速度传感器的主要性能及优缺点

类型		测量范围	线性度	灵敏度	特点
惯性加速度传感器	微型硅加速度传感器	±5g	1%		迟滞小
	压电加速度传感器	±10g	0.2%	500 Hz/g	体积小、质量小、需前置放大器
	石英挠性伺服加速度传感器	$10^{-5} \sim 2g$		1~600 V/g	
冲击加速度传感器	压电加速度传感器	$2 \times 10^3 \sim 3 \times 10^5 g$		0.3~40 mV/ms²	体积小、质量小、动态范围大、频率范围宽
	应变加速度传感器	5~1 000g		0.5%~8%	体积小、质量小、灵敏度高、频响宽
	磁电式振动加速度传感器	0.5~10g		0.15~0.75 mV/ms²	检测振动加速度

3. 力、压力、扭矩传感器

力、压力、扭矩传感器有电阻式、压电式、压磁式和电容式等，具体类型和特点如表 6 – 7 所示。

表 6 – 7　力、压力、扭矩传感器的类型和特点

类型	优点	缺点	应用
电阻应变式	测量范围宽、精度高、动态性能好、寿命长、体积小、质量轻、价格便宜，可在恶劣环境下工作	存在线性误差，抗干扰能力差	测量力、扭矩、荷重等
压阻式	频响宽、测量范围大、灵敏度、分辨力高、体积小、使用方便、易集成	存在较大的非线性误差和温度误差，需温度补偿	测量压力
压电式	结构简单、工作可靠、使用方便、抗干扰能力强、线性好、频响范围宽、灵敏度高、迟滞小、重复性好、温度系数低		动态和恶劣环境下进行力的测量
压磁式	输出功率大、信号强、抗干扰和过载能力强、工作可靠、寿命长，能在恶劣环境下工作	反应速度较慢，精度较低	测量力、力矩和称重
电容式	结构简单、灵敏度高、动态特性好、过载能力强、成本低	易受干扰	测量力、扭矩等
霍尔效应式	结构简单、体积小、频带宽、动态范围大、寿命长、可靠性高、易集成	易受温度影响，转换效率较低	测量力、扭矩等
电位器式	线性度好、结构简单、输出信号大、使用方便	精度不高，动态响应较慢	测量力、扭矩等
电感式	灵敏度、分辨力高，工作可靠，输出功率较大	频响慢，动态测量精度低	测量力、压力、扭矩、荷重等
光电式	结构简单、工作可靠		测量扭矩
弹性元件式	使用可靠，灵敏度随敏感性不同而不同	动态响应慢	测量力、压力、扭矩等

4. 温度传感器

温度代表物质的冷热程度，是物质内部分子运动剧烈程度的标志。测量温度的方法有接触式和非接触式两类，因此温度传感器被分为接触式和非接触式两大类，其类型和特点如表 6 – 8 所示。

表 6 – 8　温度传感器的类型和特点

类型		特点	应用
接触式	热电偶式	测量精度高；测量范围宽（－100～1 800 ℃），金铁镍铬热电偶最低测温可达－269 ℃，钨铼热电偶可达2 800 ℃；构造简单、使用方便	测量物质（流体或气体）温度
	金属热电阻式	铂热电阻式抗氧化能力强、测温精度高、范围大，但成本高。铜热电阻式测温精度较低，测量范围小，但成本低。镍热电阻式灵敏度较高，但稳定性较差	用于工业测温
	热敏电阻式	体积小、质量轻、结构简单、热惯性小、响应速度快，有正温度系数（PTC）和负温度系数（NTC）两种	适用于小空间的温度测量
	半导体温度传感器	有二极管式和晶体管式两种，二极管式测量误差大、结构简单、价格便宜；晶体管式测量误差小、精度高、范围宽	常用于工业和医疗领域
非接触式	全辐射式	利用全光谱范围内总辐射能量与温度的关系进行温度测量	用于远距离且不能直接接触的高温物质
	亮度式	以被测物质光谱的一个狭窄区域内的亮度与标准辐射体的亮度进行比较测量，测量范围宽、精度较高	一般用于700～3 200 ℃的轧钢、锻压、热处理及浇注
	比色温度传感器	响应快，测量范围宽，测量温度接近实际温度	用于连续自动测量钢液、铁液、炉渣和表面没有覆盖物的物体温度

5. 流量传感器

流量传感器有超声式、涡流式、电磁式和转子式，其类型和特点见表 6 – 9。

表 6 – 9　流量传感器的类型和特点

类型		测量范围/($m^3 \cdot h^{-1}$)	精度/%	特点
超声式流量计		0～10	1～1.5	检测各种高温液体管道流量
涡流式流量计		液体时：3～3 800 气体时：6～2×10⁴	±1	多用于工业用水、城市煤气、饱和蒸汽的检测与控制
		蒸汽时：40～6×10⁴		
电磁式流量计		0～10	1～2.5	用于腐蚀、导电或带微粒流量的检测
转子式	玻璃管式	液体时：0.01～40 气体时：0.016～10³	1～2.5	用于石油和纯水装置等的流量监测
	金属管式	液体时：0.01～10² 气体时：0.4～10³	±2	

6. 视觉传感器

视觉传感器的类型和特点如表 6 – 10 所示。

表 6 – 10　视觉传感器的类型和特点

类型		特点
视觉传感器	工业摄像机	一般由照明部、接受部、光电转换部和扫描部等部分组成，通过图像处理进行物体、文字、符号和图像等的识别
	固体半导体摄像机	
	红外图像传感器	由红外敏感元件和电子扫描电路组成，可将波长 2 ~ 20 μm 的红外光图像转换为电视图像
	激光传感器	由光电转换部件、高速旋转多面棱镜和激光器等组成，可检测表面缺陷和识别条形码等
	滑动觉传感器	将滑动位移量通过光电码盘或旋转电位计转换为电信号来检测滑动情况

拓展资源：位置传感器

机电一体化执行机构的运动有直线和回转两种，所以检测其运动的传感器也分为直线型和回转型二类。在闭环控制系统中，将传感器安装在执行机构上，直接检测目标运动（直线或回转）位置，而在半闭环控制系统中常将传感器安装在传动机构上，或直接安装在执行元件的驱动轴上，可间接检测目标运动的直线位移或回转位移。常用的位移检测传感器如图 6 – 3 所示。

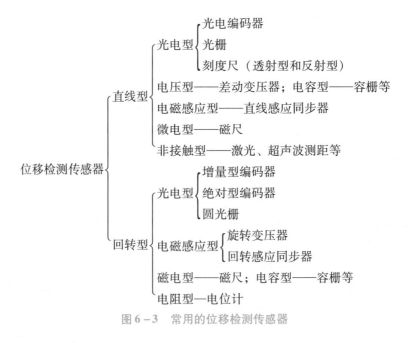

图 6 – 3　常用的位移检测传感器

机电一体化中常用传感器

6.3.1　电位器

电位器是一种常用的机电元件，主要是把机械的线位移或角位移输入量转换为与它成一定函数关系的电阻或电压，用于测量压力、高度和加速度等各种参数。电位器式传感器具有一系列优点，如结构简单、尺寸小、质量轻、精度高、输出信号大、性能稳定并容易实现任意函数；其缺点是要求输入能量大，电刷与电阻元件之间容易磨损。

电位器式角位移传感器的结构，传感器的转轴和待测角度的转轴相连，当待测物体的转轴转过一个角度时，电刷在电位器上转过一个相应的角位移，在输出端有一个跟角度成正比的输出电压。电位器的主要参数有标称阻值、额定功率、分辨率、滑动噪声、阻值变化特性、耐磨性、零位电阻及温度系数等。对电位器的要求是：①阻值符合要求；②中心滑动端与电阻体之间接触良好、转动平滑。对带开关的电位器，开关部分应动作准确可靠、灵活，因此在使用前必须检查电位器性能的好坏。

6.3.2　光栅

光栅传感器是根据莫尔条纹原理制成的，它主要用于线位移和角位移的测量。由于光栅传感器具有精度高、测量范围大、易于实现测量自动化和数字化等特点，所以目前光栅传感器的应用已扩展到测量与长度和角度有关的其他物理量，如速度、加速度、振动、质量和表面轮廓等方面。

光栅是一种在基体上刻制有等间距均匀分布条纹的光学元件。用于位移测量的光栅称为计量光栅。按其光路可分为反射光栅和透射光栅，按其线纹密度可分为粗光栅和细光栅，按其结构形式可分为长光栅和圆光栅。

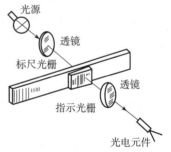

图6－4　光栅传感器结构

光栅传感器由照明系统、光栅副和光电接收元件组成，如图6－4所示。光栅副是光栅传感器的主要部分。在长度计量中应用的光栅通常称为计量光栅，它主要由主光栅（标尺光栅）和指示光栅组成。当标尺光栅相对于指示光栅移动时，形成的莫尔条纹产生亮暗交替变化，利用光电接收元件将莫尔条纹亮暗变化的光信号转换成电脉冲信号，并用数字显示，从而可测量出标尺光栅的移动距离。

光栅式角位移传感器可用于整圆或非圆检测，一般精度可达 0.5 mm，这种传感器用于精密仪器、精密机床和数控机床。

6.3.3　编码器

编码器是将信号或数据进行编制、转换的设备。编码器把角位移或直线位移转换成电信号，前者称为码盘，后者称为码尺。

　　编码器根据刻度的形状分为测量直线位移的直线编码器和测量旋转位移的旋转编码器。将旋转角度转换为数字量的传感器称为旋转编码器。

　　编码器根据信号的输出形式分为增量式编码器和绝对式编码器。增量式编码器对应每个单位直线位移或单位角位移输出一个脉冲，绝对式旋转编码器根据读出的码盘上的编码检测绝对位置。根据检测原理，编码器可分为光学式、磁式、感应式和电容式。下面介绍应用最多的光学式编码器的原理。

　　旋转编码器的结构如图6-5所示。在发光二极管和光敏二极管之间由旋转码盘隔开，在码盘上刻有栅缝，当旋转码盘转动时，光敏二极管断续地接收发光二极管发出的光信号，经整形后输出方波信号。

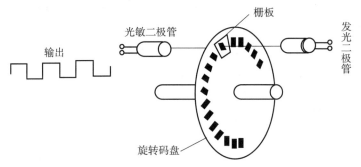

图6-5　旋转编码器的结构

　　增量编码器是将位移转换成周期性的电信号，再把这个电信号转变成计数脉冲，用脉冲的个数表示位移的大小。增量编码器的原理如图6-6所示，它有A相、B相、Z相三条光栅，A相与B相的相位差为90°，利用B相的上升沿触发检测A相的状态，以判断旋转方向。例如，按图6-6所示顺时针旋转，则B相上升沿对应A相的通状态；若逆时针旋转，则B相上升沿对应A相的断状态。Z相为原点信号。

　　绝对式编码器的每一个位置对应一个确定的数字码，因此它的示值只与测量的起始和终止位置有关，而与测量的中间过程无关。

6.3.4　测速发电机

　　测速发电机是检测转速最常用的传感器，它一般安装在执行元件一端，可直接测量执行元件的运转速度。测速发电机的工作原理类似于发电机的工作原理。

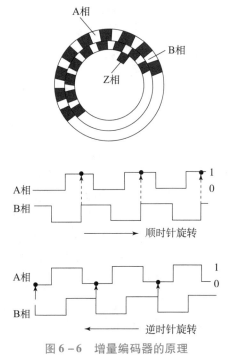

图6-6　增量编码器的原理

恒定磁场中的线圈发生位移，线圈两端的感应电压 E 与线圈内交链磁通 Φ 的变化速率成正比，输出电压为

$$E = \frac{\mathrm{d}\Phi}{\mathrm{d}t}$$

根据这个原理测量角速度的测速发电机，可按其构造分为直流测速发电机、交流测速发电机和感应式交流测速发电机。

直流测速发电机的定子是永久磁铁，转子是线圈绕组。图 6 – 7 所示为直流测速发电机的结构。它的原理和永久磁铁的直流发电机相同，转子产生的电压通过换向器和电刷以直流电压的形式输出，可以测量 0 ~ 10 000 r/min 量级的旋转速度，线性度为 0.1% 。此外，停机时不易产生残留电压，因此它最适宜作为速度传感器。但是电刷部分是机械接触，需要注意维修。另外，换向器在切换时产生脉动电压，使测量精度降低。因此，现在也有无刷直流测速发电机。

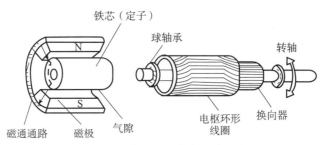

图 6 – 7　直流测速发电机的结构

永久磁铁式交流测速发电机的构造和直流测速发电机恰好相反，它的转子上安装了多磁极永久磁铁，其定子线圈输出与旋转速度成正比的交流电压。

测速发电机的输出电动势具有斜率高、特性呈线性、正转和反转时输出电压不对称度小、对温度敏感性低等特点。直流测速发电机要求在一定转速下输出电压交流分量小，无线电干扰小；交流测速发电机要求在工作转速变化范围内输出电压相位变化小。测速发电机广泛用于各种速度或位置控制系统，在自动控制系统中作为检测速度的元件，以调节电动机转速或通过反馈来提高系统稳定性和精度；在解算装置中可作为微分、积分元件，也可作为加速或延迟信号，用来测量各种运动机械在摆动或转动以及直线运动时的速度。

6.3.5　压电加速度传感器

压电加速度传感器利用具有压电效应的物质，将产生加速度的力转换为电压。这种具有压电效应的物质受到外力发生机械形变时能产生电压（反之，外加电压时，也能产生机械形变）。压电元件大多由具有高介电系数的材料制成。

压电元件的形变有三种基本模式：压缩形变、剪切形变和弯曲形变。图 6 – 8 所示为压电元件的变形模式。

图 6 – 9 所示为利用剪切方式的压电加速度传感器。传感器中一对平板形或圆筒形压电元件在轴对称位置上垂直固定，压电元件的剪切压电常数大于压缩压电常数，而且不受横向加速度影响，在一定的高温下仍能保持稳定的输出。压电加速度传感器的电荷灵敏度很

宽，可达 $10^{-2} - 10^3 \mathrm{pc}/(\mathrm{m/s^2})$。

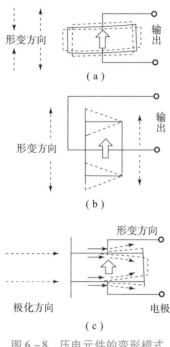

图 6 - 8　压电元件的变形模式

（a）压缩；（b）剪切；（c）弯曲

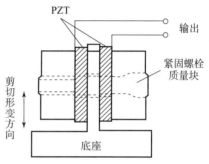

图 6 - 9　剪切式压电加速度传感器

　　压电加速度传感器应用于数码相机和摄像机里，用来检测拍摄时候的手部的振动，并根据这些振动，自动调节相机的聚焦；也应用在汽车安全气囊、防抱死系统和牵引控制系统等安全性能方面。

6.3.6　超声波距离传感器

　　超声波传感器是利用超声波的特性研制而成的传感器。超声波具有频率高、波长短、绕射现象小，特别是方向性好、能够成为射线而定向传播等特点。超声波距离传感器广泛应用在物位（液位）监测、机器人防撞、各种超声波接近开关以及防盗、报警等相关领域，其工作可靠、安装方便、可防水、发射夹角较小、灵敏度高，方便与工业仪表进行连接，也可提供发射夹角较大的探头。

　　超声波距离传感器由发射器和接收器构成。几乎所有超声波距离传感器的发射器和接收器都是利用压电效应制成的。发射器是利用给压电晶体加一个外加电场时晶片产生应变（压电逆效应）这一原理制成的。接收器的原理是：当给晶片加一个外力使其变形时，在晶体的两面会产生与应变量相当的电荷（压电正效应），若应变方向相反则产生电荷的极性反向。

　　超声波距离传感器的检测方式有脉冲回波式（见图 6 - 10）以及 FM - CW（频率调制、连续波）式（见图 6 - 11）两种。

　　脉冲回波式是先将超声波用脉冲调制后发射，根据经被测物体反射回来的回波延迟时

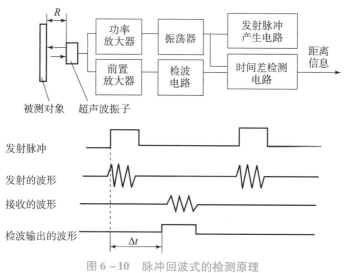

图 6 – 10　脉冲回波式的检测原理

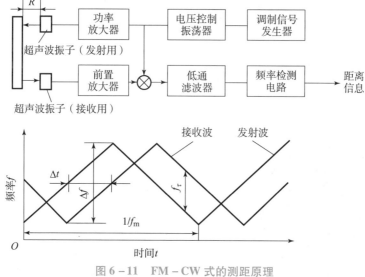

图 6 – 11　FM – CW 式的测距原理

R—距离；f_1—发射波与接收波的频率差；f_m—发射波的频率

间 Δt，设定气中的声速为 V，计算出被测物体与传感器间的距离为

$$R = V\Delta t/2 \tag{6-1}$$

如果空气温度为 T，则声速为

$$V = 331.5 + 0.607T \tag{6-2}$$

FM – CW 方式是采用连续波对超声波信号进行调制。将由被测物体反射延迟 Δt 时间后得到的接收波信号与发射波信号相乘，取出其中的低频信号，可以得到与距离 R 成正比的差频信号 f_r。假设调制信号的频率为 f_m，调制频率的带宽为 Δf，被测物体的距离为

$$R = \frac{f_r V}{4 f_m \Delta f}$$

拓展资源：感应同步器

感应同步器是应用电磁感应原理来测量线位移或角位移的传感器，具有较高的测量精度和分辩力，抗干扰能力强、使用寿命长、制造工艺简单、维护方便，可用于长距离位移测量。图 6 – 12 所示为回转式感应同步器的组成及原理。定盘印刷有一个感应绕组，动盘上有正弦和余弦两个绕组，这两个绕组的空间位置相差 1/4 节距（$t/4$ 相当于角度 90°）。动盘与定盘的底板可用有机玻璃或铸铁等材料制成。安装时，动盘和定盘应保持平行，间隙为 0.05 ~ 0.25 mm。给定盘绕组加激磁电压后，动盘上的感应绕组就有感应电动势（相位与幅值），此电动势的相位及幅值随动盘与定盘的相对位移而改变。当动盘转过节距 t 时，感应电动势的相位及幅值变化一个周期（即相应变化 360°幅值由正最大变至负最大，再回到正最大），由于感应同步器的节距可以做得较小（例如 $t = 2$ mm），故测量精度可以很高。直线感应同步器相当于一个展开了的回转式感应同步器，其原理与回转式相同。工作原理与基本公式如下：

在激磁绕组两端接入交流电压 U_m，绕组中有交流电流通过并产生交变磁场。将感应绕组以很小的间隙面对面安装在一起，则感应绕组上产生一定的感应电势 e。若激磁绕组不动，而感应绕组相对移动，每移动一个节距 t，感应绕组中的感应电势 e 就变化一个周期。若激磁电压 $U = U_0\sin\omega t$，那么在感应绕组中产生的感应电势为

$$e = kwU_0\sin(2\pi x/t)\cos\omega t$$

式中　U_0 为激磁电压幅值（V）；ω 为激磁电压角频率（rad/s）；k 为比例常数；t 为绕组节距，又称感应同步器周期；x 为激磁绕组与感应绕组的相对位移（m）。可见，感应同步器可看成是一个耦合系数随位移变化的变压器，其输出电势与位移成正、余弦关系。

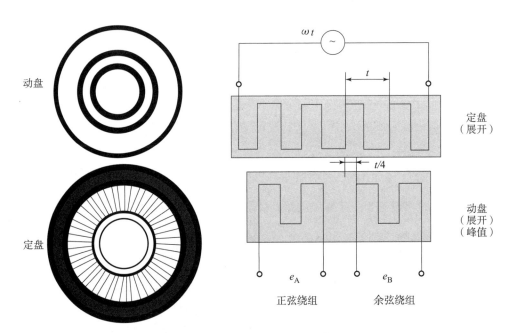

图 6 – 12　回转式感应同步器的组成及原理

任务6.4　传感器的选用原则及注意事项

　　测量条件不同对传感器要求也不同。一般选用传感器时，应主要考虑的因素是：高精度、低成本，应根据实际要求合理确定静态精度和成本的关系，尽量提高精度、降低成本；高灵敏度应根据需要合理确定；工作可靠、稳定性好，应长期工作稳定，耐蚀性好；抗干扰能力强；动态测量应具有良好的动态特性；结构简单、小巧，使用维护方便，通用性强，功耗低等。

　　传感器的选用原则可以归纳为以下几点：

　　（1）传感器的灵敏度。

　　传感器的灵敏度高，可感知小的变化量，被测量稍有微小变化时，传感器就有较大的输出。但是灵敏度越高，与测量信号无关的外界噪声也越容易混入，并且噪声也会被放大。因此，对传感器往往要求有较大的信噪比。同时，过高的灵敏度会影响测量范围。

　　（2）传感器的线性范围。

　　任何传感器都有一定的线性范围，在线性范围内输出与输入成比例关系。线性范围越宽，表明传感器的工作量程越大。为了保证测量的精确度，传感器必须在线性区域内工作。然而任何传感器都不容易保证其绝对线性，在某些情况下，在许可限度内，也可以在其近似线性区域应用。

　　（3）传感器的响应特性。

　　传感器的响应特性必须在所测频率范围内尽量保持不失真。但实际上传感器的响应总有迟延，迟延时间越短越好。一般光电效应、压电效应等物性型传感器响应时间小，可工作频率范围宽。而结构型，如电感、电容和磁电式传感器等，由于受到结构特性的影响，往往由于机械系统惯性的限制，其固有频率低。在动态测量中，传感器的响应特性对测试结果直接影响，在选用时，应充分考虑被测物理量的变化特点（如稳态、瞬变、随机等）。

　　（4）传感器的稳定性。

　　传感器的稳定性是经过长期使用以后其输出特性不发生变化的性能。影响传感器稳定性的因素是时间与环境。为了保证稳定性，在选用传感器之前，应对使用环境进行调查，以选择合适的传感器类型。在有些机械自动化系统中或自动检测装置中，所用的传感器往往是在比较恶劣的环境下工作，其灰尘、油剂、温度及振动等干扰是很严重的，这时传感器的选用必须优先考虑稳定性因素。

　　（5）传感器的精确度。

　　传感器的精确度表示传感器的输出与被测量的对应程度。因为传感器处于测试系统的输入端，传感器能否真实地反映被测量，对整个测试系统具有直接影响。

　　然而，传感器的精确度也并非越高越好，因为还要考虑到经济性。传感器精确度越高，价格越昂贵，因此应从实际出发来选择。首先应了解测试目的是定性分析还是定量分析。如果属于相对比较性的试验研究，只需获得相对比较值即可，那么对传感器的精确度要求可低些。然而对于定量分析，为了必须获得精确量值，因而要求传感器应有足够高的精确度。

此外，还可以采取某些技术措施来改善传感器的性能，这些技术有：

（1）平均技术。常用的平均技术有误差平均效应和数据平均处理。误差平均效应是利用 n 个传感器单元同时感受被测量，因而其输出将是这些单元输出的总和。数据平均处理是在相同条件下重复测量 n 次，然后取其平均值，因此，该技术可以使随机误差减小 $\sqrt{n}$ 倍。

（2）差动技术。差动技术在电阻应变式、电感式、电容式等传感器中得到广泛应用，它可以消除零位输出和偶次非线性项，抵消共模误差，减小非线性。

（3）稳定性处理。传感器作为长期使用的元件，稳定性显得特别重要，因此对传感器的结构材料要进行时效处理，对电子元件要进行筛选等。

（4）屏蔽和隔离。屏蔽、隔离措施可抑制电磁干扰，隔热、密封、隔振等措施可削弱温度、湿度、机械振动的影响。

传感器所感知、检测、转换和传递的信息为不同的电信号。传感器输出的电信号可分为电压输出、电流输出和频率输出，其中以电压输出为最多。

传感器将非电物理量转换成电量，并经放大、滤波等一系列处理后，需经模数转换成数字量，才能送入计算机系统，进行相应的分析。输入计算机的信息必须是计算机能够处理的数字量信息。传感器的输出形式可分为模拟量和数字量，开关量为二值数字量。传感器输出的数字量信号的形式有二进制代码、BCD 码和脉冲序列等，它通过三态缓冲器可直接输入计算机。

传感器输出的模拟量信号一般需经过信号放大、采样、保持、模拟多路开关及 A/D 转换，通过 I/O 接口输入计算机。传感器的输入通道根据应用要求不同，可以有不同的结构形式。图 6－13 所示为多模拟量输入通道一般组成框图。该方式的工作是依次对每个模拟通道进行采样/保持和转换，其优点是节省硬件，但是有转换速度低、各通道不能同时采样的缺点。

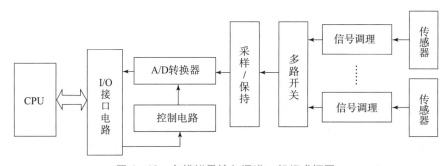

图 6－13　多模拟量输入通道一般组成框图

为提高采样速度，达到同时采样，可采用多通道同步型（见图 6－14）或多通道并行输入型（见图 6－15）。

1. 输入放大器

被分析的信号幅值大小不一，输入放大器（或衰减器）便是对幅值进行处理的器件。对于超过限额的电压幅值可以加以衰减，对于太小的幅值则加以放大，避免影响采样精度。输入放大器（衰减器）的放大倍数（衰减百分数），一般可用程控方式或手动方式设定。对信号放大时，一般不宜放得过大，以免后面分析运算中产生溢出现象。

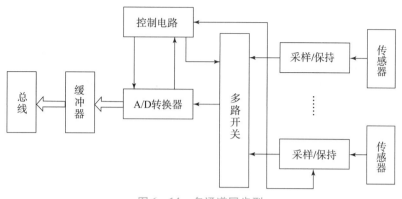

图 6-14 多通道同步型

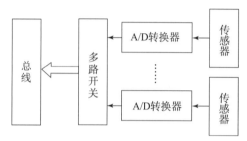

图 6-15 多通道并行输入型

输入放大器上往往设有 DC 和 AC 选择挡。在分析交变信号时可用 AC 挡来减小测试系统中传感器或放大器的零漂误差。有时分析的信号是交变信号与直流分量的叠加，但若感兴趣的只是交变信号，这时就可用 AC 挡来消除直流分量，AC 挡成为隔直电路。这样，AC挡实际上具有高通滤波特性。使用时应注意其响应问题，只有等输入波形稳定后再开始采样处理，才能得到正确结果。DC 挡是对信号直接进行处理，不存在上述问题，有的输入放大器还可改变输入信号的极性，使用时可依需要调整。

在微机控制系统中，采用的数据放大器与一般测量系统的放大电路类似。当多路输入的信号源电平相差悬殊时，用同一增益的放大器放大高电平和低电平信号，就有可能使低电平信号测量精度降低，而高电平可能超出 A/D 转换器的输入范围。采用可编程序放大器，可通过程序调整放大倍数，使 A/D 转换器满量程达到均一化，以提高多路数据采集精度。

图 6-16 所示为采用多路开关 CD4051 和普通运算放大器组成的可编程增益运算放大器。A1、A2、A3 组成差动式放大器，A4 为电压跟随器，其输入端取自共模输入端 V_{cm}，输入端接到 A1、A2 放大器的电源地端。A1、A2 的电源电压的浮动幅度将与 V 相同，从而大大削弱了共模干扰的影响。实验证明，这种电路与基本电路相比，其共模抑制比至少提高 $20 \sim 40 \ dB$。

采用 CD4051 作为模拟开关，通过一个 4D 锁存器与 CPU 总线相连，改变 CD4051 用于选择输入端 C、B、A 的数字，则可使 $R_0 \sim R_7$ 八个电阻中的一个接通。这八个电阻的阻值可根据放大倍数的要求，由公式 $A_V = 1 + 2R_1/R$ 来求得，从而可得到不同的放大倍数。当

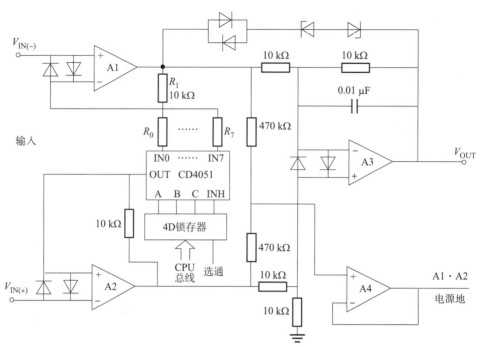

图 6 – 16 采用多路开关的可编程增益运算放大器

CD4051 所有的开关都断开时，相当于 $R_1 = 0$，此时放大器的放大倍数 $A_V = 1$。

2. V/I、F/V 转换电路

V/I 变换器的作用是将电压变换为标准的电流信号。它不仅具有恒流性能，而且要求输出电流随负载电阻变化所引起的变化量不超过允许值。一般的 V/I 变换器构成的主要部件是运算放大器。一些传感器，如差动流量变送器、温度变送器、压力变送器等，其输出信号通常为 $4 \sim 20$ mA。电动控制也常用 $4 \sim 20$ mmA。在工业控制中，许多传感器输出均为电压信号，以便与 A/D 转换器接口。当传感器输出信号需要远距离传输时，必须把它变成电流信号，因而要求把 $0 \sim 10$ V 的电压转换为 $4 \sim 10$ mA 的电流信号，或者做相反的转换。

由于频率信号输出占有总线数量少、易于远距传送、抗干扰能力强，将频率信号转换成与频率成比的模拟电压可采用 F/V 转换器。通常没有专用于 F/V 转换的集成器件，而是使用 V/F 转换器在特定的外接电路下构成 F/V 转换电路。一般的集成 V/F 转换器都具有 F/V 转换功能。

3. 采样/保持电路

如果直接将模拟量送入 A/D 转换器进行转换，则应考虑到任何一种 A/D 转换器都需要有一定的时间来完成量化及编码的操作，即 A/D 转换器的孔径时间。当输入信号频率提高时，由于孔径时间的存在，会造成较大的转换误差。要防止这种误差的产生，必须在 A/D 转换开始时将信号电平保持住，而在 A/D 转换结束后又能跟踪输入信号的变化，即对输入信号处于采样状态。能完成这种功能的器件叫采样/保持器（Sample/Hold），简称 S/H。采样/保持器在保持阶段相当于一个"模拟信号存储器"。

采样保持器有两种工作方式，一种是采样方式，另一种是保持方式。在采样方式中，采样/保持器的输出跟随模拟量输入电压。在保持状态时，采样/保持器的输出将保持在命令发出时刻的模拟量输入值，直到保持命令撤销（即再度接到采样命令）时为止。此时，采样/保持器的输出重新跟踪输入信号变化，直到下一个保持命令到来为止。

采样/保持器的主要用途是：①保持采样信号不变，以便完成 A/D 转换；②同时采样几个模拟量，以便进行数据处理和测量；③减少 D/A 转换器的输出毛刺，从而消除输出电压的峰值及缩短稳定输出值的建立时间；④把一个 D/A 转换器的输出分配到几个输出点，以保证输出的稳定性。

实际上为使采样/保持器具有足够的精度，一般在输入级和输出级均采用缓冲器，以减少信号源的输出阻抗，增加负载的输入阻抗。电容的选择应大小适宜，以保证其时间常数适中，并选用泄漏小的电容。

最常用的采样/保持器有美国 AD 公司的 AD582、AD585、AD346、AD389 和 ADSHC-85，以及国家半导体公司的 LF198/298/398 等。

LF198/298/398 是由双极型绝缘栅场效应管组成的采样/保持电路，它具有采样速度快、保持下降速度慢，以及精度高等特点，其原理如图 6-17 所示。

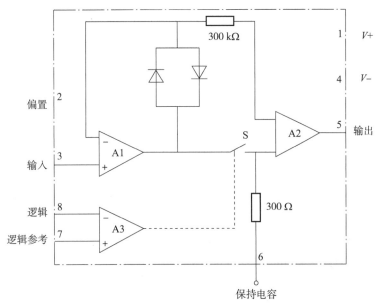

图 6-17　LF198/298/398 的原理图

4. 模拟多路开关

在机电一体化领域中，经常对许多传感器信号进行采集和控制。如果每一路都单独采用各自的输入回路，即每一路都采用放大、采样/保持、A/D 等环节，不仅成本比单路成倍增加，还会导致系统体积庞大，且由于模拟器件、阻容元件参数和特性不一致，对系统的校准也会带来很多困难，因此除特殊情况下，多采用公共的采样/保持及 A/D 转换电路。要实现这种设计，往往采用模拟多路开关。

模拟多路开关的作用为分别或依次把各传感器输出的模拟量与 A/D 接通，以便进行A/D 转换。多路开关是用来切换模拟电压信号的关键器件，为了提高参数的测量精度，对其要求是：导通电阻小；开路电阻大，交叉干扰小；速度快。

常用的由 CMOS 场效应管组成的单片多路开关 CD4051 的原理如图 6 – 18 所示。CD4051 是单端的 8 路开关，它有 3 根二进制的控制输入端和一根禁止输入端 INH（高电平禁止）。片上有二进制译码器，可由 A、B、C 三个二进制信号在 8 个通道中选择一个，使输入和输出接通。而当 INH 为高电平时，不论 A、B、C 为何值，8 个通道均不通。该多路开关输入电平范围大，数字量为 3 ~ 15 V，模拟量可达 15 V。

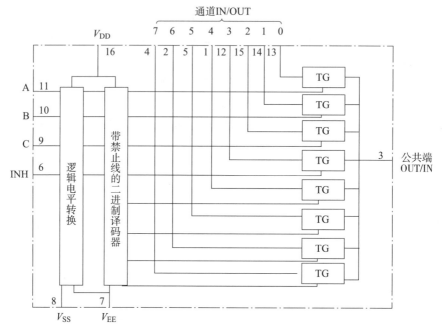

图 6 – 18   CD4051 原理电路图

5. 转换器与微机的连接

图 6 – 19 所示为典型 A/D 转换器 0809 与微机的连接线图，芯片脚 $V_{REF(-)}$ 接 – 5 V、$V_{REF(+)}$ 接 + 5 V，此时输入电压可在 ± 5 V 范围之内变动。A/D 转换器的位数可以根据检测精度要求来选择，0809 是 8 位 A/D 转换器，它的分辨率为满刻度值的 0.4%。ALE 是地址锁存端，高电平时将 A、B、C 锁存。A、B、C 全为 1 时，选输入端 IN。ST 是重新启动的转换端，高电平有效，由低电平向高电平转换时，将已选通的输入端开始转换成数字量，转换结束后引脚 EOC 发出高电平，表示转换结束。OE 是允许输出控制端，高电平有效。高电平时将 A/D 转换器中的三态缓冲器打开，将转换后的数字量送到 D0 ~ D7 数据线上。

在微机接口中有一根是地址译码线 PSR，地址线为某一状态时，它为有效电平。IOW 是 I/O 设备"写"信号线，微机从外设接收信息时，该信号线有效。在这里，IOW 和 PSR 经一级"或非"门后用以启动 A/D 转换器。IOR 是 I/O 设备"读"信号线，微机向外设输出信息时，该信号线有效。在这里，IOR 和 PSR 经一级"或非"门后用以从 A/D 转换器读入数据。

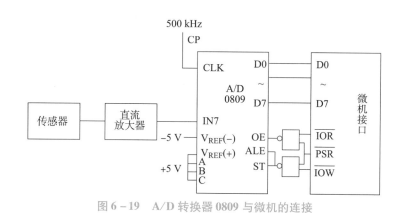

图 6-19　A/D 转换器 0809 与微机的连接

拓展资源：传感器与微机的接口的组成

传感器与微机的接口的组成包括：

1. 输入放大器

被分析的信号幅值大小不一，输入放大器（或衰减器）便是对幅值进行处理的器件。对于超过限额的电压幅值，可以加以衰减，对于太小的幅值，则加以放大，避免影响采样精度。输入放大器（衰减器）的放大倍数（衰减百分数），一般可用程控方式或手动方式设定。对信号放大时，一般不宜放得过大，以免后面分析运算中产生溢出现象。输入放大器上往往设有 DC 和 AC 选择挡。在分析交变信号时可用 AC 挡来减小测试系统中传感器或放大器的零漂误差。有时分析的信号是交变信号与直流分量的叠加，但若感兴趣的只是交变信号，这时就可用 AC 挡来消除直流分量，AC 挡成为隔直电路。这样，AC 挡实际上具有高通滤波特性。使用时应注意其响应问题，只有等输入波形稳定后再开始采样处理，才能得到正确结果。DC 挡是对信号直接进行处理，不存在上述问题，有的输入放大器还可改变输入信号的极性，使用时可依需要调整。

2. 抗频混滤波器

在做频域分析时，为解决频混的影响，采样之前通常用模拟滤波器来衰减不感兴趣的高频分量，然后根据滤波器的选择性来确定适当的采样频率。低通滤波器为抗频混滤波器。由于低通滤波器能衰减高频分量，所以也可对时域分析时的信号做平滑处理。抗频混滤波器的截止频率一般都是多挡可选的，依信号特性选用。

3. 采样保持电路

这个电路在 A/D 转换器之前，是为 A/D 进行转换期间，保持输入信号不变而设置的。对于模拟输入信号变化率较大的信号通道，一般都需要它。对于直流或者低频信号通道则可不用。采样保持电路对系统精度起着决定性的影响。要求采样时，存储电容尽快充电，以跟随参量变化。保持时，存储电容漏电流必须接近于零，以便使输出值保持不变。

4. 模拟多路开关

其作用为分别或依次把各传感器输出的模拟量与 A/D 接通，以便进行 A/D 转换。对其要求是：导通电阻小；开路电阻大，交叉干扰小；速度快。

5. A/D 转换器及其与微机的连接

A/D 转换器是数字信号处理系统的重要器件。实现 A/D 转换有多种方式，A/D 转换芯片也有多种型号，其技术参数主要有：分辨力、相对精度、输入电压、转换时间、输入电阻、供电电压等项。其中分辨力和转换时间两项较关键。分辨力是指转换微小输入量变化的敏感程度，用数字量的位数来表示，如 8 位、10 位、12 位等。

项目六　传感器及其接口技术

任务工单

任务名称	传感器及其接口技术	组别	组员：

一、任务描述

传感器的基本概念，机械控制、健康监测和智能系统常用传感器，检测系统设计与分析，现代信息处理技术及智能传感器应用，使学生理解检测系统设计方法，掌握传感器与检测系统设计基本概念与基础知识，熟悉数控机床和机器人等检测系统设计。

二、技术规范

三、计划（制订小组工作计划）

工作流程	完成任务的资料、工具或方法	人员安排	时间分配	备注

四、决策（确定工作方案）

1. 小组讨论、分析、阐述任务完成的方法、策略，确定工作方案。
2. 教师指导、确定最终方案。

五、实施（完成工作任务）。

工作步骤	主要工作内容	完成情况	问题记录

六、检查（问题信息反馈）

反馈信息描述	产生问题的原因	解决问题的方法

续表

任务 名称	传感器及其接口技术		组别		组员:

七、评估（基于任务完成的评价）

1. 小组讨论，自我评述任务完成情况、出现的问题及解决方法，小组共同给出改进方案和建议。
2. 小组准备汇报材料，每组选派一人进行汇报。
3. 教师对各组完成情况进行评价。
4. 整理相关资料，完成评价表。

任务 名称			姓名	组别	班级	学号	日期
考核内容及评分标准			分值	自评	组评	师评	均分
三维 目标	素质	自主学习、合作学习、团结互助等	25				
	认知	任务所需知识的掌握与应用等	40				
	能力	任务所需能力的掌握与数量度等	35				
加分 项	收获 （10分）	有哪些收获（借鉴、教训、改进等）：	你进步了吗？		加分		
			你帮助他人进步了吗？				
	问题 （10分）	发现问题、分析分问题、解决方法、创新之处等：			加分		
总结 与 反思					总分		

八、拓展（基于本任务延伸的知识与能力）

九、备注（需要注明的内容）

指导教师评语：

任务完成人签字：　　　　　　　　　　　　　　　　　日期：　　　年　　　月　　　日
指导教师签字：　　　　　　　　　　　　　　　　　　日期：　　　年　　　月　　　日

习题与思考题

1. 什么是传感器？它由哪些部分组成？

2. 常见的位移检测原理有哪些？检测动态的微小位移可采用哪些传感器？

3. 传感器的静态特性有哪些指标？一阶传感器和二阶传感器的动态特性参数分别为什么？

4. 传感器及传感技术的发展趋势是什么？

5. 光栅传感器的主要特点是什么？

6. 绝对式旋转编码器和相对式旋转编码器的主要区别体现在哪些方面？

7. 采用计数的方法进行转速检测，可以使用哪些传感器？

8. 超声波接近觉传感器和激光接近觉传感器两种传感器在使用中的区别有哪些？

9. 一个完整的检测系统设计包括哪些步骤？需要注意哪些方面？

10. 什么是智能传感器？它与传统传感器有什么区别？

11. 智能传感器的设计要点有哪些？有哪些实现途径？

12. 无线传感器网络的特点有哪些？有哪些关键技术？

13. 多传感器信息融合有哪些类型？多传感器信息融合的主要方法有哪些？

项目导入		本章将介绍机电一体化控制系统的主要内容以及控制系统的设计与建模、常用控制器与接口控制算法等内容。通过对本章的学习，学生应掌握机电一体化控制系统的组成、选型方法、设计方法、建模方法等。重点掌握常用控制器硬件、软件设计方法与流程，能够完成机电领域工程问题的机电一体化控制系统构建与实验验证
工匠引领		首届"四川工匠"、四川省装备制造业机器人应用工程实验室副主任胡明华，堪称高端数控设备控制部件的"诊疗名医"。十余年间，他带领团队为企业解决高端数控设备"疑难杂症"，打破了多项数控维修的技术壁垒，提供数控设备维修改造技术服务 500 余次，很多被宣布"死亡"或"瘫痪"的数控设备在他手中"起死回生"。他开拓创新，拥有 14 项发明专利，精益求精、无畏挑战，被业界誉为"数控维修一把刀"
学习目标	知识目标	要想掌握机电一体化控制系统设计，需要将课程理论与实验实践相结合。本章将介绍机电一体化控制系统的主要内容以及控制系统的设计与建模、常用控制器与接口控制算法等内容。通过对本章的学习，学生应掌握机电一体化控制系统的组成、选型方法、设计方法、建模方法等，重点掌握常用控制器硬件、软件设计方法与流程，能够完成机电领域工统构建与实验验证
	技能目标	要想掌握机电一体化控制系统设计，需要将课程理论、实验实践相结合。首先，理清机电一体化控制系统设计原则、需求与硬件组成；其次，分析控制系统工作原理；最后，设计合理的控制系统。可结合虚拟仿真工具，快速掌握控制系统硬件电路设计、软件程序设计与实验验证方法
	素质目标	深刻认识中国梦是每个人的梦；以祖国的繁荣为最大的光荣，以国家的衰落为最大的耻辱；增强国家认同，培养爱国情感，树立民族自信；形成为实现中华民族伟大复兴的中国梦而不懈努力的共同理想追求；培养青少年学生做有自信、懂自尊、能自强的中国人

机电一体化系统中，控制系统起着极其重要的作用。近年来，机电一体化技术日渐成熟，计算机技术、信息技术、自动控制、智能控制理论与机械技术的融合程度越来越高。计算机的强大信息处理能力将机电一体化控制技术不断提升。同时，人工智能的发展与应用使得机电设备的自动化水平和分析能力快速发展。

计算机控制是自动控制发展中的高级阶段。凭借计算机出色的分析性能、智能决策和控制水平，机电一体化控制技术在工业、国防、医疗、能源和民生领域中的应用日渐广泛，显著提高了工业生产、国防安全、医疗检测诊断与治疗、煤矿开采和日常生活的效率和质量。控制系统的设计质量会对机电一体化技术的应用成效产生直接的影响，科学地设计机电一体化控制系统有利于确保机电设备运行的可靠性和稳定性，因此，必须提高对控制系统设计的重视，加强对计算机接口的设计，从而实现控制系统与外部设备的可靠连接。

任务7.1　计算机控制技术

7.1.1　基本概念

1. "量"控制与"逻辑"控制

一般来说，控制"的内容可分为两类，即以速度、位移、温度、压力等数量大小为控制对象和以物体的"有""无""动""停"等逻辑状态为控制对象。以数量大小为控制对象的控制可根据表示数量大小的信号类型分为模拟控制和数字控制。

1）模拟控制

模拟控制是指将速度、位移、温度或压力等变换成大小与其对应的电压或电流等模拟量来进行信号处理的控制。在这里，信号处理方法称为模拟信号处理，采用模拟信号处理的控制称为模拟控制。

2）数字控制

数字控制是指把要处理的"量"变成数字量进行信号处理的控制。在这里，信号处理方法称为数字信号处理，采用数字信号处理的控制称为数字控制。

模拟控制精度不高，不适用于复杂的信号处理。数字控制可用于要求高精度和信号运算比较复杂的场合。在用计算机作主控制器的系统中，虽然在最后控制位置、力、速度等部分中模拟控制仍然是主流，但在这之前的各种信号处理中，多数用数字控制。以上信号均是连续变化量。

以逻辑状态为控制对象的控制称为逻辑控制，通常处理开关的"通""断"，灯的"亮""灭"，电动机的"运转""停止"之类的"1"与"0"二值逻辑信号。逻辑控制又称顺序控制，称之为逻辑控制是强调信号处理的方式，称之为顺序控制是强调对被控对象的作用。

2. 开环控制与闭环控制

以数量大小、精度高低为控制对象，将输出结果与目标值的差值作为偏差信号，控制输出结果的控制系统是闭环控制系统。以目标值为系统输入，对输出结果不予检测的控制系统是开环控制系统。闭环控制系统由于将检测的输出结果返回到输入端与目标值进行比较，所以又称反锁控制系统。图 7-1 所示为闭环控制系统输入信号与输出信号之间的关系。

3. 连续控制与非连续控制

在机电一体化产品中广泛使用了数字控制，数字控制中采用微处理机作为数字运算装置。在数字运算装置中，从给出输入数值到得出运算结果的输出数值存在时间差（滞后时

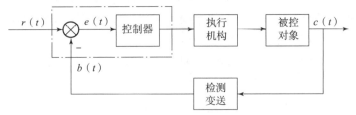

图 7－1　闭环控制系统输入信号与输出信号之间的关系

间），在时间上有不连续的关系，称为非连续控制。在模拟控制中，输入与输出的对应关系一般在无时间差的情况下用微分方程的形式表示。这样，输入与输出在时间上保持连续的关系，称为连续控制。在非连续控制中，每隔一定周期进行一次运算（采样），并把运算结果保持到下一运算周期的控制方式，称为采样控制。如果使不连续控制的滞后时间足够小，动作当然就接近连续控制了。但连续控制与非连续控制用于反馈控制时，往往表现出完全不同的情况，因此必须注意。

4. 线性控制与非线性控制

由线性元件构成的控制系统称为线性控制系统。对于机械系统来讲，凡是具有固定传动比的机械系统都是线性系统，控制方程一般采用线性方程表示。含有非线性元件的控制系统称为非线性控制系统。对于机械系统来讲，机械系统只要含有非线性元件（凸轮、拨叉、连杆机构等）就是非线性系统，控制方程一般用微分方程表示。

5. 点位控制和轨迹控制

点位控制〔见图 7－2（a）〕是在允许加速度的条件下，尽可能以最大速度从坐标原点运动到目的坐标位置，对两点之间的轨迹没有精度要求。轨迹控制〔见图 7－2（b）〕又称为连续路径控制，包括直线运动控制和曲线运动控制。这类控制对运动轨迹上的每一点坐标都具有一定的精度要求，需要采用插补技术生成控制指令。

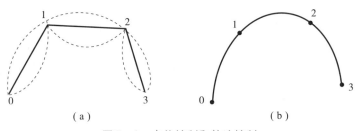

　　　　　（a）　　　　　　　　　　　　　　　（b）

图 7－2　点位控制和轨迹控制
（a）点位控制；（b）轨迹控制

7.1.2　机电一体化控制系统的特征与组成

机电一体化控制系统从模拟控制系统发展到计算机控制系统。控制器的结构、控制器中的信号形式、控制系统的过程通道内容、控制量的产生方法、控制系统的组成观念均发生了重大变化。

1. 计算机控制系统的特征

将模拟自动控制系统中控制器的功能用计算机来实现，就形成了一个典型的计算机控制系统。图 7-3 所示的计算机控制系统由两个基本部分组成，即硬件和软件。硬件是指计算机本身及其外部设备。软件是指管理计算机的程序及生产过程应用程序。只有软件和硬件有机地结合，计算机控制系统才能正常运行。

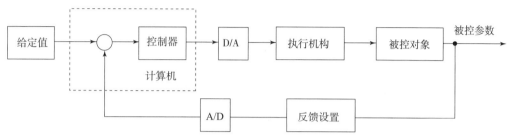

图 7-3　计算机控制系统基本组成框图

由于在计算机控制系统中控制器的输入和输出是数字信号，而现场采集到的信号或送到执行机构的信号大多是模拟信号，因此与常规的按偏差控制的闭环负反馈控制系统相比，计算机控制系统需要有数/模转换和模/数转换这两个环节，计算机把通过测量元件、变送单元和模/数转换器送来的数字信号，直接反馈到输入端与设定值进行比较，然后根据要求按偏差进行运算，所得到的数字量输出信号经过数/模转换器送到执行机构，对被控对象进行控制，使被控参数稳定在设定值上。这种系统也是闭环控制系统。图 7-4 所示为典型的采煤机自动调高闭环控制系统实例。

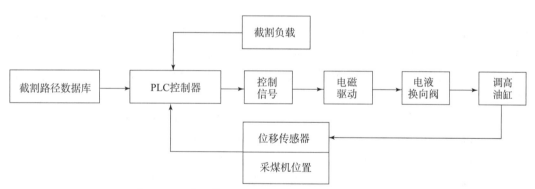

图 7-4　典型的采煤机自动调高闭环控制系统实例

1）计算机控制系统结构特征

在计算机控制系统中，除测量装置、执行机构等常用的模拟部件外，执行控制功能的核心部件是微型计算机，所以计算机控制系统是模拟部件和数字部件的混合系统。

计算机控制系统的智能控制逻辑是用软件及智能算法实现的。改进一个控制逻辑，无论它复杂与否，只需要修改软件，一般不需要对硬件结构进行改变，因此计算机控制系统便于实现复杂的控制逻辑和对控制方案进行在线修改。由于计算机具有高速的运算处理能力，故可以采用分时控制的方式控制多个控制回路，使计算机控制系统具有更大的灵活性和适应性。

计算机控制系统的抽象结构和作用在本质上与其他控制系统基本相同，同样具备计算机开环控制系统、计算机闭环控制系统等不同类型的控制系统。

2）计算机控制系统信号特征

在计算机控制系统中，除有连续模拟信号外，还有离散模拟信号、离散数字信号等多种信号形式。计算机控制系统的信号流程如图 7 – 5 所示。

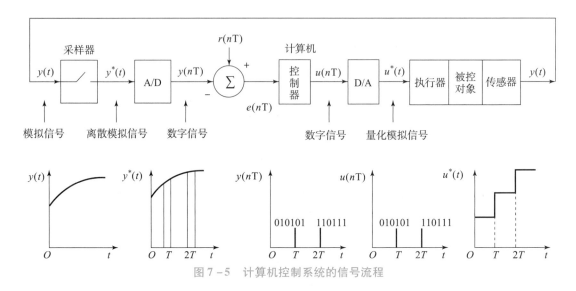

图 7 – 5   计算机控制系统的信号流程

在控制系统中引入计算机后，可用计算机的运算、逻辑判断和记忆等功能完成多种控制任务。由于计算机只能处理数字信号，为了信号的匹配，在计算机的输入端和输出端必须配置 A/D（模/数）转换器和 D/A（数/模）转换器，反馈量经 A/D 转换器转换为数字量以后，才能输入计算机，然后计算机根据偏差，按某种控制规律（如 PID 控制）进行运算，计算结果（数字信号）再经 D/A 转换器转换为模拟信号并输出到执行机构，完成对被控对象的控制。

按照计算机控制系统中信号的传输方向，计算机控制系统的信息通道由三个部分组成。

（1）过程输出通道：包含由 D/A 转换器组成的模拟量输出通道和开关量输出通道。

（2）过程输入通道：包含由 A/D 转换器组成的模拟量输入通道和开关量输入通道。

（3）人机交互通道：系统操作者通过人机交互通道向计算机控制系统发布相关命令、提供操作参数、修改设置内容等，计算机可通过人机交互通道向系统操作者显示相关参数、系统工作状态、控制效果等。

3）计算机控制系统功能特征

与模拟控制系统比较，计算机控制系统的主要功能特征表现如下：

（1）以软件代替硬件。

计算机控制系统以软件代替硬件的功能主要体现在两个方面：一是当被控对象改变时，计算机及其相应的过程通道硬件只需做少量的改变，甚至无须做任何改变，只需要面向新对象重新设计一套新控制软件便可；二是可以用软件来替代逻辑部件的功能实现，从而降低系统成本，减小设备体积。

（2）数据存储。

计算机具备多种数据保持方式，如脱机保持方式有 U 盘、移动硬盘、光盘、纸质打印、纸质绘图等，联机保持方式有固定硬盘、E²PROM、RAM 等。工作特点是系统断电不会丢失数据。服务器存储方式有 DAS（Direct Attached Storage，直接附加存储）方式、NAS（Network Attached Storage，网络附加存储）方式、SAN（Storage Area Network，存储区域网络）方式，逐步实现了存储的网络化。借助上述存储方式，面对不同工况下的自动控制系统的应用与研究时，可以从容应对突发问题，减少盲目性，从而提高了系统的研发效率，缩短了研发周期。

（3）状态、数据显示。

计算机具有强大的显示功能，显示设备有 LED 数码管、LED 矩阵块、虚拟现实（VR）头盔、增强现实（AR）眼镜、混合现实（MR）设备、裸眼 3D 屏幕等；显示模式包括数字、字母、符号、图形、图像、虚拟设备面板等；显示方式有静态、动态、二维、三维等；显示内容涵盖给定值、当前值、历史值、修改值、系统工作波形、系统工作轨迹仿真图等。人们通过显示内容可以及时了解系统的工作状态、被控对象的变化情况、控制算法的控制效果等。

（4）管理功能。

计算机都具有串行通信和联网功能。利用这些功能可实现多套计算机控制系统的联网管理，实现资源共享、优势互补。可构成分级分布式集散控制系统，以满足生产规模不断扩大、生产工艺日趋复杂、可靠性要求更高、灵活性希望更好、操作需更简易的大系统综合控制的要求，实现生产进行过程（动态）的最优化和生产规划、组织、决策、管理（静态）最优化的有机结合。

2. 计算机控制系统的工作原理

根据图 7-3 所示的计算机控制系统基本组成框图，计算机控制过程可归结为以下 4 个步骤：

（1）实时数据采集：对来自检测变送装置的被控量的瞬时值进行检测并输入。

（2）实时控制决策：对采集到的被控量进行分析和处理，并按已定的控制规律决定将要采取的控制行为。

（3）实时控制输出：根据控制决策适时地对执行机构发出控制信号，完成控制任务。

（4）信息管理：随着网络技术和控制策略的发展，信息共享和管理也是计算机控制系统必须具备的功能。

3. 计算机控制系统的工作方式

1）在线方式和离线方式

在计算机控制系统中，生产过程和计算机直接连接，并受计算机控制的方式称为在线方式或联机方式；生产过程不和计算机相连，且不受计算机控制，而是靠人进行联系并做出相应操作的方式称为离线方式或脱机方式。

2）实时控制

所谓实时，是指信号的输入、计算和输出都在一定的时间范围内完成，亦即计算机对输入信息以足够快的速度进行控制。超出了这个时间，就失去了控制的时机，控制也就失去了意义。实时的概念不能脱离具体过程，一个在线系统不一定是一个实时系统，但一个实时系统必定是一个在线系统。计算机控制系统的硬件组成框图如图7-6所示。

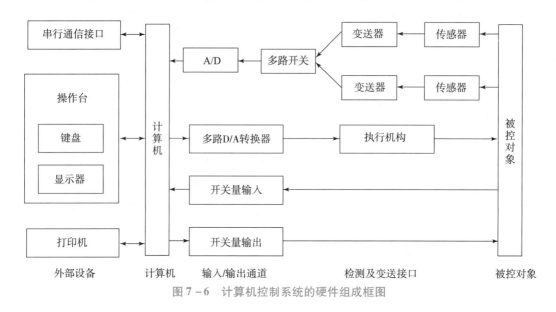

图7-6　计算机控制系统的硬件组成框图

硬件是指计算机本身及其外部设备，一般包括中央处理器（CPU）、程序存储器（ROM）、数据存储器（RAM）、各种接口电路、以A/D转换器和D/A转换器为核心的模拟量输入/输出（I/O）通道和数字量输入/输出（I/O）通道以及各种显示设备、记录设备、运行操作台等。

1）主机

由CPU、ROM、RAM及时钟电路、复位电路等构成的计算机主机是组成计算机控制系统的核心部分。它主要进行数据采集、数据处理、逻辑判断、控制量计算、报警处理等，通过接口电路向系统发出各种控制命令，指挥全系统有条不紊地协调工作。

2）I/O接口

I/O接口与I/O通道是主机与外部连接的桥梁。常用的I/O接口有并行接口、串行接口等，它们大部分是可编程的。I/O通道包括模拟量I/O通道和数字量I/O通道。模拟量I/O通道的作用是：一方面，将由传感器得到的工业对象的生产过程参数变换为二进制代码传送给计算机；另一方面，将计算机输出的数字信号转换为控制操作执行机构的模拟信号，以实现对生产过程的控制。数字量I/O通道的作用是：除完成编码数字输入、输出外，还可将各种继电器、限位开关等的状态通过输入接口传送给计算机，或将计算机发出的开关动作逻辑信号由输出接口传送给生产机械中的各个电子开关或电磁开关。

3）通用外部设备

通用外部设备主要是为扩大计算机主机的功能而设置的，用来显示、打印、存储和传送数据等。

4）检测元件与执行机构

传感器的主要功能是将被检测的非电学量参数转变为电学量，如热电偶温度传感器把温度信号变成电压信号、压力传感器把压力变成电信号等。变送器的作用是将由传感器得到的电信号转换成适合计算机接口使用的电信号（如 0~10 mA DC）。

此外，为了控制生产过程，还必须有执行机构。常用的执行机构有电动调节阀、液动调节阀、气动调节阀、开关、直流电动机、步进电动机等。

5）操作台

操作台是人机对话的联系纽带，通过它人们可以向计算机输入程序，修改内存的数据，显示被测参数以及发出各种操作命令等。它主要由以下四个部分组成。

（1）作用开关：如电源开关、操作方式（自动/手动）选择开关等。通过这些开关，人们可以对主机进行启停控制、设置和修改数据以及修改控制方式等。作用开关可通过接口与主机相连。

（2）功能键：包括复位键、启动键、打印键及工作方式选择键等，主要是为了操作方便。

（3）显示设备：用来显示被测参数及操作人员关注的内容，如显示数据表格、系统流程、开关状态以及报警状态等。

（4）数字键：用来输入数据或修改控制系统的参数。

4. 计算机控制系统的软件

对于计算机控制系统而言，除了硬件组成部分以外，软件也是必不可少的部分。软件是指完成各种功能的计算机程序的总和，如完成操作、监控、管理、计算和自诊断的程序等。软件是计算机控制系统的神经中枢，整个系统的动作都是在软件的指挥下协调完成的。若按功能分类，软件分为系统软件和应用软件两大部分。

系统软件一般是由计算机厂家提供的，用来管理计算机本身的资源，方便用户使用计算机的软件。它主要包括操作系统、各种编译软件和监控管理软件等。这些软件一般不需要用户自己设计，它们只是作为开发应用软件的工具。应用软件是面向生产过程的程序，如 A/D 转换程序、D/A 转换程序、数据采样程序、数字滤波程序、标度变换程序、控制量计算程序等。应用软件大都由用户自己根据实际需要开发。应用软件的优劣对控制系统的功能、精度和效率有很大的影响，因此它的设计是非常重要的。

7.1.3 机电一体化控制系统的分类

机电一体化控制系统与其所控制的对象密切相关，控制对象不同，控制系统也不同。机电一体化控制系统的分类方法很多，可以按照系统的功能、工作特点分类，也可以按照控制规律、控制方式分类。

按照基本控制逻辑的不同，机电一体化控制系统大致可分为以下几种：

1. 程序控制系统

程序控制系统的特点是：在生产过程中要求被控量按预先规定的时间函数变化，为了使系统输出满足规定的时间函数规律，被控量的设定值也必须按照相应的时间函数进行设置。

2. 顺序控制系统

顺序控制系统的特点是：按照时间规定的操作顺序，在不同的时间完成不同的操作，或者按照动作的逻辑次序来安排操作顺序，或者把以上两者结合起来安排设备的操作顺序。

顺序控制有时可以看作是程序控制的扩展，因为在顺序控制中被控量的设定值不仅与时间有关，而且与操作的逻辑结果有关。

3. 生产过程监控系统

生产过程监控系统的特点是：在生产过程中进行数据采集与巡回检测，所得数据按预定数学模型进行存储、分析、判断，并兼有制表打印和故障报警等功能，可以用于操作指导，或扩展后用于组成对生产过程进行自动控制的计算机监控系统。

4. 数字 PID 控制系统

比例－积分微分控制简称为 PID 控制，它既可以消除系统输出的稳态误差，又可以改善系统的动态特性，是工业过程控制中应用最广泛的控制规律。数字 PID 控制系统由计算机对指定命令与来自 A/D 转换器信号之间的差值（偏差）进行比例、积分、微分处理，可以实现数字 PID 控制。控制规律中不包括微分项的 PID 控制称为 PI 控制。PI 控制也是一种应用很广的控制规律。

5. 有限拍控制系统

有限拍控制的性能指标是调节时间，要求设计的系统在尽可能短的时间里完成调节过程。

有限拍控系统通常在数字随动系统中应用。

6. 最优控制系统

最优控制系统的特点是：在给定约束条件下，采用目标函数作为衡量系统性能的指标，寻求某种合适的控制规律，使得系统达到给定性能指标意义下的最优。例如，在给定控制作用和工艺参数极限值的约束下，使系统的能耗最小或使系统输出达到设定值所需的时间最少等。

7. 自适应控制系统

最优控制要求运转条件和约束条件不变，并且要求被控对象的特性已知。一旦这些条件不能满足，最优控制系统就会失去其最优性能。在最优控制前提条件不满足的情况下，使系统具有适应环境变化的能力，自动保持或接近最优工作状态的控制称为自适应控制。

8. 智能控制系统

对于数学模型粗糙或无法精确建立数学模型的复杂系统，往往无法运用经典控制理论或现代控制理论实现高精度控制，但是，可以利用计算机模仿人的思维过程进行控制。利用计算机模仿人的思维过程进行控制已成为控制理论研究与应用的新兴领域。智能控制把人工智能与自动控制理论结合起来，以知识和经验作为决策和规划的基础，使控制器模仿专家的操作策略，以达到满意的控制效果。在智能控制中，应用较早、较为成熟的一个分支是模糊控制。

拓展资源：信息转换电路设计

1. 弱电转强电电路

微机应用系统中的微机发出的控制信号一般要经过功率放大后，才能驱动各类执行元件。微机输出的开关量信号通过功率放大后，能够驱动有关小功率的直流电磁铁 DT，如果是交流电磁铁或大功率的直流电磁铁，就需使用继电器做进一步的功率放大，利用继电器也可以驱动小功率的交流电动机，对于大功率的交流电动机，还需增加交流接触器才能驱动。

2. 数字脉冲转换

在控制系统中，应用微机很容易实现数字脉冲的转换工作。事实上只要 CPU 定时地向某个 I/O 端口的某一二进制位输出高低电平相间的逻辑信号，就可产生一个脉冲序列。步进电动机控制经常用到数字脉冲转换，常用三相步进电动机驱动接口电路。该电路中电动机的每相驱动电路都单独有光电隔离和放大电路，并连接到微机并行输出端口的一个二进制位上。驱动步进电动机时，微机把步进电动机要转动的步数转换成按照一定相序分配的脉冲序列，并依次输出到电动机控制端口。脉冲信号经光电隔离电路耦合、各相放大电路放大后，控制步动进电动机按照一定方向转动。

3. 数/模、模/数转换

微机应用系统 I/O 控制回路中，还常用到 D/A、A/D 转换。采用直流伺服电动机的控制回路中，就增加了 D/A 转换环节。控制输出时，微机每次都将运算后得到的以数字形式的控制参数输出到数/模转换电路中进行转换，转换后的模拟电压信号仍为弱电信号，还需经过线性功率放大电路放大，然后控制电动机运行。机械系统的位置反馈信号可以是数字量信号，也可能是模拟量信号，视测量传感元件不同而异，若位置反馈量是模拟量，则在位置反馈回路中应设置模/数转换装置。在位置信号进入微机前，完成模/数转换工作。

4. 电量转非电量

I/O 控制回路中还有一种电量到非电量的转换。例如，开关量的电液转换元件是电磁阀，这种电量到非电量的转换可以采用 A/D 转换实现，另外一种电液转换元件是电液伺服阀，在电液伺服控制回路中，需要数/模转换后的模拟信号，而且，也要经过适当放大后，才能驱动电液伺服阀中的电磁元件。

任务7.2　机电一体化控制系统设计基础

机电一体化控制系统设计与调试的内容十分丰富，需要设计人员综合运用微机硬软件技术、数字与模拟电路、控制理论等方面的基础知识，同时设计人员还需要了解与被控对象有关的工艺知识，设计时的灵活性特别强。因此，设计人员的知识结构和实践经验对设计过程有着重要的影响，很难提出一种普遍性的设计规则。尽管如此，从设计原则、主要步骤到所需要处理的具体设计任务，仍有许多共性的方面值得借鉴。

7.2.1　机电一体化控制系统设计的基本要求

机电一体化控制系统设计要求可以归纳如下：

1. 适用性

控制系统的性能必须满足生产要求。设计人员必须认真分析、重视实际控制系统的特殊性和具体要求。

2. 可靠性

控制系统具有能够无故障运行的能力，具体衡量指标是平均故障间隔时间（MBTF）。一般要求平均故障间隔时间达到数千小时甚至数万小时。要提高控制系统的可靠性，可从提高硬件和软件的容错能力入手。

3. 经济性

当在满足任务要求的前提下，使控制系统的设计、制作、运行、维护成本尽可能低。

4. 可维护性

可维护性是指进行系统维护时的方便程度，包括检测和维护两个部分。为了提高可维护性，控制系统的软件应具有自检、自诊断功能，硬件结构及安装位置应方便检测、维修和更换。

5. 可扩展性

在进行控制系统设计时，应考虑控制设备的更新换代、被控对象的增减变化，使控制系统在不做大的变动的条件下很快适应新的情况。采用标准总线、通用接口器件，设计指标留有余量，以及利用软件增大系统的柔性等，都是提高控制系统可扩展性的有效措施。

在这些要求中，适用、可靠、经济是最基本的设计要求。一个具体的机电一体化控制系统应根据具体任务对功能予以取舍。

7.2.2　机电一体化控制系统设计的基本内容

构建机电一体化控制系统时，大致需要经历以下设计与调试过程。

1. 明确控制任务

在开始设计机电一体化控制系统之前，设计人员首先需要对被控对象工艺过程进行详尽的调研工作，根据实际调查分析的结果将设计任务要求具体化，明确机电一体化控制系统所要完成的任务；然后用时间流程图或控制流程图来描述控制过程和控制任务，完成设计任务说明书，规定具体的系统设计技术指标和参数。

2. 选择检测元件和执行机构

在机电一体化控制系统中，检测元件和执行机构直接影响系统的基本功能、运行精度以及响应特性。在确定总体方案时，应选择适用于目标机电一体化控制系统的检测元件和执行机构，作为系统建模分析、选择微机及其外部设备配置的依据。检测元件主要是各种传感器，选择时应同时注意信号形式、精度与适用频率范围。执行机构的确定应体现良好的工艺性，可进行多种方案的对比分析，注意发挥机电一体化系统的特点。

7.2.3　建立生产过程的数学模型

为了保证机电一体化控制系统的控制效果，必须建立可以定量描述被控对象生产过程运行规律的数学模型。根据被控对象的不同，模型可以是脉冲或频率响应函数，代数方程、微分或差分方程、偏微分方程，或者是它们的某种组合。复杂生产过程数学模型的建立，往往需要把理论方法与实践经验结合起来，采用某种程度的工程近似。数学模型建立后，可以再从以下几个方面的指导设计过程。

1. 生产过程仿真

在数学模型上，可以不受现场实验费用、实验时间和生产安全等因素的限制，考察在特定输入作用下被控对象的状态与输出响应，全面分析与评价系统性能，验证理论模型，预测某些变量的未知状态，求取生产过程的最优解。

2. 异常工况的动态特性研究

为了确保机电一体化控制系统的安全性，必须掌握被控对象在异常工况下的运行特性，而实际情况又不允许真实系统在非正常的状态下工作，因此数学模型常用来获取被控对象异常工况下的运行特性，指导有关确保人身、设备安全防护措施的设计。

3. 控制方案设计

利用所建立的生产过程和其他已经确定的检测元件、执行机构的数学模型，可以进行控制系统的设计，选择合适的控制规律。必须提请注意的是，数学模型的精度应与控制要求相适应。

4. 确定控制算法

在数学模型的基础上，可根据选定的目标函数，运用控制理论的知识确定控制系统的基本结构和所需的控制规律。如果系统结构是多变量的，就应尽量进行解耦处理。所得出的控制结构和控制规律通常都应通过计算机仿真加以验证与完善。特别是微机控制系统，它的控制规律是由采样系统和数字计算机的程序软件实现的，必须对离散后的控制算法的精度及稳定性进行验证。

5. 控制系统总体设计

控制系统总体设计的任务包括：微控制器类型及其外围接口的选择；分配硬/软件功能；划分操作人员与计算机承担的任务范围；确定人机界面的组成形式：选择用于控制系统硬/软件开发与调试的辅助工具（如微机开发系统和控制系统的计算机仿真软件）；经济性分析等。控制系统的总体方案确定后，便可以用于指导具体的硬/软件的设计开发与调试工作。

6. 控制系统硬/软件设计

在控制系统硬/软件设计阶段，需要完成具体实施总体方案所规定的各项设计任务。控制系统硬件设计任务包括接口电路设计、操作控制台设计、电源设计和结构设计等。在控制系统软件设计工作中，任务量最大的是应用程序的设计。某些输入/输出设备的管理程序往往可以选用标准程序。对于系统软件中不完备的部分，需要结合实际自主开发。

控制系统硬件和软件的设计过程往往需要同时进行，以便随时协调二者的设计内容和工作进度。应特别注意，微机控制系统中硬件与软件所承担功能的实施方案划分有很大的灵活性，对于同项任务，通过硬件、软件往往都可以完成，因此，在这一设计阶段需要反复考虑，认真平衡硬件、软件比例，及时调整设计方案。

7.2.4 机电一体化控制系统的调试方法

调试是机电一体化控制系统设计过程中发现和纠正错误的主要阶段。调试任务包括软件与硬件的分别调试、软件和硬件组成系统后的实验室统调、实际系统的现场调试。

1. 硬件调试

硬件调试是一种脱机调试，它的任务是验证各接口电路是否按预定的时序和逻辑顺序工作，验证由 CPU 及扩展电路组成的微机系统是否能正常运转。硬件调试可分为静态调试和动态调试两步进行。

1）静态调试

首先，在电气元件未装到电路板上之前，用欧姆表检查电路、排线是否正确；其次，将元器件接入电源，用电压表检查元器件插座上的电压是否正常；最后，安装好电路板，利用示波器、电压表、逻辑分析仪等仪器，检查噪声电平、时钟信号、电路中的其他脉冲信号以及元器件的工作状态等。

2）动态调试

动态调试是指利用仿真器或个人微机等开发工具，在样机上运行测试程序。测试者可通过适当的硬件或外接的仪器观察到硬件的运行结果。

2. 软件调试

软件调试也是机电一体化控制系统硬/软件联机统调之前的脱机（离线）调试。进行软件脱机调试时，通常应遵循从不控制其他子程序的最基本（或最简单）的子程序模块开始的原则，先简后繁、先局部后全局，确保所有调试程序所依据的子程序都是正确的。

3. 联机调试

在硬件和软件分别通过调试之后，就可进行联机调试，以使样机最终满足设计要求。联机调试的主要工具依然是计算机开发系统或在线仿真器。联机调试与硬件脱机调试不同的地方仅仅在于运行的程序是已通过调试的应用程序。一旦联机调试通过，就可将应用程序写入 E^2PROM。将 E^2PROM 芯片插入待调控制系统后，待调控制系统就能够脱离计算机开发系统独立工作了。

4. 现场调试

现场调试是机电一体化控制系统投入生产前必不可少的一个环节。系统在现场组装后，应与实际被控对象一起进行全面试验，在这个过程中有时还需要对机电一体化系统做部分改进。由于受到设计人员的知识和经验、系统的复杂程度等因素的影响，这些方法与步骤并不是一成不变的。机电一体化控制系统的设计制作是综合运用工艺知识、控制知识、微电子技术以及机械和电路方面基础知识及其技巧的过程，设计人员只有通过动手实践才能不断积累经验，提高自己的水平。

5. 机电一体化控制系统的评价方法

控制系统性能检测/评价（Control Performance Monitoring/Assessment，CPM/CPA）是一项重要的资产管理技术，用以保证生产企业高效运行。在工业环境中，包括传感器、执行器在内的各种设备故障是很普遍的现象，而故障又会在整个生产过程中引入额外的误差，从而降低设备的可操作性，提高成本，并最终影响产品质量。因此，如何及时地发现和修正控制系统中的故障设备成为关键问题。控制系统性能评价的主要目标就是提供在线的自动化程序，向现场人员提供信息（过程变量是否满足预定的性能指标和特性），对控制系统进行评估，并根据结果对控制器做出相应的调整。机电一体化控制系统性能评价如下：

（1）判断当前控制系统的性能

通过对测量的动态数据进行分析，量化当前控制系统的控制性能（如计算系统输出方差）。

（2）选择和设计性能评价的基准

根据性能评价的基准对当前控制系统的性能进行评价。这个基准可以是最小方差（Minimum Variance，MV）或其他用户自定义的标准（这个标准就是现有的控制系统设备可能达到的最好性能）。

（3）评价和检查低性能回路

求出现行控制系统相对于所选的基准的偏差，判断出从当前的控制系统性能到所选的基准还有多大的改进空间。

（4）判断内在的原因

当分析结果显示运行的控制器偏离了基准或要求的标准时，就要找出其中的原因，如控制器参数设置不当且缺少维护、设备故障或设计低效、前馈补偿低效或无效、控制结果设计不恰当等。

（5）对如何改善性能提出建议

在多数情况下，控制器的性能可以通过重新调整参数得到改善。当分析结果表明，在当前的控制系统结构下不可能达到控制功能要求的性能时，就要考虑更深入的修改，如修改控制策略、检查控制系统设备等。

机电一体化控制系统的评价必然采用多层次、多目标的综合评价方法。多层次、多目标是指机电一体化控制系统较为复杂，控制系统内在联系因素较多，功能模块之间关系复杂，使得评价指标体系呈现出多目标、多层次的结构，且这些目标之间是递阶结构。

总目标 O 表示机电一体化控制系统评价指令有

$$O = \{O_1, O_2, O_3, \cdots\}$$

评价指标 O_1，O_2，O_3，…分别表示技术、性能、经济等评价指标。不同的机电一体化控制系统有着不同的评价指标。信息处理与控制子系统的评价指标如表 7-1 所示。

表 7-1　信息处理与控制子系统的评价指标

控制系统	技术评价指标	性能评价指标	经济评价指标
信息处理与控制子系统	控制原理 稳定裕度 控制精度 响应时间	安全性 电磁兼容性 通信功能 网络管理功能 可靠性和可维修性	性价比 调试的方便性

7.2.5　机电一体化控制系统数学建模与仿真

在机电一体化控制系统设计阶段，元件建模起到非常重要的作用，元件模型是数学方程式的衍生物，适用于计算机仿真。除了最简单的系统，对于几乎所有系统，如传感器、驱动器等元件的性能以及它们对系统性能的影响，通过仿真来评估。建模需要构建适合计算机仿真和求解的数学模型，术语上称为模拟。如今数字计算机广泛用于模拟与仿真，人们使用框图元素构建数学计算机模型，并把模型表示成框图。框图比电路模型更加强大、灵活和直观。

1. 机电一体化控制系统框图建模方法

1）算子符号和传递函数

为了方便书写线性集总参数微分方程，特别引入 D 算子。只需要简单地用合适的算子简化表示微分或积分运算，任何线性集总参数微分方程就都可以转换为算子形式。表7-2总结了微分和积分用的算子，并列出了若干例子。

表7-2　微分和积分用的 D 算子

类型	运算	算子	算子形式的例子
连续的	微分	$D = D\dfrac{\mathrm{d}()}{\mathrm{d}t}$	$\ddot{x}(t) - 3\dot{x}(t) + x(t) = \dot{r}(t) - 1$ $\Rightarrow D^2 x(t) - 3Dx(t) + x(t) = D_r(t) - 1$
连续的	积分	$\dfrac{1}{D} \approx \displaystyle\int_{t_0}^{t} () \,\mathrm{d}r$	$\dot{x}(t) + x(t) - \displaystyle\int x(\tau)\mathrm{d}\tau + r(t) = 0$ $\Rightarrow Dx(t) = x(t) - \dfrac{1}{D}x(t) + r(t) = 0$

通常不仅要正确地写出微分方程，还要求解并分析其特性。对于一个连续时间域内的系统 $f(t)$，常采用拉普拉斯变换，利用一个形式为 e 的复指数函数的连续和来表达，其中 s 是一个复变量，定义为 $s = \sigma + \mathrm{j}\omega$。复频域（或通常称为 s 平面）是一个包含直角坐标系的平面，其中，σ 是实数部分，ω 是虚数部分。对一个时间内域的微分运算进行拉普拉斯变换，结果就变成了一个频域内的乘法运算，其中 s 就是算子。拉普拉斯 s 算子和先前介绍的 D 算子是一样的，只是当将微分方程写成 s 算子或者拉普拉斯格式时，它将不再属于时域范围，而是在频域（复变量的）范围内了。

许多系统的因果关系可以近似地写成一个线性常微分方程。例如，假设某二阶动态系统只有一个输入 $r(t)$ 和一个输出 $y(t)$，则表示为

$$\ddot{y}(t) - 2\dot{y}(t) + 7y(t) = \dot{r}(t) - 6r(t) \tag{7-1}$$

这类系统称为单输入-单输出（SISO）系统。传递函数是用来描写单输入-单输出系统的另一种方法。传递函数就是输出变量和输入变量的比值，可表示为用 D 算子或 s 算子表示的两个多项式的比值。任何线性常微分方程都可以通过以下三个步骤变换成传递函数形式。为了演示这个过程，将上述二阶线性常微分方程转换成它的传递函数形式。

第1步，用算子符号重写常微分方程。

$$D^2 y(t) - 2Dy(t) + 7y(t) = Dr(t) - 6r(t) \tag{7-2}$$

第2步，将输出变量放于方程左边，将输入变量放于方程右边。

$$y(t) \cdot (D^2 - 2D + 7) = r(t) \cdot (D - 6) \tag{7-3}$$

第3步，求解输出信号和输入信号的比值为

$$\text{传递函数} = \frac{Y(s)}{R(s)} = \frac{D - 6}{D^2 - 2D - 7} \tag{7-4}$$

传递函数中包括两个关于 D 算子或 s 算子的多项式，一个是分子多项式，另一个是分

母多项式。首一多项式是首项系数为 1 的多项式，也就是 D 算子或 s 算子的最高幂次的系数为 1。为了最小化传递函数系数的个数，通常将分子多项式、分母多项式写成首一形式，这将增加一个额外的增益系数。例如，将下面的传递函数改写为首一形式，将分子中的 16 和分母中的 5 提出来，形成新的增益系数 16/5，而括号内的分子、分母都变为首一形式，最高幂次的系数为 n 次幂。

$$\frac{16D-4}{5D^2+3D+1} \rightarrow \frac{16}{5} \cdot \left(\frac{D-\dfrac{4}{16}}{D^2+\dfrac{3}{5}D+\dfrac{1}{5}} \right) \qquad (7-5)$$

2）框图

框图一般是较大的可视化编程环境的一部分，其他部分还包括积分数字算法、实时接口、编码生成，以及高速应用的硬件接口。

（1）简介。

框图模型由两个基本要素组成：信号线和方框（或模块）。信号线的功能是从起点（通常是一个方框）向终点（通常是另一个方框）传递信号或数值。信号的流动方向用信号线上的箭头表示。一旦确定了某一信号线上的信号流向，那么经过该信号线的所有信号都沿着既定的方向流动。模块是将输入信号与参数进行处理，然后产生输出信号的处理单元。所有的框图系统都包含三个最基本的模块，它们分别是求和连接器、增益和积分器。图 7-7 所示为一个包含这三个基本模块的框图系统。

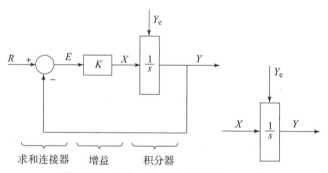

图 7-7　包含三个基本模块的框图系统

从顶部输入积分器的垂直向下的信号 Y_e 表示积分器的初始状态。如果不考虑这个信号那么积分器的初始状态为 0。初始状态也可以表示在积分器下游的某个求和连接器上，如图 7-8 所示。

用框图表示的系统可以用来分析和仿真。框图系统的分析一般通过简化来获得信号间的传递特征。

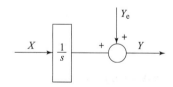

图 7-8　框图中积分器初始状态的表示方法

（2）框图操作。

框图很少表示成标准化形式，通常都要化简成更有效的或更易于理解的形式。化简框图是理解该框图的功能和特性非常关键的一步。化简框图常用的基本准则包括串联框图化简准则和并联框图化简准则，如图 7-9 所示。

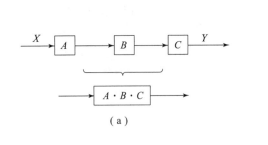

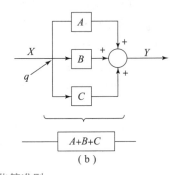

图 7 – 9 串联框图和并联框图的化简准则

（a）串联操作——串联模块相乘；（b）并联操作——并联模块相加

（3）基本反馈控制系统的形式。

自动控制的一个重要组成部分是反馈。反馈提供了一种机制来衰减因参数变化和干扰而造成的影响，以及增强动态跟踪的能力。图 7 – 10 所示为基本反馈控制系统（BFS）的框图。变量 R 是基本反馈控制系统的输入，E 是控制变量（或称为误差变量），而 Y 是基本反馈控

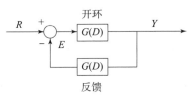

图 7 – 10 基本反馈控制系统的框图

制系统的输出。该基本反馈控制系统的闭环传递函数用两个方程（其中包含 3 个变量 R、E 和 Y）求解，通过联立方程消去 E，并求解比值 Y/R。

具体步骤如下：

第 1 步，有

$$E = R - H(D) \cdot Y$$

第 2 步，有

$$Y = G(D) \cdot E$$

将第 1 步代入第 2 步，有

$$Y = G(D) \cdot [R - H(D) \cdot Y]$$

$$Y + G(D) \cdot H(D) \cdot Y = G(D) \cdot R$$

$$Y \cdot [1 + G(D) \cdot H(D)] = G(D) \cdot R$$

$$\frac{Y}{R} = \frac{G(D)}{1 + G(D) \cdot H(D)}$$

函数 $G(D) \cdot H(D)$ 表示围绕这反馈控制系统反馈环的传递函数，称为环路传递函数（Loop Transfer Function，LTF）。若某一系统是基本反馈控制系统形式，那么它的闭环传递函数（Closedloop Transfer Function，CLTF）可以直接改写为

$$T(D) = \frac{正向开环传递函数}{1 + 环路传递函数} = \frac{G(D)}{1 + G(D) \cdot H(D)} \tag{7 – 6}$$

式中，$T(D)$ 的分母称作返回偏差，定义为 1 + 环路传递函数。

【例 7 – 1】简单反馈控制系统的框图模型常常会包括一系列嵌套的反馈环路，每一个

反馈信号线的起点都来自不同的截取点，但是终点都汇集在一个求和连接器上。例如，图7-11 所示的质量块-弹簧-阻尼器系统模型具有两个反馈环，分别表示由阻尼器和弹簧产生的反作用力。

解 （1）初始框图如图7-11（a）所示。

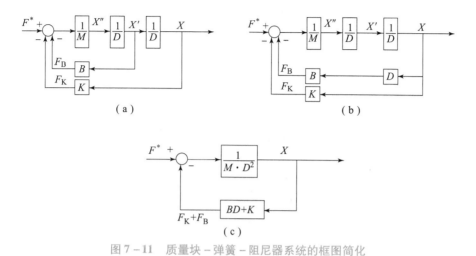

（a）　　　　　　　　　　　　　（b）

（c）

图7-11　质量块-弹簧-阻尼器系统的框图简化

（2）通过将截取点 X' 移动至 X'' 来化简框图，并做适当的比例调整，在 F_B 路径上乘以 D。

（3）这样，两个反馈环都源于同样的截取点 X，并结束于同一个求和连接器，如图7-11（b）所示，所以可以将它们看成一个并联组合。同理，整个正向开环也可以化简成一个串联组合，如图7-11（c）所示。本例中，化简所付出的代价就是损失了 X'' 和 X' 的信号。通常情况下，当化简一个框图时，可以预测到会丢失某些信号。

【例7-2】 有一种在许多高性能系统中采用的控制结构，它包含一个前馈回路和一个反馈回路。前馈回路是为了快速响应，而反馈回路是为了在较低频的情况下保持精度。这样的控制结构的框图如图7-12所示。该框图可以用来控制一个对象 $G(s)$。

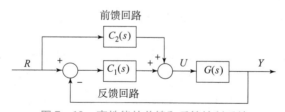

图7-12　高性能的前馈和反馈控制系统

解 本例关键是讲述如何使用前述的各种操作来化简系统框图的控制部分。首先，滑动反馈传递函数 $C_1(s)$ 到从左往右数第二个求和连接器的下游，并对前馈路径做修改，在前馈路径上乘以 $C_1^{-1}(s)$，结果如图7-13所示。

这两个求和连接器现在可以合并成一个超级求和连接器，并在它与输入截取点之间创建两个并联路径。框图化简的最后结果如图7-14所示。通过选择前馈回路的传递函数使得 $C(s) \approx C^{-1}(s)$，输入 R 对输出 Y 的影响接近1，这就意味着在给定点 R 处的变化将立即

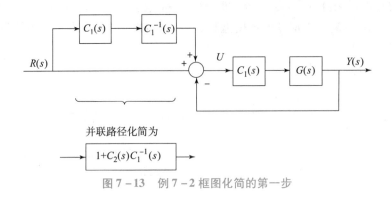

图 7 – 13　例 7 – 2 框图化简的第一步

被输出点 Y 感知。通常选择反馈回路传递函数来跟踪精度，而且常常选择比例类型的 PI 或 PID 形式。

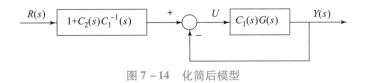

图 7 – 14　化简后模型

2. 机电一体化控制系统仿真方法

仿真是一个在计算机上求解框图模型的过程。理论上，仿真可以求解任何模型。大多数可视化仿真环境具备图形编辑功能、分析功能、仿真功能等三个基本功能。

（1）图形编辑功能：用来创建、编辑、存储和取出模型。

（2）分析功能：用于获得传递函数、计算频率响应，以及估算对干扰的灵敏度等。

（3）仿真功能：用于求解框图模型的数字结果。

可视化仿真环境下的模型都是基于框图的，所以不需要进行基于文本形式的编程。所有的可视化仿真环境都包含仿真功能，以下是一些最常用的环境：美国国家仪器有限公司（NI）的 MATRIXX/SystemBuilds、MathWorks 公司的 MATLAB/Simulink、美国国家仪器有限公司的 LABVIEW、VisualSolutions 公司的 VisSim，以及波音公司的 Easy5 等。

1）MATLAB 仿真软件简介

MATLAB 是由美国 MathWorks 公司于 1984 年推出的专门用于科学、工程计算和系统仿真的优秀的科技应用软件。它在发展的过程中不断融入众多领域的一些专业性理论知识，从而出现了功能强大的 MATLAB 配套工具箱，如控制系统工具箱、模糊逻辑工具箱、神经网工具箱，以及图形化的系统模型设计与仿真环境（Simulink）。Simulink 工具平台的出现，使控制系统的设计与仿真变得相当容易和直观，Simulink 成为众多领域中计算机仿真、计算机辅助设计与分析、算法研究和应用开发的基本工具和首选应用软件。

2）仿真过程

控制系统仿真过程包括控制系统数学模型的建立、控制系统仿真模型的建立、控制系统仿真程序的编写和控制系统仿真的实现及结果分析。

（1）控制系统数学模型的建立。

数学模型是计算机仿真的基础，是指描述系统内部各物理量（或变量）之间关系的数学表达式。控制系统的数学模型通常是指动态数学模型，自动控制系统最基本的数学模型是输入/输出模型，包括时域的微分方程、复数域的传递函数和频率域中的频率特性。

（2）控制系统仿真模型的建立。

控制系统通常由多个元部件相互连接而成，其中每个元部件都可以用一组微分方程或传递函数来表示。

（3）控制系统仿真的实现。

MATLAB 控制系统工具箱提供了大量用以实现控制系统仿真的命令，在 Simulink 环境下通过用仿真模块建模和在命令窗口用仿真命令编程两种方法进行仿真，然后运行仿真系统得到单位阶跃响应图，并根据单位阶跃响应图分析控制系统的动态性能指标，从而评价控制系统性能的优劣。

【例 7 - 3】 某 PID 控制系统传递函数为

$$G(s) = \frac{U(s)}{E(s)} = K_{\mathrm{P}} + \frac{K_1}{S} + K_{\mathrm{D}}$$

该控制系统的传递函数如图 7 - 15 所示。

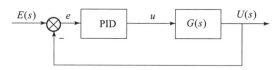

图 7 - 15　例 7 - 3 PID 控制系统传递函数

该控制系统的仿真模型如图 7 - 16 所示。

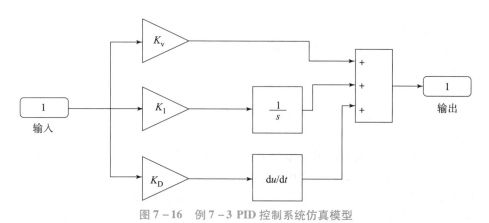

图 7 - 16　例 7 - 3 PID 控制系统仿真模型

该控制系统阶跃响应结果如图 7 - 17 所示。

3. 机电一体化控制系统应用与仿真

1）典型闭环控制系统仿真

假设闭环控制系统传递函数如下式所示，绘制输出量阶跃响应曲线和冲激响应曲线。

$$G(s) = \frac{200}{s^4 + 20s^3 + 120s^2 + 300s + 384}$$

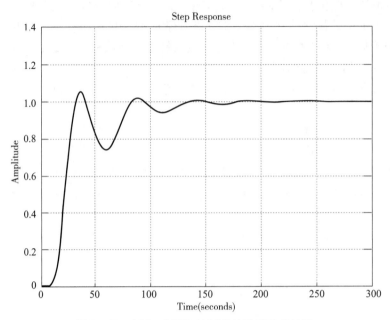

图 7 – 17　例 7 – 3 PID 控制系统阶跃响应结果

编写如下程序。

```
num =200;
den =[1 20120300384];
    sys =tf(num,den);
    closesys = feedback(sys,1)  ;& 闭环传递函数
    subplot(211);
step(close_sys);& 阶跃响应曲线
axis([0  4.50  0.5]);& 设置坐标系
subplot(212);
    impulse(close_sys);& 脉冲响应曲线
    axis([0  4.5  -0.3  0.8]);
```

该闭环控制系统输出量阶跃响应如图 7 – 18 所示。图 7 – 18 中，横坐标均为时间，纵坐标分别为系统的输出量阶跃响应值和冲激响应值。

一般来说，对控制系统进行时域分析有这两种响应曲线就足够了，系统的主要参数及其变化规律在这两种响应曲线中都有所反映。

2）控制系统稳定性仿真

假设离散控制系统的受控对象传递函数如下式所示，且已知控制器模型为 $G_e(z) = \dfrac{1.5(z - 0.5)}{z + 0.8}$，分析在单位负反馈下该离散系统的稳定性。

$$G(z) = \frac{0.001(z^2 + 3.4z + 0.7)}{(z - 1)(z - 0.5)(z - 0.9)}$$

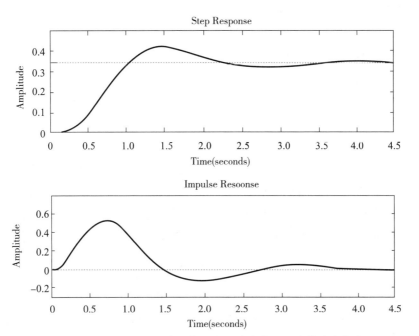

图 7 - 18　闭环控制系统输出量阶跃响应曲线和冲激响应曲线

编写如下程序。

```
den =0.001* [13.40.7];
Gc =1.5* tf([1 -0.5],[10.8],0.1);
GG = feedback(G* Gc,1);
[eig(GG)abs(eig(GG))]
```

结果为

ans =

 - 0. 799 3　 0. 799 3

0. 948 9　　+0. 040 51　0. 949 8

0. 948 9　　-0. 040 51　0. 949 8

0. 500 0　 0. 500 0

由于各个特征根的模值都小于 1，所以可以判定该离散控制系统是稳定的。

3）汽车距离控制系统建模与仿真控制器

汽车距离控制系统框图如图 7 - 19 所示。在该控制系统中，输入为理想距离，输出为实际距离，通过传感器反馈距离信息。

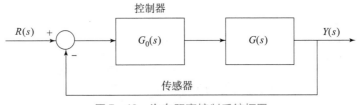

图 7 - 19　汽车距离控制系统框图

汽车传感器内部发动机等的固有传递函数为

$$G(s) = \frac{1}{s^2 + 10s + 20}$$

设计 PD 校正装置，使相同输入的响应曲线满足以下条件：

（1）较短的上升时间和调节时间。

（2）较小的超调量。

（3）稳态误差为零。

根据 PID 控制规律，K_P 是比例增益系数，比例控制能迅速反映误差，减小误差，但不能消除稳态误差，比例增益系数的加大会引起系统的不稳定；K_I 是积分增益系数，积分控制环节主要用于增强系统的稳定性，加快系统的动作速度，减少调节时间。在 PD 校正装置设计中，积分控制环节可以减小超调量、缩短调节时间，同时对上升时间和稳态误差影响不大。因此，在该控制系统中加入一个比例放大器和一个微分器。此时，系统的闭环传递函数为

$$G(s) = \frac{K_D + K_P}{s^2 + (10 + K_D)s + (20 + K_P)}$$

加入 PD 校正装置的 Simulink 框图如图 7-20 所示。首先选择 $K_P = 300$，调整 K_D，观察系统的阶跃响应，然后适当调整 K_P 值，最终取 $K_P = 400$、$K_D = 30$，运行并绘制出加入 PD 校正装置后该控制系统的闭环响应，如图 7-21 所示。

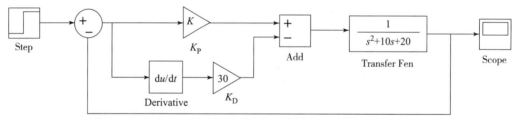

图 7-20　加入 PD 校正装置后汽车距离控制系统的 Simulink 框图

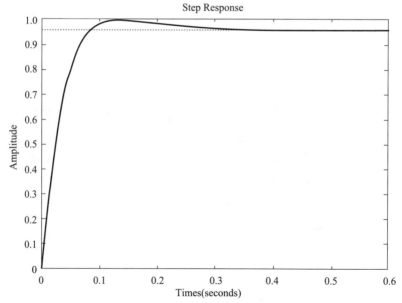

图 7-21　经 PD 校正后汽车距离控制系统的闭环阶跃响应

由图 7 - 21 可以看出，加入微分器后，该控制系统的响应曲线形状仍是衰减振荡型，但振荡次数显著减少，并且超调量也减小了不少。从该控制系统的上升时间和稳态误差来看，K_D 的变化对该控制系统的影响不大，但该控制系统的稳态误差不为零。下面可以进一步设计 PI 校正装置、PID 校正装置，以改善该控制系统。

7.2.6　常用控制单元及接口技术

机电一体化控制系统的核心部件为控制单元，接口技术是控制系统内部数据流和外部数据流的重要桥梁。

机电一体化技术是与元器件技术紧密结合发展起来的综合技术，特别是微机技术的最新进展，极大地推动了工业自动化的发展以及机电一体化产品的升级。在进行微机控制系统的总体设计时，面对众多的微机机型，应根据被控对象和控制任务要求的特点进行合理的选择。

常用控制单元及其优缺点、应用环境如表 7 - 3 所示。

表 7 - 3　常用控制单元及其优缺点、应用环境

控制单元	优点	缺点	应用环境
单片机	设计简单、程序编写简单、成本低	速度慢、功能不强、精度低	教学场合和对性能要求不高的场合
嵌入式系统	功耗低、可靠性高、功能强大、性能价格比高。实时性强，支持多任务，占用空间小，效率高，具有更好的硬件适应性，也就是良好的移植性	系统资源有限，内核小。软件对硬件的依赖性高，软件的可移植性差，对操作系统的可靠性要求较高，对开发人员的专业性要求较高	面向特定应用，可根据需要灵活定制，如汽车电子
PLC	抗干扰能力强、故障率低、易于扩展、便于维护、易学易用、开发周期短	成本相对较高，体系结构封闭，各 PLC 厂家硬件体系互不兼容，编程语言及指令系统也各异	开关量逻辑控制、工业过程控制、运动控制等
PC	能实现原有 PLC 的控制功能。具有更强的数据处理能力、强大的网络通信功能。执行比较复杂的控制算法，具有近乎无限制的存储容量等	设备的可靠性、实时性和稳定性都较差	应用较为广泛，几乎可以用于控制系统涉及的所有工况环境，但用于特定环境需要进行特殊保护

1. 单片机/嵌入式系统及其选用

微型计算机可分为两类：一类是独立使用的微机系统（如个人计算机、各类办公用微机、工作站等）；另一类是嵌入式微机系统，它是作为其他系统的组成部分使用的，在物理结构上嵌于其他系统之中。嵌入式系统是将计算机硬件和软件结合起来，构成一个专门的计算装置，来完成特定的功能和任务。单片机最早是以嵌入式微控制器的面貌出现的，是系统中最重要和应用最多的智能器件。单片机以集成度和性价比高、体积小等优点在工业自动化、过程控制、数字仪器仪表、通信系统以及家用电器中有着不可替代的作用。

1）单片机的特点

作为微型计算机的一个重要类别的单片机具有下述三个独特优点。

（1）体积小、功能全。

由于将计算机的基本组成部件集成于一块硅片之上，一小块芯片就具有计算机的功能，与由微处理器芯片加上其他必需的外围器件构成的微型计算机相比，单片机的体积更为小巧，使用时更加灵活方便。

（2）面向控制。

单片机内部具有许多适用于实现控制目的的功能部件，它的指令系统中包含丰富的适宜完成控制任务的指令，因此它是一种面向控制的通用机，尤其适用于自动控制领域，用以完成实时控制任务。

（3）特别适用于机电一体化智能产品。

单片机体积小且控制功能强，能容易地做到在产品内部代替传统的机械、电子元器件，可减小产品体积，增强产品的功能，实现不同程度的智能化。

以 MCS-51 系列单片机为例，它的基本组成包括中央处理器、程序存储器（ROM）、数据存储器（RAM）、定时器/计数器、并行接口、串行接口和中断系统等几大单元。

2）单片机应用系统开发的基本方法

单片机应用系统以单片机为核心，根据功能要求扩展相应功能的芯片，并配置相应的通道接口和外部设备。因此，进行单片机应用系统设计时，需要从单片机的选型、存储空间分配、通道划分、输入/输出资源分配和方式选择及硬件和软件功能划分等方面进行考虑。

（1）单片机的选型。

对于单片机的选型，应考虑以下两个原则。

①性价比高：在满足系统功能和技术指标要求的情况下，选择价格相对便宜的单片机。

②开发周期短：在满足系统性能的前提下，优先选用技术成熟、技术资源丰富的机型，以缩短开发周期，降低开发成本，提高所开发系统的竞争力。

（2）存储空间分配。

单片机应用系统存储资源的分配是否合理对系统的设计有很大的影响，因此，在进行单片机应用系统设计时要合理地为系统中的各种部件分配有效的地址空间，以便简化硬件电路，提高单片机的访问效率。

（3）输入/输出资源分配和方式。

根据被控对象所要求的输入/输出信号类型及数目，确定整个应用系统的输入/输出资源。另外，还需要根据具体的外部设备工作情况和应用系统的性能技术指标综合考虑采用的输入/输出方式。

（4）软件和硬件功能划分。

具有相同功能的单片机应用系统，软件和硬件的功能可以在较大范围内变化。一些电路的硬件功能和软件功能之间可以互换实现。因此，在总体设计单片机应用系统时，需要仔细划分单片机应用系统中硬件和软件的功能，求得最佳的系统配置。

总之，单片机应用系统设计与整体方案、技术指标、功耗、可靠性、单片机芯片、外设接口、通信方式、产品价格等密切相关。

3）单片机应用系统硬件设计

（1）设计原则。

①在满足系统当前功能要求的前提下，对系统的扩展与外部设备配置需要留有适当的余地，以便进行功能的扩充。

②应在综合考虑硬件结构与软件方案后，最终确定硬件结构。

③在硬件设计中尽可能选择成熟且标准化、模块化的电路，以增加硬件系统的可靠性。

④硬件设计要考虑相关器件的性能匹配。例如，不同芯片之间信号传送速度应匹配，低功耗系统中的所有芯片都应选择低功耗产品。系统中相关器件的性能差异较大，会降低系统的综合性能，甚至导致系统工作异常。

⑤考虑单片机的总线驱动能力。单片机外扩芯片较多时，需要增加总线驱动器或降低芯片功耗，以降低总线负载。

⑥抗干扰设计。抗干扰设计包括芯片和器件的选择、去耦合滤波、印制电路板布线、通道隔离等。设计中只注重功能的实现，而忽略抗干扰的设计，会导致系统在实际运行中出现信号无法正常传送的情况，无法达到功能要求。

（2）硬件设计。

硬件设计以单片机为核心，是进行功能扩展和外部设备配置及其接口设计的工作。在设计中，要充分利用单片机的片内资源，简化外扩电路，提高系统的稳定性和可靠性。硬件设计主要从存储器设计、I/O接口设计、译码电路设计、总线驱动器设计及抗干扰电路设计等几个方面考虑。

4）单片机应用系统软件设计

（1）软件设计原则。

①软件结构清晰、流程合理、代码规范、执行高效。

②功能程序模块化，以便于调试、移植、修改和维护。

③程序存储区和数据存储区规划合理，充分利用系统资源。

④运行状态标志化管理。各功能程序的转移与运行通过状态标志来设置和控制。

⑤具有抗干扰处理功能。采用软件程序剔除采集信号中的噪声，提高系统抗干扰的能力。

⑥具有系统自诊断功能。在系统运行前先运行自诊断程序，检查系统各部分状态是否正常。

⑦具有"看门狗"功能，防止系统出现意外情况。

（2）软件程序设计。

单片机应用系统的软件设计与硬件设计是紧密联系的，且软件设计具有比较强的针对性。在进行单片机应用系统总体设计时，软件设计和硬件设计必须结合起来统一考虑。

①设计内容。

一般软件设计包含以下三项内容：

a. 设计出软件的总体方案。

b. 结合硬件对系统资源进行具体的分配和说明，绘制功能实现程序流程图。

c. 根据确定好的功能实现程序流程图编写程序实现代码。

在编制程序时，一般采用自顶向下的程序设计技术，先设计主控程序，再设计各子功能程序。

②设计注意事项。

　　单片机应用系统的软件一般由主控程序和各子功能程序两个部分构成。主控程序负责组织调度各子功能程序，实现系统自检、初始化、接口信号处理、实时显示和数据传送等功能，控制系统按设计操作方式运行程序。此外，主控程序还负责监视系统是否正常运行。各子功能程序完成诸如采集数据处理、显示、打印、输出控制等各种相对独立的实质性功能。单片机应用系统中的程序编写时常与输入/输出接口设计和存储器扩展交织在一起。因此，在进行单片机应用系统软件设计时需要注意以下方面：

　　a. 单片机片内和片外硬件资源的合理分配。

　　b. 单片机存储器中特殊地址单元的使用。

　　c. 特殊功能寄存器的正确应用。

　　d. 扩展芯片的端口地址识别。

　　【例 7 - 4】 在工业电气自动化工程中，步进电动机是一种常用的控制设备，它以脉冲信号控制转速，在数控机床、仪器仪表、计算机外围设备以及其他自动设备中有广泛的应用。以 51 系列单片机为核心设计步进电动机转速控制模块。

　　（1）设计思路。

　　控制电路选用 AT89S51 型单片机作为驱动时序的输出控制器，单片机 P0.1～P0.3 输出作为步进电动机的时序信号，经过驱动芯片 ULN2003 放大后输入步进电动机的输入端口；单片机 P1.0～P1.2 作为控制指令的输入按键 K1～K3 的输入端口，K1 为步进电动机正转按键，K2 为步进电动机反转按键，K3 为步进电动机停止按键，这三个按键均为高电平输入有效，按一下 K1，步进电动机正转，按一下 K2，步进电动机反转，按一下 K3，步进电动机停止转动。

　　（2）电路设计。

　　步进电动机控制硬件电路图如图 7 - 22 所示。

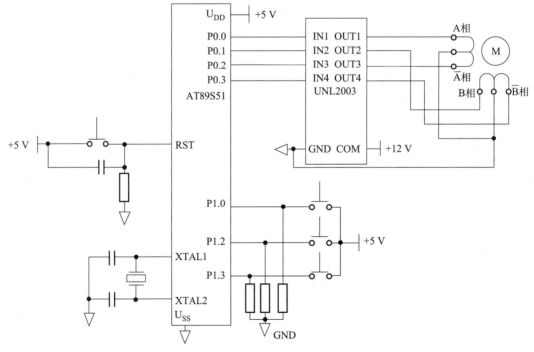

图 7 - 22　步进电动机控制硬件电路图

（3）控制流程。

步进电动机控制流程图如图 7 - 23 所示。

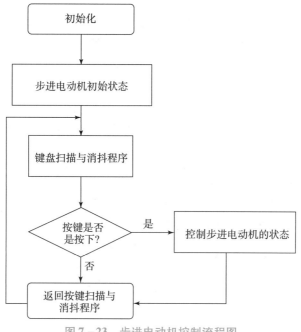

图 7 - 23　步进电动机控制流程图

（4）程序设计

程序设计如下。

RLCA;左移 1 位

DJNZR2,LOPP1A

JMPMAIN1

LOOP2:

MOVA,#OF7H

LOPP2A:

MOVPO,A

CALLDELAY;延时

BRCA;右移 1 位

DJNZR2,LOOP1A

JMPMAIN1

;步进电动机停止控制时序

LOOP3;

MOVA,# OFFH

MOVPO,A;P0.0 ~ P0.3 输出 1111,步进电动机停止转动

JMPMAIN1

```
K_SCAN:
MOVK_NEW,#00H
MOVA,P1;将 P1 端口的输入状态读入
ANLA,#07H;保留 P1 端口状态的低三位
MOVK_NEW,A;将 K1、K2、K3 的输入状态存入 K_NEW
RET
;延时子程序
DELAY:
MOVR6,#200
DEL:
MOVR7,#OFFH
DJNZR7,S
DJNZR6,DEL
RET


K1BITP1.0
K2BITP1.1
K3BITP1.2
K_OLDEQU30H
K_NEWEQU31H
ORG0000H
IMPMAIN
ORG0030H
MAIN:
MOVSP.#60H
MOVP1,#OOH
MOVPO,#OEFH
MOVK_OLD.#04H
MAINI:
MOVR2,#4;给 R2 赋值
CALLK_SCAN;键盘扫描
MOVA,K_NEW
CUNEA,#OOH,MAIN2;判断是否有按键按下
MOVA,K_OLD
JMPMAIN4
MAIN2:
CALLDELAY;延时去抖动
CALLK_SCAN;判断按键是否按下
MOVA,K_NEW
```

CJEEA,#0OH,MAIN3:再次判断按键是否按下

MOVA,K_OLD

JMPMAIN4

MAIN3:

MOVK_OLD,A

2. 可编程序控制器及选用

可编程序控制器（PLC）是给机电一体化系统提供控制和操作的一种通用工业控制计算机。它应用面广、功能强大、使用方便，已经成为当代工业自动化的主要支柱之一。可编程序控制器的英文名字是 Programmable Controller，缩写为 PC。为了与个人计算机的简称 PC 相区别，可编程序控制器仍习惯简称为 PLC（Programmable Logic Controller）。PLC 具有通用性强、可靠性高、指令系统简单、编程简便、易学易于掌握、体积小、维修工作量少、现场连接方便、联网通信便捷等一系列显著优点，广泛应用于机械制造、冶金、采矿、建材、石油、化工、汽车、电力、造纸、纺织、装卸、环境保护等各行各业。

PLC 采用可编程序存储器作为内部指令记忆装置，具有逻辑、排序、定时、计数及算术运算等功能，并通过数字或模拟输入/输出模块控制各种形式的机器及过程。PLC 不仅可以实现逻辑的顺序控制，还能够接收各种数字信号、模拟信号，进行逻辑运算、函数运算、浮点运算和智能控制等。

1）PLC 在工业现场的作用

目前，工业自动化可通过电气控制装置进行开关量的逻辑控制，通过电动仪表装置进行慢速连续量的过程控制，通过电气传动装置进行快速连续量的运动控制［简称"三电"（电控、电仪、电传）］。三种控制之间相差太远，无法实现相互兼容，可以利用 PLC 扫描机制，通过对多微处理机和大量智能模块进行开发，使 PLC 在控制装置一级实现"三电"融合。

2）PLC 的硬件系统组成

不同型号的 PLC，内部结构和功能不尽相同，但主体结构形式大体相同。图 7－24 所示为 PLC 硬件系统简图。如果把 PLC 看作一个系统，则该系统由"输入变量－PLC 输出变量"组成。外部的各种开关信号、模拟信号以及传感器检测的各种信号均可作为 PLC 的输入变量：输入变量经 PLC 外部输入端子输入内部寄存器中，经 PLC 内部逻辑运算或其他各种运算处理后被送到输出端子，得到 PLC 的输出变量，由这些输出变量对外部设备进行各种控制。因此，也可以把 PLC 看作一个中间处理器或变换器，将工业现场的各种输入变量转换为能控制工业现场设备的各种输出变量。

PLC 的硬件系统由主机、I/O 扩展机及外部设备组成。主机和 I/O 扩展机采用微机的结构形式。主机内部由运算器、控制器、存储器、输入单元、输出单元以及接口等部分组成。以下简要介绍各部件的作用。

（1）中央处理器（CPU）。

CPU 在 PLC 控制系统中的作用类似于人体的神经中枢。它是 PLC 的运算、控制中心，用来实现逻辑运算、算术运算，并对全机进行控制。

（2）存储器。

存储器（简称内存）用来存储数据或程序。它包括随机存取存储器（RAM）和只读存

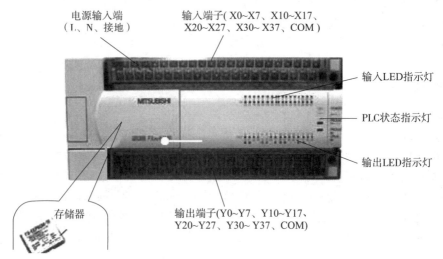

图 7-24　PLC 硬件系统简图

储器（ROM）。PLC 配有系统程序存储器和用户程序存储器，分别用以存储系统程序和用户程序。

（3）输入/输出（I/O）模块。

I/O 模块是 CPU 与现场 I/O 设备或其他外部设备之间的连接部件。PLC 提供了各种操作电平和输出驱动能力的 I/O 模块及各种用途的 I/O 功能模块供用户选用。

（4）电源。

PLC 配有开关式稳压电源，用来为 PLC 的内部电路供电。

（5）编程器。

编程器用于用户程序的编辑、调试和监视，还可以通过其键盘去调用和显示 PLC 的一些内正部状态和系统参数。它经过接口与 CPU 连接，即可完成人机对话连接。

（6）其他外部设备。

PLC 也可选配其他设备，如盒式磁带机、打印机、EPROM 写入器、显示器等。

3）PLC 的特点

（1）可靠性高、抗干扰能力强。

（2）配套齐全、功能完善、适用性强。

（3）易学易用。

（4）系统设计周期短、维护方便、改造容易。

（5）体积小、质量轻、能耗低。

4）PLC 的功能

目前，各 PLC 的性能、价格有较大的区别，但主要功能相近。PLC 的功能主要包括以下几种：

（1）基本功能。

逻辑控制功能是 PLC 必备的基本功能。它以计算机"位"运算为基础，按照程序的要求，通过对来自设备外围的按钮、行程开关、接触器与传感器触点等的开关量（也称数字量）信号进行逻辑运算处理，控制外围指示灯、电磁阀、接触器线圈的通断。

（2）特殊控制功能。

PLC 的特殊控制功能包括模/数（A/D）转换、数/模（D/A）转换、温度的调节与控制、位置控制等。这些特殊控制功能的实现，一般需要选用 PLC 的特殊功能模块。

（3）网络与通信功能。

随着信息技术的发展，网络与通信在工业控制中显得越来越重要。现代 PLC 的通信不仅可以实现 PLC 与外部设备间的通信，而且可以实现 PLC 与 PLC 之间、PLC 与其他工业控制设备之间、PLC 与上位机之间、PLC 与工业网络之间的通信，并可以通过现场总线、网络总线组成系统，从而使得 PLC 可以方便地进入工厂自动化系统。

5）PLC 的应用

（1）逻辑控制。

这是 PLC 最基本、最广泛的应用领域，可用 PLC 取代传统的"继接控制系统"，实现逻辑控制、顺序控制、定时、计数等。PLC 既可用于单机设备的控制，又可用于多机群控制及自动化流水线，如电梯控制、高炉上料、注塑机、印刷机、数控与组合机床、磨床、包装生产线、电镀流水线等。

（2）模拟量控制。

宜用在工业生产过程中，有许多连续变化的模拟量，如温度压力、流量、液位和速度等。为了使 PLC 能处理模拟量信号，PLC 厂家都生产配套的 A/D 转换模块和 D/A 转换模块，使 PLC 可直接用于模拟量控制。

（3）运动控制。

PLC 可以用于圆周运动或直线运动的控制。从控制机构配置角度来说，早期直接用开关量 I/O 模块连接位置传感器和执行机构；现在可使用专用的运动控制模块，如可驱动步进电动机或伺服电动机的单轴或多轴位置控制模块。世界上各主要 PLC 厂家的产品几乎都有运动控制功能，使得 PLC 广泛地用于机床、机器人、电梯等场合。

（4）过程控制。

过程控制是对温度、压力、流量等模拟量的闭环控制。作为工业控制计算机，PLC 能编制各种各样的控制算法程序，完成闭环控制。PID 控制是一般闭环控制系统中常用的控制方法。目前不仅大中型 PLC 都有 PID 模块，而且许多小型 PLC 也具有 PID 功能。PID 控制一般是运行专用的 PID 子程序。过程控制在冶金、化工、热处理、锅炉控制等场合有非常广泛的应用。

（5）数据处理。

现代 PLC 具有数学运算（含矩阵运算、逻辑运算）、数据传送、数据转换、排序、查表、位操作等功能，可以完成对数据的采集、分析及处理。这些数据可以与储存在存储器中的参考值进行比较，以完成一定的控制操作，也可以利用通信功能把它们传送给别的智能装置，或将它们制表打印等。数据处理一般用于大型控制系统，如无人控制的柔性制造系统；也可用于过程控制系统，如数控机床和造纸、冶金、食品工业中的一些大型控制系统。

（6）通信及联网。

PLC 通信包含 PLC 与 PLC 之间的通信以及 PLC 与其他智能设备之间的通信。随着计算机控制技术的不断发展，工厂自动化网络的发展将会更加迅猛，各 PLC 厂家都十分重视

PLC 的通信功能，纷纷推出各自的网络系统。最新生产的 PLC 都具有通信接口，实现通信方便快捷。

以电牵引采煤机为例，选用日本三菱 FX2N 系列 PLC 为采煤机控制系统核心，设计电牵引采煤机控制系统方案。

【例 7 – 5】 基于 PLC 的电牵引采煤机控制系统设计。

设计思路：在 PLC 正常运行时，变频器的速度给定，牵引方向的改变，加、减速，两台截割电动机的启动、停止和温度检测，电流采样，采煤机零位抱闸，牵引变压器温度监测及采煤机的动作执行等均可以通过 PLC 来得到控制。扩展模块从基本单元获得电源，无须外加电源设备。

PLC 控制电路部分 I/O 分配和功能如图 7 – 25 所示。

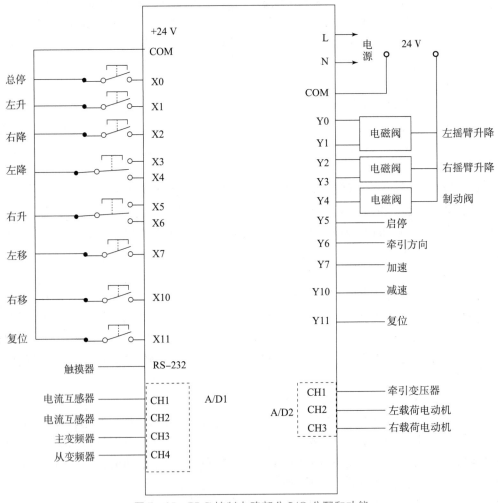

图 7 – 25　PLC 控制电路部分 I/O 分配和功能

3. PC 控制机及其选用

1）普通 PC 控制机

普通 PC 控制机软件功能丰富，数据处理能力强，且配备有 CRT 显示器、键盘、键盘驱动器、打印机接口等。若利用这类微机系统的标准总线和接口进行系统扩展，那么只需要增加少量接口电路，就可以组成功能齐全的测控系统。当普通 PC 控制机用在工业现场用于微机控制系统时，必须针对强电磁干扰、电源干扰、振动冲击、工业油雾气氛等采取防范措施。因此，普通 PC 控制机宜用于数据采集处理系统、多点模拟量控制系统或其他工作环境较好的微机控制系统，或者作为集散控制系统中的上位机，远离恶劣的环境，对现场控制的下位机进行集中管理和监控。

（1）普通 PC 控制机的组成。

和所有的计算机一样，普通 PC 控制机由软件和硬件两个部分组成，如图 7-26 所示。

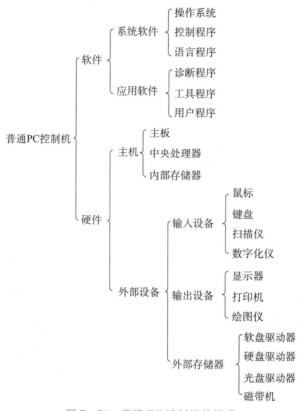

图 7-26　普通 PC 控制机的组成

软件是指系统软件（包括操作系统、控制程序、语言程序等）和应用软件（包括诊断程序、工具程序、用户程序等）。

硬件是指计算机物理设备，包括光电设备和机械设备、主机与外部设备。主机是计算机的大脑，负责指挥整个系统的运行。外部设备是计算机的肢体，听从主机的指挥，与主机进行信息交换，实现信息的输入和输出

（2）普通 PC 控制机的选配原则。

①根据工业现场的需求，明确普通 PC 控制机的用途。

②合理配置普通 PC 控制机的性能。

③可替换，便于维修，注重售后服务。

2）工控 PC 控制机

为了克服普通 PC 控制机环境适应性和抗干扰性较差的弱点，出现了结构经过加固、元器件经过严格筛选、接插件结合部经过强化设计、有良好的抗干扰性、工作可靠性高并且保留了普通 PC 控制机的总线和接口标准以及其他优点的微型计算机，称为工业 PC 控制机。通常各种工业 PC 控制机都备有种类齐全的 PC 总线接口模板，包括数字量 I/O 板，模拟量 A/D、D/A 板，模拟量输入多路转换板，定时器、计数器板，专用控制板，通信板以及存储器板等，为微机控制系统的设计制作提供了极大的方便。

采用工控 PC 控制机组成控制系统，一般不需要自行开发硬件，软件通常都与选用的接口模板相配套，接口程序可根据随 PC 总线接口模板提供的示范程序非常方便地编制。由于工业 PC 控制机选用的微处理器及元器件的档次较高，结构经过强化处理，由它组成的控制系统的性能远远高于由单板机、单片机、普通 PC 控制机组成的控制系统，但由它组成控制系统的成本也比较高。工业 PC 控制机宜用于需要进行大量数据处理、可靠性要求高的大型工业控制系统中。

（1）工控 PC 控制机的组成。

典型的工控 PC 控制机由加固型工业机箱（主机箱）、工业电源、主机板、显示板、硬盘驱动器、光盘驱动器、各类输入/输出接口模块、显示器、键盘、鼠标、打印机等组成。图 7-27 所示为工控 PC 控制机主机箱的外部结构，图 7-28 所示为工控 PC 控制机主机箱的内部结构。

图 7-27   工控 PC 控制机主机箱的外部结构   图 7-28   工控 PC 控制机主机箱的内部结构

（2）工控 PC 控制机的特点。

①可靠性高。工控 PC 控制机常用于控制连续的生产过程，在运行期间不允许停机检修，发生故障时将会导致质量事故，甚至生产事故。因此，要求工控 PC 控制机具有高可靠性、低故障率和短维修时间。

②实时性好。工控 PC 控制机必须实时地响应被控对象各种参数的变化，才能对生产过程进行实时控制与监测，当过程参数出现偏差或故障时，应能实时响应并实时地进行报警和处理。通常工控 PC 控制机配有实时多任务操作系统和中断系统。

③环境适应性强。由于工业现场环境恶劣，因此要求工控 PC 控制机具有很强的环境适应能力，如对温度/湿度变化范围要求高，具有防尘、防腐蚀、防振动冲击的能力，具有较好的电磁兼容性、高抗干扰能力和高共模抑制能力。

④丰富的输入/输出模块。工控 PC 控制机与过程仪表相配套，与各种信号打交道，需要具有丰富的多功能输入/输出模块，如模拟量、数字量、脉冲量等 I/O 模块。

⑤系统扩充性和开放性好。灵活的系统扩充性有利于工厂自动化水平的提高和控制规模的不断扩大。采用开放性体系结构，便于系统扩充、软件的升级和互换。

⑥控制软件包功能强。工控 PC 控制机需要具有人机交互方便、画面丰富、实时性好等性能，需要具有系统组态和系统生成功能，需要具有实时及历史的趋势记录与显示功能，需要具有实时报警及事故追忆功能等，需要具有丰富的控制算法。

⑦系统通信功能强。一般要求工控 PC 控制机能构成大型计算机控制系统，具有远程通信功能。为满足实时性要求，工控 PC 控制机的通信网络速度要高，并符合国际标准通信协议。

⑧冗余性强。在对可靠性要求很高的场合，要求有双机工作及冗余系统，包括双控制站、双操作站、双网通信、双供电系统、双电源等，具有双机切换功能、双机监视软件等，以保证系统长期不间断工作。

（3）工控 PC 控制机的主要类型。

根据所采用总线的不同，工控 PC 控制机的产品主要有 PC 总线工控机、STD 总线工控机、VME 总线工控机。目前工控 PC 控制机产品主要有以下类型：

①盒式工控 PC 控制机（BOX - PC）。此种工控 PC 控制机体积小、质量轻，可以挂在工厂车间的墙壁上或固定于机床的附壁上，适合工厂环境中的小型数据采集控制使用。

②盘式工控 PC 控制机（PANEL - PC）。此种工控 PC 控制机将主机、触摸屏式显示器、电源、软盘驱动器和串行接口集成为工业 PC 控制机，同样具有体积小、质量轻的特点。它是一种结构紧凑的工控 PC 控制机，非常适于作机电系统控制器。

③ISA 总线工控 PC 控制机（ISABUS - IPC）。此种工控 PC 控制机是目前较流行的工控 PC 控制机。在无源总线底板上插入一块主板和显示卡，连上软、硬盘，即可构成 ISA 总线工控 PC 控制机。主板上带串行接口、并行接口、键盘接口和看门狗、定时器等装置。主板上的槽口数目有多种选择。ISA 总线工控 PC 控制机机箱采用全钢结构，有带锁的面板，内部带有防振压条、双冷却风扇、空气过滤网罩，可以满足工业控制现场的一般环境要求。

④PCI 总线工控 PC 控制机（PCIBUS - IPC）。此种工控 PC 控制机由英特尔奔腾芯片和 PCI 总线构成，主机速度及主机与外部设备（显示及磁盘数据交换）间的数据交换速度被提高到一个新的档次，适合操作员站、系统服务器和节点工作站使用。

⑤VESA 总线工控 PC 控制机（VESABUS - IPC）。与 ISA 总线工控 PC 控制机相比，它具有较高的显示速度和 I/O 读写速度，适用于监控操作站。

⑥工业级工作站。这是一种将主机、显示器、操作面板集于一体的工控 PC 控制机，可应用于监控、控制站场合。

⑦新型工控 PC 控制机。目前，国内外生产总线式工控 PC 控制机系列产品的专业厂家很多，据不完全统计，我国工控 PC 控制机的生产厂家主要有研华、研祥、威达、磐仪、大众、艾雷斯、研扬、艾讯、康拓、华控、华北工控、超拓、浪潮、四通工控、联想工控、宏拓工控、长城工控、方正工控、六所、骑山公司等，用户可根据实际应用需求进行选择。总之，要根据"经济合理、可扩充"的原则选择合适的工控 PC 控制机。

4. 接口

用控制系统接口技术目前，接口已不是简单的硬件与硬件之间的通信协议，被分为硬件接口与软件接口。如果没有特殊说明，把硬件接口简称为接口。硬件接口是指同一计算机不同功能层之间的通信规则。软件接口是指对协定进行定义的引用类型，可以定义方法成员、属性成员、索引器和事件。

　　机电一体化控制系统通过接口将一个部件与另外的部件连接起来，实现一定的控制和运算功能。因此，接口就是机电一体化各子系统之间，以及子系统各模块之间相互连接的硬件及相关协议软件。一般情况下，以计算机控制为核心的机电一体化控制系统将接口分为人机交互接口（即人机接口）和机电接口（模拟量输入/输出接口）及总线接口。常见的接口分类如图 7 - 29 所示。

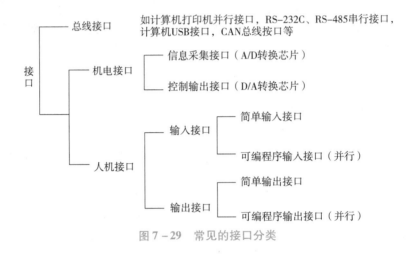

图 7 - 29　常见的接口分类

　　在设计机电一体化产品时，一般应首先画出产品的结构框图，框图中的每一个方框代表一个设备，连接两个方框的直线代表两个设备间的联系，即本章要讲的接口，如图 7 - 30 所示。

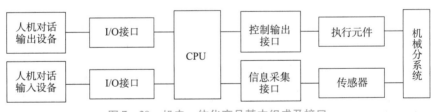

图 7 - 30　机电一体化产品基本组成及接口

　　人机对话输入和输出设备没有与 CPU 直接连接，而是通过 I/O 接口与 CPU 连接在一起。

　　外部设备和 CPU 不能直接连接的原因有两个：一是人机对话输入和输出设备和 CPU 的阻抗不匹配；二是 CPU 不能直接控制人机对话输入和输出设备（键盘等）的接通和关闭。

　　机电一体化系统对接口的要求如下：

（1）能够输入有关的状态信息，并能够可靠地传输相应的控制信息。

（2）能够进行信息转换，以满足系统对输入与输出的要求。

（3）具有较强的阻断干扰信号的能力，以提高系统工作的可靠性。

1）CPU 接口

对于任何一个机电一体化产品，一般都连接多个输入和输出设备。CPU 在工作时，由地址译码器分时选中不同的外部设备，使其工作。常用的地址译码芯片有 74LS138 和 74LS139。它们的结构如图 7 – 31 所示。

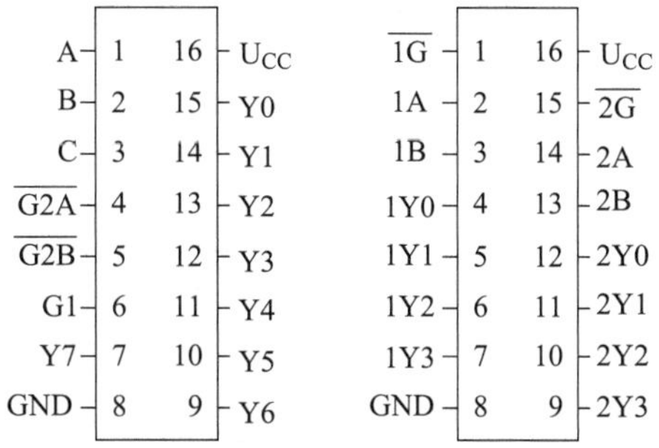

图 7 – 31　地址译码芯片 74LS138 和 74LS139 的结构与 CPU 接口连接

（a）74LS138；（b）74LS139

【例 7 – 6】地址译码芯片 74LS138 与 CPU 接口实例。

地址译码芯片 74LS138 的功能如表 7 – 4 所示。地址译码芯片 74LS138 的地址信号线 A、B、C 和控制信号线 G1、G2A、G2B 都接到 CPU 的地址总线上，Y0 ~ Y7 是地址译码芯片 74LS138 的输出信号线，如图 7 – 32 所示。当 G1 为高电平，G2A、G2B 为低电平时，在每一瞬时 Y0 ~ Y7 中必有一个被选中。例如，当地址范围为 8000H ~ 83FFH 时，Y0 被选中，这时 Y0 从高电平变为低电平；当地址范围是 8400H ~ 87FFH 时，Y1 被选中。Y2 ~ Y7 的地址范围可依次推出，如表 7 – 5 所示。

表 7 – 4　地址译码芯片 74LS138 的功能

输入					输出							
允许		选择										
G1	G2$^+$	C	B	A	Y0	Y1	Y2	Y3	Y4	Y5	Y6	Y7
×	1	×	×	×	1	1	1	1	1	1	1	1
0	×	×	×	×	1	1	1	1	1	1	1	1
1	0	0	0	0	0	1	1	1	1	1	1	1
1	0	0	0	1	1	0	1	1	1	1	1	1
1	0	0	1	0	1	1	0	1	1	1	1	1
1	0	0	1	1	1	1	1	0	1	1	1	1
1	0	1	0	0	1	1	1	1	0	1	1	1
1	0	1	0	1	1	1	1	1	1	0	1	1
1	0	1	1	0	1	1	1	1	1	1	0	1
1	0	1	1	1	1	1	1	1	1	1	1	0

注：

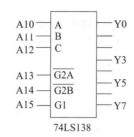

图 7-32 地址译码芯片 74LS138

表 7-5 地址译码芯片 74LS138 输出端口的地址范围

输出端口地址范围	CPU 的引脚	A15	A14	A13	A12	A11	A10	A9	A8	A7	A6	A5	A4	A3	A2	A1	A0
	74L5138 的引脚	$\overline{G1}$	$\overline{G2A}$	$\overline{G2B}$	C	B	A										
8000H ~ 83FFH	Y0 被选中	1	0	0	0	0	0	0	0	0	0	0	0	0	0	0	0
		1	0	0	0	0	0	1	1	1	1	1	1	1	1	1	1
8400H ~ 87FFH	Y1 被选中	1	0	0	0	0	1	0	0	0	0	0	0	0	0	0	0
		1	0	0	0	0	1	1	1	1	1	1	1	1	1	1	1
8800H ~ 8BFFH	Y2 被选中	1	0	0	0	1	0	0	0	0	0	0	0	0	0	0	0
		1	0	0	0	1	0	1	1	1	1	1	1	1	1	1	1
8C00H ~ 8FFFH	Y3 被选中	1	0	0	0	1	1	0	0	0	0	0	0	0	0	0	0
		1	0	0	0	1	1	1	1	1	1	1	1	1	1	1	1
9000H ~ 93FFH	Y4 被选中	1	0	0	1	0	0	0	0	0	0	0	0	0	0	0	0
		1	0	0	1	0	0	1	1	1	1	1	1	1	1	1	1
9400H ~ 97FFH	Y5 被选中	1	0	0	1	0	1	0	0	0	0	0	0	0	0	0	0
		1	0	0	1	0	1	1	1	1	1	1	1	1	1	1	1
9800H ~ 9BFFH	Y6 被选中	1	0	0	1	1	0	0	0	0	0	0	0	0	0	0	0
		1	0	0	1	1	0	1	1	1	1	1	1	1	1	1	1
9C00H ~ 9FFFH	Y7 被选中	1	0	0	1	1	1	0	0	0	0	0	0	0	0	0	0
		1	0	0	1	1	1	1	1	1	1	1	1	1	1	1	1

2）人机接口

人机接口实现人与机电一体化系统的信息交流，保证对机电一体化系统的实时监测、有效控制。人机接口包括输入接口与输出接口两类。通过输入接口，操作者向系统输入各种命令及控制参数，对系统运行进行控制；通过输出接口，操作者对系统的运行状态、各种参数进行检测。人机接口具备专用性和低速性的特点。

人机接口要完成两个方面的工作：操作者通过输入设备向 CPU 发出指令；干预系统的运行状态，在 CPU 的控制下，用显示设备来显示机器工作状态的各种信息。

在机电一体化产品中，常用的输入设备有开关、BCD 码拨盘、键盘等，常用的输出设备有指示灯、液晶显示器、微型打印机、CRT 显示器、扬声器等。

【例 7 - 7】 人机输入接口实例——拨盘输入接口设计。

拨盘是机电一体化系统中常用的一种输入设备，若系统需要输入少量的参数，则采用拨盘较为可靠方便，并且这种输入方式具有保持性。

拨盘的种类有很多。人机接口使用最方便的拨盘是 BCD 码拨盘，它的结构和接口电路如图 7 - 33 所示。BCD 码拨盘内部有个可转动圆盘，具有 "0 ~ 9" 十个位置，可以通过前面 "+" "-" 按钮进行位置选择。对应每个位置，前面窗口都有数字显示。BCD 码拨盘后面有五根引出线，分别定义为 A、1、2、4、8。当 BCD 码拨盘在不同位置时，1、2、4、8 线与 A 线的通断关系如表 7 - 6 所示，表中 0 表示与 A 线不通，1 表示与 A 线接通。

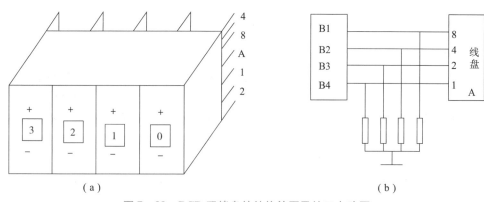

图 7 - 33　BCD 码拨盘的结构简图及接口电路图

(a) 结构简图；(b) 接口电路图

表 7 - 6　BCD 码拨盘通断状态

位置	线号权值				位置	线号权值			
	8	4	2	1		8	4	2	1
0	0	0	0	0	5	0	1	0	1
1	0	0	0	1	6	0	1	1	0
2	0	0	1	0	7	0	1	1	1
3	0	0	1	1	8	1	0	0	0
4	0	1	0	0	9	1	0	0	1

在图 7 - 33 (b) 中，1、2、4、8 线作为数据线，A 线接高电平，数据线输出的二进制数字与表 7 - 6 中的 BCD 码正好吻合。一片拨盘可以输入一位十进制数，当需要输入多位十进制数时，可以用多片拨盘。从图 7 - 33 中看出一片拨盘占用 4 根 I/O 接口数据线。若有 4 片拨盘，则需要 16 根 I/O 接口数据线。

【例 7 - 8】 人机输出接口实例——蜂鸣器接口设计。

在机电一体化系统的人机接口设计中，经常采用扬声器或蜂鸣器产生声音信号，以表示系统状态，如状态异常、工件加工结束等。

蜂鸣器为一个二端器件，只要在两极间加上适当直流电压，即可发声，它与控制微机的接口非常简单，如图 7－34 所示。图 7－34 中 74LS07 为驱动器，当 P1.0 输出低电平时，蜂鸣器发声；当 P1.0 输出高电平时，蜂鸣器停止发声。蜂鸣器音量较小，在噪声较大的环境中通常采用扬声器输出声音，扬声器要求以音频信号驱动。

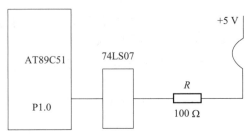

图 7－34　蜂鸣器接口电路

3）机电接口

机电接口是指机电一体化产品中的机械装置与控制微机之间的接口。按照信息的传递方向，机电接口可分为信息采集接口（传感器接口）和控制输出接口。计算机通过信息采集接口接收传感器输出的信号，检测机械系统运行参数，经过运算处理后，发出有关控制信号，然后经过控制输出接口的匹配、转换、功率放大、驱动执行元件，调节机械系统的运行状态，使机械系统按要求动作。

带有模/数和数/模转换电路的测控系统大致可用图 7－35 所示的框图表示。

图 7－35　一般测控系统框图

图 7－35 中模拟信号由传感器转换为电信号，电信号经放大后送入 A/D 转换器，由 A/D 转换器转换为数字量，数字量由数字电路进行处理，再由 D/A 转换器还原为模拟量，模拟量经放大器送往执行元件。图 7－35 中将模拟量转换为数字量的装置称为 A/D 转换器，简写为 ADC（Analog to Digital Converter）；把实现数/模转换的装置称为 D/A 转换器，简写为 DAC（Digital to Analog Converter）。为了保证数据处理结果的准确性，A/D 转换器和 D/A 转换器必须有足够的转换精度。同时，为了适应快速控制和检测的需要，A/D 转换器和 D/A 转换器还必须有足够快的转换速度。因此，转换精度和转换速度是衡量 A/D 转换器和 D/A 转换器性能优劣的主要指标。

【例 7－9】MC14433 的 A/D 转换器接口设计。

MC14433 是 3 位双积分式 A/D 转换器。图 7－36 所示为 MC14433 的引脚分布。图 7－37 所示为 MC14433 的接口电路。图 7－38 所示为 MC14433 转换结果输出时序图。

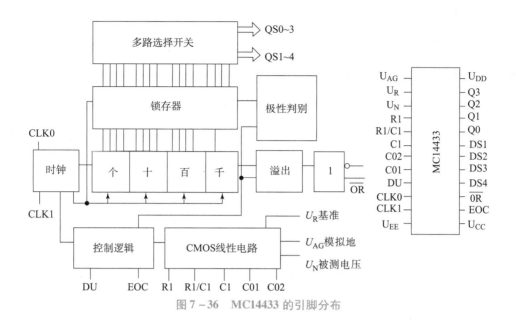

图 7 – 36   MC14433 的引脚分布

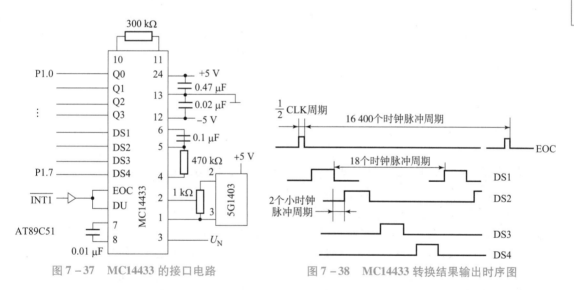

图 7 – 37   MC14433 的接口电路　　　　图 7 – 38   MC14433 转换结果输出时序图

可见，转换结果的千位值、百位值、十位值、个位值是在 DS1 ~ DS4 的同步下分时由 Q3 ~ Q0 输出。

4) 总线接口

总线（bus）是计算机各种功能部件之间传送信息的公共通信干线，是由导线组成的传输线束。总线是一种内部结构，它是 CPU、内存、输入设备、输出设备传递信息的公用通道，主机的各个部件通过总线相连接，外部设备通过相应的接口电路与总线相连接，从而形成了计算机硬件系统。因此，机电一体化控制系统从单机向多机发展，多机应用的关键是相互通信，特别在远距离通信中，并行通信已显得无能为力，通常大都要采用串行通信方法。总线接口主要包括串行通信和并行通信两种形式。这里主要介绍串行通信。

（1）通信方式。

①单工方式。

在这种方式下，只允许数据沿一个固定的方向传输，如图 7 - 39 （a）所示，A 只能发送数据，称为发送器（transfer）；B 只能接收数据，称为接收器。数据不能从 B 向 A 传送到口 2。

②半双工方式。

半双工方式如图 7 - 39 （b）所示。在这种方式下，数据既可以从 A 传向 B，也可以从 B 向 A 传输。因此，A、B 既可作为发送器，又可作为接收器，通常称为收发器。从这个意义上讲，这种数据输送方式似乎为双向工作方式。

③全双工方式。

虽然半双工方式比单工方式灵活，但它的效率依然比较低，因此出现了全双工方式，如图 7 - 39 （c）所示。

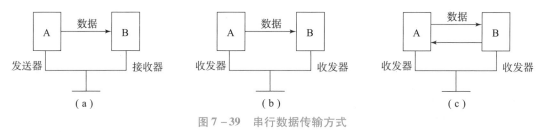

图 7 - 39　串行数据传输方式
(a) 单工方式；(b) 半双工方式；(c) 全双工方式

（2）异步通信和同步通信。

根据在串行通信中数据定时、同步的不同，串行通信的基本方式有两种：异步通信和同步通信。

异步通信是字符的同步传输技术。在异步通信中，传输的数据以字符（character）为单位。异步通信的优点是收/发双方不需要严格的位同步。

同步通信的特点是：不仅字符内部保持同步，而且字符与字符之间也是同步的。在这种通信方式下，收/发双方必须建立准确的位定时信号，也就是说收/发时钟的频率必须严格一致。同步通信在数据格式上也与异步通信不同，每个字符不增加任何附加位，而是连续发送。同步通信方式适合 2 400 bit/s 以上速率的数据传输。由于不必加起始位和停止位，所以同步通信数据传输效率比较高。同步通信的缺点是硬件设备较为复杂。另外，由于它要求由时钟来实现发送端和接收端之间的严格同步，因此还要用锁相技术等来加以保证。

（3）常用串行通信标准总线。

在进行串行通信接口设计时，主要考虑的问题是接口方法、传输介质及电平转换等。现在工业领域应用较多的标准总线，包括 RS - 232 - C 接口标准总线、RS - 422 接口标准总线、RS - 485 接口标准总线和 20 mA 电流环接口标准总线等。另外，还研制出了适合各种标准接口总线使用的芯片，为串行接口设计带来了极大的方便。串行接口的设计任务主要是确定一种串行通信标准总线，选择接口控制和电平转换芯片。

①RS - 232 - C 接口。

RS - 232 - C 接口标准总线是使用最早、应用最多的一种异步串行通信总线。RS -

232 - C 接口标准由美国电子工业协会（EIA）于 1962 年公布，并于 1969 年最后一次修订而成。其中 RS 是 Recommended Standard 的缩写，232 是该标准的标识，C 表示最后一次修订。RS - 232 - C 接口标准主要用来定义计算机系统的一些数据终端设备（DTE）和数据通信设备（DCE）之间接口的电气特性。CRT 显示器、打印机与 CPU 的通信大都采用 RS - 232 - C 接口标准总线。由于 MCS51 系列单片机本身有一个异步串行通信接口，因此，该系列单片机使用 RS - 232 - C 接口标准总线更加方便。

【例 7 - 10】 MCS - 51 系列单片机和 RS - 232 - C 接口电路。

由于 MCS - 51 系列单片机内部已经集成了串行接口，因此用户不需要再扩展串行通信接口芯片，直接利用 MCS - 51 单片机上的串行接口和 RS - 232 - C 电平转换芯片即可实现串行通信，连接电路如图 7 - 40 所示。

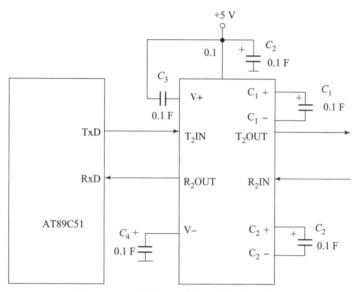

图 7 - 40　AT89C51 单片机串行接口电路

②RS - 422/RS - 485 接口。

RS - 232 - C 接口标准应用很广，但它是一个已制定很久的标准，RS - 232 - C 接口在现代工业通信网络中暴露出数据传输速率不够快、数据传输距离不够远、兼容性差、电气性能不佳、容易产生串扰等缺点。为了改善 RS - 232 - C 接口的上述缺点，1977 年 EIA 制定出新标准 RS - 449 接口标准，在制定新标准时，RS - 449 接口除了保留与 RS - 232 - C 接口兼容的特点外，还在提高数据传输速率、增加数据传输距离、改进电气特性等方面做了很多努力。它增加了 RS - 232 - C 接口所没有的环测功能，明确规定了连接器，解决了机械接口问题。与 RS - 449 接口标准一起推出的还有 RS - 423 - A 接口标准和 RS - 422 - A/RS - 485 接口标准。实际上，它们都是 RS - 449 接口标准的子集。由于 RS - 422 - A/RS - 485 接口在工业测控领域使用比较多，下边主要介绍 RS - 422 - A/RS - 485 接口。

在许多工业过程控制中，要求用最少的信号线来完成通信任务。当用于多站互连时，可节省信号线，便于信息高速传送。许多智能仪器设备配有 RS - 485 接口，便于将它们进行联网。目前广泛应用的 RS - 485 接口标准总线就是为适应这种需要而产生的。它实际上就是 RS‑422 接口标准总线的变型。

【例 7‑11】采用 RS‑485 接口实现多机通信。

在由单片机构成的多机串行通信系统中，一般采用主从式结构，即从机不主动发送命令或数据，一切都由主机控制。因此，在一个多机通信系统中，只有一台单机作为主机，各台从机之间不能相互通信，即使有信息交换也必须通过主机转发。采用 RS‑485 接口实现的多机通信原理框图如图 7‑41 所示。

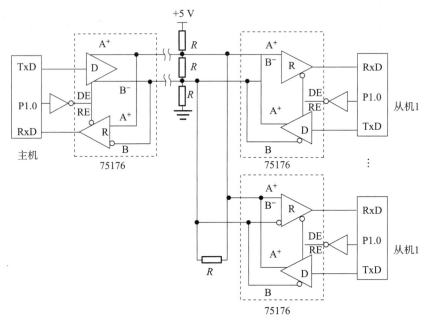

图 7‑41　采用 RS‑485 接口实现的多机通信原理框图

7.2.7　常用控制算法

当进行任何一个具体的机电一体化控制系统的分析、综合或设计时，首先应建立该系统的数学模型，确定其控制算法。所谓数学模型，就是系统动态特性的数学表达式。它反映了系统输入、内部状态和输出之间的数量和逻辑关系。这些关系式为计算机进行运算处理提供了依据，即由数学模型推出控制算法。所谓计算机控制，就是按照规定的控制算法进行控制。因此，控制算法的正确与否直接影响控制系统的品质，甚至决定整个控制系统设计的成败。

随着工业过程的复杂程度不断提高，控制算法从简单的数据处理发展到 PID 控制算法，再发展到多目标、多尺度等复杂算法不断涌出，如模糊控制算法、神经网络算法、施密斯预估控制算法，甚至是人工智能算法等。本节讲解其中几个典型控制算法。

1. 数字滤波和数据处理

计算机控制系统通过模拟量输入通道采集生产过程的各种物理参数，如温度、压力、流量、料位和成分等。这些原始数据中有可能混杂了许多干扰噪声，需要进行数字滤波。这些原始数据也可能与实际物理量呈非线性关系，也需要进行线性化处理。因此，为了能得到真实有效的数据，有必要对采集到的原始数据进行数字滤波和数据处理。

1）数字滤波

干扰信号在有用信号中的比重，提高信号的真实性。这种滤波方法不需要增加硬设备，只需根据预定的滤波算法编制相应的程序，即可达到信号滤波的目的。

数字滤波可以对各种干扰信号，甚至极低频率的信号进行滤波。数字滤波由于稳定性高，滤波参数修改也方便，得到了极为广泛的应用。常用的数字滤波方法有限幅滤波法、中位值滤波法、平均值滤波法和惯性滤波法等。

2）数据处理

虽然采用数字滤波可以得到比较真实的被测参数，但是并不能直接使用这些采样数据，还需要进行数学处理。数据处理是指对数据的采集、存储、检索、加工、变换和传输。数据处理的基本目的是从大量的、可能是杂乱无章的、难以理解的数据中抽取并推导出对于某些特定的人们来说是有价值、有意义的数据。数据处理是系统工程和自动控制的基本环节。数据处理贯穿社会生产和社会生活的各个领域。常见的数据处理方法有线性化处理、标度变换等。

2. 数字 PID 控制算法

在工业过程控制中，数字 PID 控制算法是应用较为广泛的一种控制算法。它具有原理简单、易于实现、鲁棒性强和适用面广等优点。在将计算机用于生产过程控制以前，模拟 PID 控制器几乎占据着垄断地位。计算机的出现和它在过程控制中的应用使这种情况开始有所改变。目前在计算机控制中，数字 PID 控制算法仍然是应用较为广泛的控制算法。

用计算机实现 PID 控制，不仅仅是简单地把 PID 控制规律数字化，而是将其进一步与计算机的逻辑判断功能结合起来，使 PID 控制更加灵活多样，更能满足生产过程提出的各种要求。图 7-42 所示为 PID 控制系统框图。

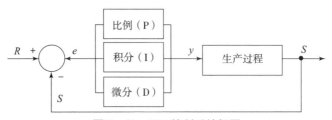

图 7-42　PID 控制系统框图

1）基本 PID 控制比例（P）

PID 控制中的 P、I、D 是"比例、积分、微分"三者的英文缩写。PID 控制的实质是根据反馈后计算得到的输入偏差值，按比例、积分、微分的函数关系进行运算。PID 控制算法主要具有以下优点：

（1）PID 控制算法蕴含了动态控制过程中过去、现在和将来的主要信息。其中，比例（P）代表了当前的信息，起纠正偏差的作用，使过程反应迅速；微分（D）在信号变化时有超前控制作用，代表了将来的信息，能减小过程超调、克服振荡、提高系统的稳定性、加快系统的过渡过程；积分（I）代表了过去积累的信息，能消除静差、改善系统的静态特性。合理配置此三种作用，可以得到快速、平稳、准确的动态过程，使控制效果最佳。

（2）PID 控制算法适应性好，有较强的鲁棒性，在各种工业应用场合都得到不同程度的应用。

（3）PID 控制算法简单明了，并且有完整、成熟的设计和参数整定方法，很容易为工程技术人员所掌握。

在连续控制系统中，PID 控制算法可表示为

$$U(t) = K_P\Big[e(t) + \frac{1}{T_I}\int_0^1 e(t)\,\mathrm{d}t + T_D\frac{\mathrm{d}e(t)}{\mathrm{d}t}\Big] \tag{7-7}$$

式中，

$$T_D = \frac{K_P}{K_D}$$

式中，T_I 为积分时间常数；T_D 为微分时间常数；K_P 为比例系数；K_I 为积分系数；K_D 为微分系数。

相应的传递函数为 $G(s) = \dfrac{U(s)}{E(s)} = K_P + \dfrac{K_I}{s} + K_D s$

在计算机控制系统中使用的是数字 PID 控制器。

【例 7 – 12】PID 控制算法在采煤机姿态控制系统中的应用。

采煤机在工作时经常会受到煤层中煤矸石的干扰，导致其调高油缸的压力值发生变化，为了避免调高油缸压力值变化对姿态调整监测系统产生干扰，需要给压力监测系统设置一个控制范围，在该控制范围内可判断是切割到了煤矸石，当超出此范围时即可判定切割到了巷道顶板或者发生了触底现象。此时系统发出姿态调整控制指令，对调高滚筒进行调整，确保系统压力值的稳定性，从而避免由于切割到煤矸石而导致的对滚筒高度的频繁调整，减少系统误报警和误操作。由此引入了 PID 控制，利用其调节性好、鲁棒性强的优点，实现对采煤机姿态调整过程的有效控制。基于 PID 控制算法的采煤机姿态控制逻辑，如图 7 – 43 所示。

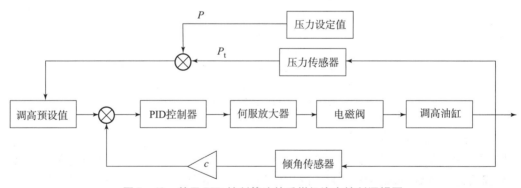

图 7 – 43　基于 PID 控制算法的采煤机姿态控制逻辑图

2）比例（P）调节

比例调节是数字控制中最简单的一种调节方法。它的特点是调节器的输出与控制偏差 e 呈线性比例关系，控制规律为

$$y = K_P \cdot e + y_0$$

式中，K_P 为比例系数；y_0 为偏差；e 为零时比例调节器的输出值。

比例系数 K_P 的大小决定了比例调节器调节的快慢程度，K_P 大，比例调节器调节的速度快，但 K_P 过大会使控制系统出现超调或振荡现象；K_P 小，比例调节器调节的速度慢，但 K_P 过小又起不到调节作用。

3）比例积分（PI）调节

比例调节器的主要缺点是存在无法消除的静差，影响了调节精度。为了消除静差，在比例调节器的基础上并入一个积分调节器构成比例积分调节器，如式（7-18）所示。

$$y = K_P\Big(e + \frac{1}{T_I}\int_0^1 edt\Big) + y_0 \tag{7-18}$$

式中，T_I 为积分时间常数。它的物理意义是当比例积分调节器积分调节作用与比例调节作用的输出相等时所需的调节时间。积分时间常数 T_I 的大小决定了积分调节作用的强弱程度。T_I 选择得越小，积分调节作用越强，但系统振荡的衰减速度越慢。

4）比例-积分-微分（PID）调节

加入积分调节器后，虽可消除静差，使控制系统的静态特性得以改善，但积分调节器输出值的大小与偏差 e 的持续时间成正比，这样就会使系统消除静差的调节过程变慢，由此带来的是系统的动态性能变差。尤其是当积分时间常数 T_I 很大时，情况更为严重。另外，当系统受到冲击式偏差冲击时，偏差的变化率很大，而比例积分调节器的调节速度又很慢，这样势必会造成系统的振荡，给生产过程带来很大的危害。改善的方法是在比例积分调节的基础上再加入微分调节，构成比例-积分-微分（PID）调节器，如式（7-7）所示。

5）基于 PID 控制算法的单片机控制系统

单片机控制系统通过 A/D 转换电路检测输出值，并计算偏差 e 和控制变量 y，再经 D/A 转换后输出给执行机构，从而实现缩小或消除输出偏差的目的，使系统输出值 S 稳定在给定区域内。在计算机控制过程中，整个计算过程采用的是数值计算方法，当采样周期足够小时，这种数值近似计算相当准确，使离散的被控过程与连续过程相当接近。图 7-44 所示为单片机闭环控制系统框图。

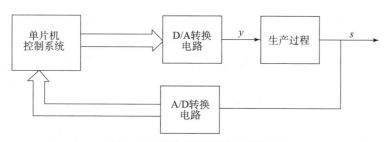

图 7-44　单片机闭环控制系统框图

（1）位置式 PID 的控制算法。

将式（7-7）写成对应的差分方程形式，为

$$y_n = K_P\Big[e_a + \frac{1}{T_I}\sum_{k=0}^{n} e_k \cdot T + T_D\Big(\frac{e_n - e_{n-1}}{T}\Big)\Big] + y_0 \tag{7-9}$$

式中，e_n 为第 n 次采样周期内所获得的偏差信号；e_{n-1} 为第 $n-1$ 次采样周期内所获得的偏差信号；T 为采样周期；y_n 为第 n 次控制变量的输出。

由于用该 PID 算式直接计算出的是调节器的输出变量，而被控变量 n 对应的是被控对象的位置，所以将此算式称为位置式 PID 算式。

12）增量式 PID 的控制算法

在位置式 PID 的控制算法中，每次的输出与偏差 e 的变化过程相关，由于偏差的累加作用，很容易产生较大的累积偏差，使控制系统出现不良的超调现象。结合式（7-9）可得到增量式 PID 的控制算法公式。

$$\Delta y_n = K_P\left[(e_n - e_{n-1}) + \frac{T}{T_I}\cdot e_n + \frac{T_D}{T}(e_n - 2e_{n-1} - e_{n-2})\right] \qquad (7-10)$$

式中，$\Delta y_n = y_n - y_{n-1}$。

拓展资源：智能控制算法简介

1. 神经网络控制算法

人工神经网络（Artificial Neural Network，ANN）也简称为神经网络或称为连接模型，它是一种模仿动物神经网络行为特征，进行分布式并行信息处理的算法数学模型。这种网络依靠系统的复杂程度，通过调整内部大量节点之间相互连接的关系，从而达到处理信息的目的。它是一种应用类似于大脑神经突触连接的结构进行信息处理的数学模型，具有大规模并行处理、分布式信息存储、自适应与自组织能力良好等特点。

1）神经网络的应用

在网络模型与算法研究的基础上，可利用神经网络组成实际的应用系统，以实现某种信号处理或模式识别的功能、构造专家系统、制成机器人、实现复杂系统控制等。

2）神经网络的特点

（1）具有自适应与自组织能力。

根据系统提供的样本数据，通过学习和训练，神经网络也具有初步的自适应与自组织能力。

（2）具有泛化能力。

具有泛化能力是说神经网络对没有训练过的样本有很好的预测能力和控制能力。

（3）具有非线性映射能力。

对于复杂系统或者在系统未知的情况下，建立精确的数学模型很困难，这时神经网络的非线性映射能力表现出优势，因为它不需要对系统进行透彻的了解，但是能得到输入与输出的映射关系，这大大简化了设计的难度。

（4）具有高度的并行性。

从功能的模拟角度看，神经网络具备很强的并行性，它是根据人的大脑而抽象出来的数学模型，可以实现并行控制。

3）常见的神经网络控制算法

为了使神经网络能够执行一定的信息处理任务，必须确定神经元之间连接权的大小。目前主要有两种方法来解决这个问题：

第一种方法是从所要解决的问题的定义中直接计算神经元之间的连接权。例如，用

Hopfield 神经网络求解最优化问题时，令问题的评价函数和神经网络的能量函数一致，然后直接计算出各个连接权的大小。

第二种方法是当事先无法知道各个连接权的适当值时，所采用的神经网络"自组织"方法。神经网络的学习算法主要处理那些事先无法确定连接权的神经网络，通过给神经网络各种训练范例，把神经网络实际的响应和所希望的响应进行比较，然后根据偏差的情况，采用一定的学习算法修改各个连接权，使神经网络不断朝着能正确动作的方向变化下去，直到能得到正确的输出为止。学习系统的示意框图示例如图 7 – 45 所示，其中 $g(z)$ 为非线性函数。

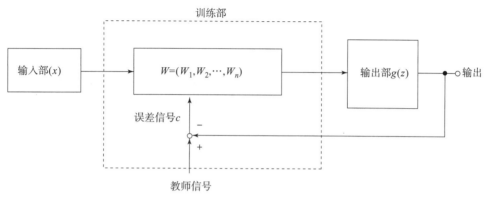

图 7 – 45　学习系统的示意框图示例

常见的学习算法如下：

（1）感知器网络。

感知器是神经网络中的一种典型结构。它的主要特点是结构简单，对所能解决的问题存在着收敛算法。感知器网络是最简单的前馈网络，主要用于模式分类，也可用在基于模式分类的学习控制和多模态控制中。

单层感知器网络如图 7 – 46 所示，多层感知器网络如图 7 – 47 所示。

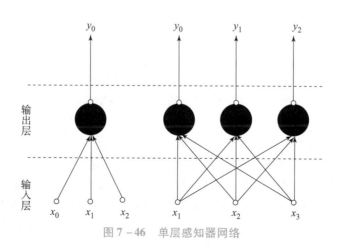

图 7 – 46　单层感知器网络

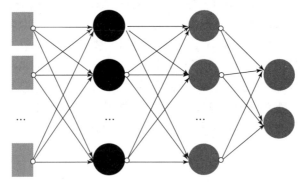

图 7-47　多感知器网络

（2）BP 网络。

误差反向传播学习算法即 BP 算法，通过一个使代价函数最小化过程完成输入到输出的映射。如图 7-48 所示，BP 网络不仅有输入层节点和输出层节点，而且有隐含层节点（隐含层可以是一层，也可以是多层），对于输入信号，要先向前传播到隐含层节点，经过作用函数后，再把隐含层节点的输出信息传播到输出层节点，最后给出输出结果。

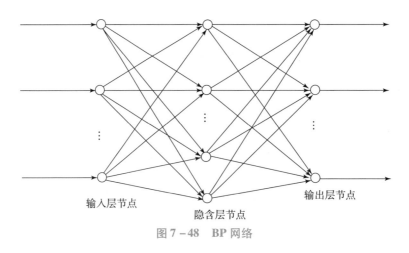

输入层节点　　　　隐含层节点　　　　输出层节点

图 7-48　BP 网络

2. 模糊控制算法

对于复杂的系统，由于变量太多，往往难以正确地描述系统的动态，于是工程师便利用各种方法来简化系统的动态，以达成控制的目的，但效果不尽理想。例如，在复杂系统中，采用传统的 PID 控制算法很难取得满意的控制效果，但人工手动控制能够正常进行。然而，人工手动控制是基于操作者长期积累的经验进行的，人工手动控制逻辑设计是通过人的自然语言来描述的，如温度偏高、需要减少燃料等，这样的自然语言具有模糊性。

模糊控制是指将人的判断、思维逻辑用比较简单的数学形式直接表达出来，而对复杂系统做出符合实际的处理方案。模糊控制是利用模糊数学的基本思想和理论的控制方法。在传统的控制领域里，控制系统动态模式的精确与否直接影响控制效果的优劣。系统动态的信息越详细，越能达到精确控制的目的。

模糊控制理论一经提出，便在复杂系统的控制领域得到了极为广泛的应用，并取得了很好的控制效果。模糊控制实质上是一种非线性控制，从属于智能控制的范畴。模糊控制的一大特点是：既有系统化的理论，又有大量的实际应用背景。模糊控制器的设计主要包括以下内容：

（1）确定模糊控制器的输入变量和输出变量。

（2）设计模糊控制器的控制规则。

（3）确立模糊化和非模糊化（又称清晰化）的方法。

（4）选择模糊控制器输入变量及输出变量的论域，并确定模糊控制器的参数（如量化子、比例因子）。

1）模糊控制系统的组成

模糊控制是一种以模糊数学为基础的计算机数字控制，模糊控制系统的组成类同于一般的数字控制系统，如图7-49所示。

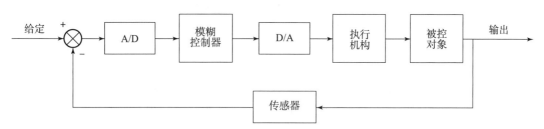

图 7-49 模糊控制系统的组成

模糊控制器是模糊控制系统的核心，它基于模糊条件语句描述的语言控制规则，所以又称为模糊语言控制器。模糊控制规则是模糊控制器的核心，它的正确与否直接影响模糊控制器的性能，模糊控制规则的多少也是衡量模糊控制器性能的一个重要因素。模糊控制规则来源包括专家的经验和知识、操作员的操作模式和学习等。

2）模糊控制的优点

（1）能降低系统设计的复杂性，特别适用于非线性、时变、滞后、模型不完全系统的控制。

（2）不依赖于被控对象的精确数学模型。

（3）利用模糊控制规则来描述系统变量间的关系。

（4）不用数值而用语言式的模糊变量来描述系统，模糊控制器不必为被控对象建立完整的数学模式。

（5）模糊控制器是一种容易控制、掌握的较理想的非线性控制器，具有较佳的鲁棒性、适应性和容错性。

3）模糊控制的缺点

（1）模糊控制的设计尚缺乏系统性，对复杂系统的控制是难以奏效的。另外，还难以建立一套系统的模糊控制理论，用以解决模糊控制的机理、稳定性分析、系统化设计方法等一系列问题。

（2）完全凭经验获得模糊控制规则及隶属函数即系统的设计办法。

（3）信息简单的模糊处理将导致系统的控制精度降低和动态品质变差。若要提高控制精度，就必然增加量化级数，导致模糊控制规则搜索范围扩大，降低决策速度，甚至不能进行实时控制。

（4）保证模糊控制系统的稳定性即模糊控制中关于稳定性和鲁棒性的问题还有待解决。

4）模糊控制的发展

模糊控制以现代控制理论为基础，同时与自适应控制技术、人工智能技术、神经网络技术相结合，在控制领域得到了空前的应用。

（1）Fuzzy – PID 复合控制。

Fuzzy – PID 复合控制将模糊控制技术与常规 PID 控制算法相结合，可以达到较高的控制精度。当温度偏差较大时采用模糊控制，控制系统响应速度快，动态性能好；当温度偏差较小时采用 PID 控制，控制系统静态性能好，满足系统控制精度。因此，它相比单个的模糊控制器和单个的 PID 调节器有更好的控制性能。

（2）自适应模糊控制。

这种控制方法具有自适应和自学习的能力，能自动地对自适应模糊控制规则进行修改和完善，提高了控制系统的性能，使那些具有非线性、大时滞、高阶次的复杂系统具有更好的控制性能。

（3）参数自整定模糊控制。

参数自整定模糊控制也称为比例因子自整定模糊控制。这种控制方法对环境变化有较强的适应能力，在随机环境中能对模糊控制器进行自动校正，使得控制系统在被控对象特性变化或扰动的情况下仍能保持较好的性能。

（4）专家模糊控制 EFC（Expert Fuzzy Controller）。

模糊控制与专家系统技术相结合，进一步提高了模糊控制器的智能水平。这种控制方法保持了基于规则的方法的价值和用模糊集处理带来的灵活性，同时把专家系统技术的表达与利用知识的长处结合起来，能够处理更广泛的控制问题。

（5）仿人智能模糊控制。

仿人智能模糊控制的特点在于：IC 算法具有比例模式和保持模式两种基本模式的特点，使系统在误差绝对值变化时可处于闭环运行和开环运行两种状态，妥善解决了稳定性、准确性、快速性的矛盾。仿人智能模糊控制较好地应用于纯滞后对象。

（6）神经模糊控制 NFC（Neuro Fuzzy Control）。

这种控制方法以神经网络为基础，利用了模糊逻辑具有较强的结构性知识表达能力，即描述系统定性知识的能力、神经网络强大的学习能力以及定量数据的直接处理能力。

（7）多变量模糊控制。

这种控制方法适用于多变量控制系统。一个多变量模糊控制器有多个输入变量和输出变量。

【例 7 – 13】为了实现对直线电动机运动的高精度控制，系统采用全闭环的控制策略，但在系统的速度环控制中，因为负载直接作用于直线电动机而产生扰动，如果仅采用 PID 控制，则很难满足系统的快速响应需求。由于模糊控制技术具有适用范围广、对时变负载具有一定的鲁棒性的特点，而直线电动机伺服控制系统又是一种要求具有快速响应性并能够在极短时间内实现动态调节的系统，所以考虑在速度环设计了 PID 模糊控制器，利用 PID 模糊控制器对直线电动机的速度进行控制，并同电流环和位置环的经典控制策略一起来实现对直线电动机的精确控制。

项目七 机电一体化控制系统设计

任务工单

任务名称	机电一体化控制系统设计	组别	
		组员：	

一、任务描述

机电一体化控制系统设计，需要将课程理论与实验实践相结合。本章将介绍机电一体化控制系统的主要内容以及控制系统的设计与建模、常用控制器与接口控制算法等内容。通过对本章的学习，学生应掌握机电一体化控制系统的组成、选型方法、设计方法、建模方法等，重点掌握常用控制器硬件、软件设计方法与流程，能够完成机电领域控制构建与实验验证。

二、技术规范

三、计划（制订小组工作计划）

工作流程	完成任务的资料、工具或方法	人员安排	时间分配	备注

四、决策（确定工作方案）

1. 小组讨论、分析、阐述任务完成的方法、策略，确定工作方案。

2. 教师指导、确定最终方案。

五、实施（完成工作任务）

工作步骤	主要工作内容	完成情况	问题记录

六、检查（问题信息反馈）

反馈信息描述	产生问题的原因	解决问题的方法

任务 名称	机电一体化控制系统设计	组别	组员：

七、评估（基于任务完成的评价）

1. 小组讨论，自我评述任务完成情况、出现的问题及解决方法，小组共同给出改进方案和建议。

2. 小组准备汇报材料，每组选派一人进行汇报。

3. 教师对各组完成情况进行评价。

4. 整理相关资料，完成评价表。

任务 名称			姓名	组别	班级	学号	日期

考核内容及评分标准			分值	自评	组评	师评	均分
三维 目标	素质	自主学习、合作学习、团结互助等	25				
	认知	任务所需知识的掌握与应用等	40				
	能力	任务所需能力的掌握与数量度等	35				
加分 项	收获 （10分）	有哪些收获（借鉴、教训、改进等）：	你进步了吗？		加分		
			你帮助他人进步了吗？				
	问题 （10分）	发现问题、分析分问题、解决方法、创新之处等：			加分		
总结 与 反思					总分		

八、拓展（基于本任务延伸的知识与能力）

九、备注（需要注明的内容）

指导教师评语：

任务完成人签字：　　　　　　　　　　　　　　　　　　　日期：　　年　　月　　日

指导教师签字：　　　　　　　　　　　　　　　　　　　　日期：　　年　　月　　日

习题与思考题

1. 在自动控制系统中，什么是开环控制系统？什么是闭环控制系统？

2. 对自动控制系统的基本要求是什么？

3. 串行通信传输方式有几种？它们各有什么特点？

4. 试用计算机及其接口设计一个 $X-Y$ 工作台的步进电动机进给控制系统。要求画出控制系统组成原理框图和控制程序流程图。

5. 论述接口的定义与分类。

6. 什么叫总线？总线分为哪几类？分别说出它们的特点和用途。

7. 机电一体化控制系统的特征与组成是什么？简述机电一体化控制系统设计的基本内容和系统调试、评价方法。求图 7-50 所示机械平移系统的传递函数，并画出系统框图。

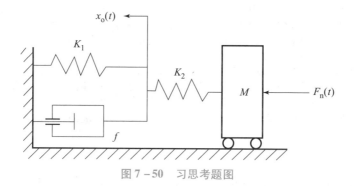

图 7-50　习思考题图

8. 求图 7-51 所示控制系统的传递函数，比较两者是否为相似系统，并画出对应的机电一体化系统框图。

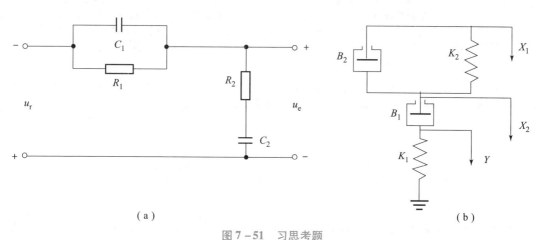

（a）

（b）

图 7-51　习思考题

（a）电气系统；（b）机械系统

项目导入		从整体目标出发，本着简单、实用、经济、安全和美观等基本原则，对所要设计的机电一体化系统的各方面进行的综合性设计，是实现机电一体化产品整体优化设计的过程。市场竞争规律要求产品不仅具有高性能，而且有低价格，这就给产品设计人员提出了越来越高的要求。另一方面，种类繁多、性能各异的集成电路、传感器、新材料和新工艺等，给机电一体化产品设计人员提供了众多的可选方案，使设计工作具有更大的灵活性。充分利用这些条件，应用机电一体化技术，开发出满足市场需求的机电一体化产品，通过分析机电一体化产品的性能要求及各机、电组成单元的特性，选择最合理的单元组合方案，进行稳态设计和动态设计，最终实现机电一体化产品整体优化设计
工匠引领		作为新时期产业工人的杰出代表，"改革先锋""最美奋斗者""全国五一劳动奖章"获得者、"全国道德模范"获得者，许振超走过的每一步路，都已经和国家的发展、港口的振兴融为一体，也成为改革开放的时代印记。从码头工人成长为大国工匠，"不服输"是许振超的"成长密码"。长期坚守、不断创新，许振超用自己的实践，为工匠精神注入时代内涵。我们也要像他一样，成为有理想、守信念，懂技术、会创新，敢担当、讲奉献的产业工匠
学习目标	知识目标	本章主要讲述机电一体化系统设计依据及评价标准、机电一体化系统总体设计方法和机电有机结合方法。机电一体化系统总体设计包括系统原理方案设计、结构方案设计、测控方案设计和系统的完整设计
	技能目标	机电一体化系统总体设计是从整体目标出发，对所要设计的机电一体化系统的各方面进行的综合性设计。本章的学习以系统工程的思想和方法论为基础，学习过程中一定要总览全局，从"总工程师"的角度，对系统原理、结构、测控方案等进行综合分析，理论联系实际，查阅相关的资料文献，加深对机电一体化系统总体设计稳态设计和动态设计的认识与理解
	素质目标	大国工匠产生敬佩之情，培养精益求精的严谨工作态度，教育学生树立质量安全意识和认真严谨的工作态度。培养具有爱国情怀的专研精神

任务8.1　机电有机结合系统设计

机电一体化系统（产品）的设计过程是机电参数相互匹配与有机结合的过程，是指综合分析机电一体化系统（产品）的性能要求及各机电组成单元的特性，选择最合理的单元组合方案，最终实现机电一体化系统（产品）整体优化设计。总体设计中简要介绍了机电有机结合设计的目标任务和流程，随后具体讲解了各子系统的建模方法。本节在各子系统模型的基础上，详细介绍机电一体化系统设计中稳态设计和动态设计的理论及方法，最后以数控机床、履带式机器人、带式输送机为例，示范应用机电一体化系统设计相关方法。

8.1.1 系统稳态设计

稳态设计包括使系统的输出运动参数达到技术要求、动力元件（如电动机）的参数选择、功率（或转矩）的匹配及过载能力的验算、各主要元部件的选择与控制电路的设计、信号的有效传递、各级增益的分配、各级之间阻抗的匹配和抗干扰措施等内容，并为后面动态设计中校正装置的引入留有余地。本部分主要介绍负载的等效换算、动力元件的匹配选择及减速比的匹配选择与各级减速比的分配。

1. 负载的等效换算

被控对象的运动，有的是直线运动，如机床工作台的 X、Y 及 Z 向运动，机器人臂部的升降、伸缩运动，绘图机的 X、Y 向运动；也有的是旋转运动，如机床主轴的回转运动、工作台的回转运动，机器人关节的回转运动等。动力元件与被控对象有直接连接的，也有通过传动装置连接的。动力元件的额定转矩（或力、功率）加减速控制方案及制动方案的选择，应与被控对象的固有参数（如质量、转动惯量等）相互匹配。因此，要将被控对象相关部件的固有参数及其所受的负载（力或转矩等）等效换算到系统任意一根轴 k 上，即计算系统输出轴承受的等效转动惯量和等效负载转矩（回转运动）或计算等效质量和等效力（直线运动）。

下面以机床工作台的伺服进给系统为例加以说明。图 8 - 1 所示系统由 m 个移动部件和 n 个转动部件组成。m_i、V_i 和 F_i 分别为移动部件的质量（kg）、运动速度（m/s）和所受的负载力（N）；J_i、$n_j(w_j)$ 和 T_j 分别为转动部件的转动惯量（kg·m²）、转速（r/min 或 rad/s）和所受负载转矩（N·m）。

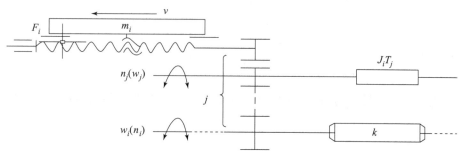

图 8 - 1　伺服进给系统示意图

（1）求折算到系统任意一根轴 k 上的等效转动惯量 J_{eq}^k。

（2）根据能量守恒定律，该系统运动部件的总动能为

$$E = \frac{1}{2} \sum_{i=1}^{m} m_i v_i^2 + \frac{1}{2} \sum_{j=1}^{m} j_j w_j^2$$

设等效到轴 k 上的总动能为

$$E^k = \frac{1}{2} J_{eq}^k w_k^2$$

由于

$$E = E^k$$

因此

$$J_{eq}^k = \sum_{i-1}^m m_i \left(\frac{v_t}{w_k}\right)^2 + \sum_{j-1}^n m_i \left(\frac{w_j}{w_k}\right)^2 \qquad (8-1)$$

工程上常用转速单位表达，因此可将式（8-1）改写为

$$J_{eq}^k = \frac{1}{4n^2} \sum_{i-1}^m m_i \left(\frac{v_i}{n_k}\right)^2 + \sum_{j-1}^n J_j \left(\frac{n_j}{n_k}\right)^2 \qquad (8-2)$$

式中，n_k 为轴 k 上的转速（r/min）。

系统总等效转动惯量 J_{eq}^k 由动力元件转动惯量 J_M 和负载转动惯量 J_L 两个部分折算而得。在进行动力元件与负载惯量匹配计算时，这两个部分应分开折算。

（3）求折算到系统任意一根轴 k 上的等效负载转矩 T_{eq}^k。

设上述系统在时间 t 内克服负载所做功的总和为

$$W = \sum_{i=1}^m F_i v_i t + \sum_{j=1}^n T_j w_j t \qquad (8-3)$$

同理，轴 k 在 t 时间内的转角为

$$\varphi_k = w_k t$$

则轴 k 所做的功为

$$W_k = T_{eq}^k w_k t$$

由于

$$W_k = W$$

因此

$$T_{eq}^k = \frac{\sum_{i=1}^m F_i v_i}{w_k} + \frac{\sum_{j=1}^n T_j w_j}{n_k} \qquad (8-4)$$

采用转速单位表示，可将式（8-4）改写为

$$T_{eq}^k = \frac{\frac{1}{2n}\sum_{i=1}^m F_i v_i}{n_k} + \frac{\sum_{j=1}^n T_j n_j}{n_k} \qquad (8-5)$$

等效负载转矩 T_{eq}^k 折算为不考虑动力元件的输出转矩，但在估算时可用动力元件的输出转矩 T 代替负载转矩。

2. 动力元件的匹配选择

伺服系统是由若干元部件组成的，其中有些元部件已有系列化商品供选用。为了降低机电一体化系统的成本、缩短机电一体化系统的设计与研制周期，应尽可能选用标准化零部件。拟定系统方案时，首先确定动力元件的类型，然后根据技术条件的要求进行综合分析，选择与被控对象及其负载相匹配的动力元件。

3. 减速比的匹配选择与各级减速比的分配

减速比主要根据负载性质、脉冲当量和机电一体化系统的综合要求来选择确定，不仅要使减速比在一定条件下达到最佳，而且要满足脉冲当量与步距角之间的相应关系，还要满足最大转速要求等。当然，要全部满足上述要求是非常困难的。

1）使加速度最大的选择方法

当输入信号变化快、加速度又很大时，应使

$$i = \frac{T_L}{T_M} + \left[\left(\frac{T_L}{T_M} \right)^2 + \frac{J_1}{J_2} \right]^{\frac{1}{2}}$$ （8 – 6）

2）最大输出速度选择方法

当输入信号近似恒速，即加速度很小时，应使

$$i = \frac{T_L}{T_M} + \left[\left(\frac{T_L}{T_M} \right)^2 + \frac{J_1}{J_2} \right]^{\frac{1}{2}}$$ （8 – 7）

式中，T_L 为等效负载转矩（N·m）；T_M 为电动机额定转矩（N·m）；J_M 为电动机转子的转动惯量（kg·m）；f_1 为电动机的黏性摩擦系数；f_2 为负载的黏性摩擦系数。

3）步进电动机驱动的传动系统传动比的选择方法

步进电动机驱动的传动系统传动比应满足脉冲当量 δ、步距角 α 和丝杠导程 s 之间的匹配关系，如式（8–8）所示。

$$i = \frac{\alpha s}{360° \delta}$$ （8 – 8）

式中，α 为步进电动机的步距角 [（°）/脉冲]；s 为滚珠丝杠的基本导程（mm）；δ 为机床执行部件的脉冲当量（mm/脉冲）。

4）对速度和加速度均有一定要求的选择方法

当对系统的输出速度、加速度都有一定要求时，应按式（8–6）选择减速比 i，然后验算是否满足

$$W_{L_{max}} \leqslant W_M$$

式中，$W_{L_{max}}$ 为负载的最大角速度；W_M 为电动机输出的角速度。

4. 机电一体化系统控制模型的建立

在稳态设计的基础上，利用所选元部件的有关参数，可以绘制出系统框图，并根据自动控制理论建立各环节的传递函数，进而建立系统传递函数。

下面以伺服进给机械传动系统为例，分析系统传递函数的建立方法。

如图 8–2 所示，伺服进给机械传动系统由齿轮减速器、轴、丝杠螺母机构及直线运动工作台等组成。图 8–2 中，$m(t)$ 为伺服电动机输出轴的转角（系统输入量），$x_0(t)$ 为工作台的位移（系统输出量），$i_1 \times i_2$ 为减速比，J_1、J_2、J_3 分别为轴Ⅰ、Ⅱ、Ⅲ及其轴上齿轮的转动惯量，m 为工作台直线移动部件的质量，B 为工作台直线运动的速度阻尼系数，s 为丝杠的导程。

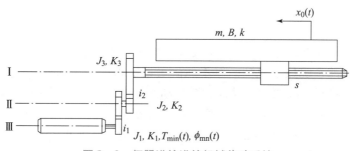

图 8 – 2　伺服进给进给机械传动系统

$$Ke = \frac{K''}{K' + K_N} = \frac{7.26 \times 10^8 \times 3.14 \times 10^9}{7.26 \times 10^8 \times 3.14 \times 10^9} = 5.42 \times 10^8 \left[(N \cdot m)/rad \right]$$

设 K 为折算到电动机轴上的总的扭转刚度，又有 $x_0(t)$ 折算到电动机轴 I 上的转角为 $i_1 \times i_2 \frac{2\pi}{s} x_0(t)$，$x_0(t)$ 折算到轴 II 上的转角为 $i_2 \frac{2\pi}{s} x_0(t)$，$x_0(t)$ 折算到轴 III 上的转角为 $\frac{2\pi}{s} x_0(t)$，m 折算到 III 轴上的转动惯性为 $m\left(\frac{s}{2\pi}\right)^2$，$B$ 折算到 III 轴上的速度阻尼系数为 $B\left(\frac{s}{2\pi}\right)^2$，设作用在轴 II 上的转矩为 $T_2(t)$，作用在轴 III 上的转矩为 $T_3(t)$，则有

$$K\left[\theta_{mi}(t) - i_1 \times i_2 \frac{2\pi}{s} x_0(t) \right] = T_{mi}(t)$$

$$T_{mi}(t) = J_1 \frac{d^2 \left[i_1 i_2 \frac{2\pi x_0(t)}{s} \right]}{dt^2} + \frac{T_2(t)}{i_1}$$

$$T_2(t) = J_2 \frac{d^2 \left[i_2 \frac{2\pi x_0(t)}{s} \right]}{dt^2} + \frac{T_3(t)}{i_2}$$

$$T_3(t) = \left[J_3 + m\left(\frac{s}{2\pi}\right)^2 \right] \frac{d^2 \left[\frac{2\pi x_0(t)}{s} \right]}{dt^2} + B\left(\frac{s}{2\pi}\right)^2 \frac{d^2 \left[\frac{2\pi x_0(t)}{s} \right]}{dt}$$

消去 $T_m(t)$、$T_2(t)$、$T_3(t)$，并进行拉氏变换，经整理得到系统的传递函数为

$$\frac{x_i(s)}{\theta_{mi}(s)} = \frac{k}{\left[J_1 + \frac{J_2}{i_1^2} + \frac{J_3}{i_1^2 i_2^2} + \frac{m\left(\frac{s}{2\pi}\right)^2}{i_1^2 i_2^2} \right] s^2 + \frac{B\left(\frac{s}{2\pi}\right)^2}{i_1^2 i_2^2} s + K} \qquad (8-9)$$

$$G_i(s) = \frac{x_i(s)}{\theta_{mi}(s)} = \frac{\frac{Ks}{2\pi \cdot i_1 \cdot i_2}}{J_{eq}^k s^2 + B\left(\frac{si_1 i_2}{2\pi}\right) s + k} \qquad (8-10)$$

8.1.2　系统动态设计

1. 机电伺服系统的动态设计

机电伺服系统的稳态设计只是初步确定了系统的主回路，系统还很不完善。在稳态设计的基础上所建立的系统数学模型一般不能满足系统动态品质的要求，甚至是不稳定的。为此，必须进一步进行系统的动态设计。系统动态设计包括：选择系统的控制方式和校正（或补偿）形式，设计校正装置，将校正装置有效地连接到稳态设计阶段所设计的系统中去，使补偿后的系统成为稳定系统，并满足各项动态指标的要求。校正形式多种多样，设计人员需要结合由稳态设计所得到系统的组成特点，从中选择一种或几种校正形式。这是

进行定量计算分析的前提。具体的定量分析计算方法有很多，每种方法都有其自身的优点和不足。工程上常用对数频率法即 Bode 图法和根轨迹法进行设计，这两种方法作图简便、概念清晰、应用广泛。

对数频率法主要适用于线性定常最小相位系统。利用对数频率法进行系统动态设计的具体步骤是：系统以单位反馈构成闭环，若主反馈不是单位反馈，则需要等效成单位反馈的形式来处理（Bode 图法主要用系统开环对数幅频特性进行设计）；将各项设计指标反映到 Bode 图上，并画出一条能满足要求的系统开环对数幅频特性曲线；将该开环对数幅频特性与原始系统（在稳态设计的基础上建立的系统）的开环对数幅频特性相比较，找出所需校正（或补偿）装置的对数幅频特性；根据此特性来设计校正（或补偿）装置，将该装置有效地连接到原始系统中去，使校正（或补偿）后的开环对数幅频特性基本上与所希望系统的特性相一致。

2. 闭环机电伺服系统调节器设计

在研究机电伺服系统的动态特性时，一般先根据系统组成建立系统的传递函数（即原始系统数学模型），然后根据系统的传递函数分析系统的稳定性、系统的过渡过程品质（响应的快速性和振荡）及系统的稳态精度。

当系统有输入或受到外部的干扰时，它的输出必将发生变化。由于系统中总是含有一些惯性或蓄能元件，系统的输出量不能立即变化到与外部输入或干扰相对应的值，这需要一个变化过程，这个变化过程即为系统的过渡过程。当系统不稳定或虽然稳定但过渡过程性能和稳态性能不能满足要求时，可先调整系统中的有关参数。如果调整系统中的有关参数后系统仍不能满足使用要求，就需进行校正（常采用校正装置）。所使用的校正装置多种多样，其中最简单的校正装置是 PID 调节器。调节器分为有源调节器和无源调节器两类。简单的无源调节器由阻容电路组成。无源调节器衰减大，不易与系统其他环节相匹配。目前常用的调节器是有源调节器。

有源校正通常不是靠理论计算而是用工程整定的方法来确定其参数的。大致做法如下：在观察输出响应波形是否合乎理想要求的同时，按照先调比例系数、再调微分系数、后调积分系数的顺序，反复调整这三个参数，直至观察到输出响应波形比较合乎理想状态要求（一般认为在闭环机电伺服系统的过渡过程曲线中，若前后两个相邻波峰值之比为 4:1，则输出响应波形较为理想）。

1）闭环机电伺服系统建模及 PID 调节作用分析

图 8-3 所示为闭环机电伺服系统结构图的一般表达形式，图中的调节器是为改善系统性能而加入的。调节器有电子式、液压式、数字式等多种形式，它们各有其优缺点，使用时必须根据系统的特性，选择适用于系统控制的调节器。在控制系统的评价或设计中，重要的是系统对目标值的偏差和系统在有外部干扰时所产生的输出（即误差）。

由图 8-3 可写出控制系统对输入和干扰信号的闭环传递函数分别为

$$\frac{C(s)}{R(s)} = \frac{AG_c(s)G_v(s)G_p(s)}{1 + G_c(s)G_v(s)G_p(s)G_h(s)} \qquad (8-11)$$

$$\frac{C(s)}{D(s)} = \frac{G_d(s)G_p(s)}{1 + G_c(s)G_v(s)G_p(s)G_A(s)} \qquad (8-12)$$

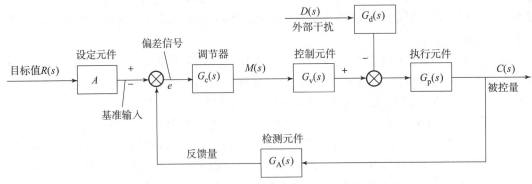

图 8 - 3　闭环机电伺服系统结构图的一般表现形式

在输入和干扰信号的同时作用下，系统输出量的象函数为

$$\frac{C(s)}{R(s)} = \frac{AG_c(s)G_v(s)G_p(s)}{1 + G_c(s)G_v(s)G_p(s)G_A(s)}R(s) + \frac{G_d(s)G_p(s)}{1 + G_c(s)G_v(s)G_p(s)G_A(s)}D(s)$$

$$(8-13)$$

式中，$C(s)$ 为输出量的象函数；$R(s)$ 为输入量的象函数；$D(s)$ 为外部干扰信号的象函数；$G_e(s)$ 为调节器的传递函数；$G_p(s)$ 为执行元件的传递函数；$G_A(s)$ 为检测元件的传递函数；$G_d(s)$ 为外部干扰信号的传递函数。

设图 8 - 3 中各传递函数表达式为

$$G_v(s) = K_v$$

$$G_A(s) = K_h$$

$$G_p(s) = \frac{K_p}{\tau_m s + 1}$$

$$G_d(s) = \frac{1}{K_p}$$

式中，τ_m 为微分时间常数（执行元件时间常数）。

下面分析在各种 PID 调节器的作用下系统产生的控制结果

（1）比例（P）调节器。

应用比例调节器时，$Ge(s) = K$，系统的闭环响应为

$$G(s) = \frac{AK_0K_v\dfrac{K_p}{\tau_m s + 1}}{1 + \dfrac{K_0K_vK_pK_h}{\tau_m s + 1}}R(s) + \frac{\dfrac{K_p}{\tau_m s + 1} \cdot \dfrac{1}{K_p}}{1 + \dfrac{K_0K_vK_pK_h}{\tau_m s + 1}}D(s) \qquad (8-14)$$

即

$$C(s) = \frac{K_1}{\tau_1 s + 1}R(s) + \frac{K_2}{\tau_1 s + 1}D(s) \qquad (8-15)$$

输入信号 $R(s)$ 引起的输出为

$$C_r(s) = \frac{K_1}{\tau_1 s + 1}[R(s)] \qquad (8-16)$$

扰动信号 $D(s)$ 引起的输出为

$$C_d(s) = \frac{K_2}{\tau_1 s + 1}\big[D(s) \big] \qquad (8-17)$$

式（8-15）中 $K_1 = \dfrac{AK_0 K_v K_p}{1 + K_0 K_v K_p K_A}$，$K_2 = \dfrac{1}{1 + K_0 K_v K_p}\tau = \dfrac{\tau_m}{1 + K_0 K_v K_p K_A}$。

由以上推导可知，系统加入具有比例调节作用的调节器时，系统的闭环响应仍为一阶滞后，但时间常数比原系统动力元件部分的时间常数 τ_m 小了，这说明系统响应快了。

设外部干扰信号为阶跃信号，其拉氏变换为 $D(s) = D_0/s$（其中 D_0 为阶跃信号幅值）。根据拉氏变换的终值定理及式（8-17），可求出稳态（$t \to \infty$）扰动引起的输出为

$$C_{ssd} \lim_{t \to \infty} C_d(t) = \lim_{s \to 0} s C_d(s) = \lim_{s \to 0} s \frac{k_2}{\tau_1 s + 1} D(s) = \lim_{s \to 0} s \frac{k_2}{\tau_1 s + 1} \frac{D_0}{s} = K_2 D_0$$

系统在干扰作用下产生的输出 C_{ssd} 对目标值来说全部都是误差。

设系统目标值产生阶跃变化（即输入信号为阶跃信号），其拉氏变换为 $R(s) = R_0/s$（式中 R_0 为输入信号幅值）。用同样方法可求出系统对输入信号的稳态输出为

$$C_{ssd} = \lim_{s \to 0} C_r(s) = K_1 R_0$$

若取 $K_1 = 1$，即

$$A = \frac{1 + K_0 K_v K_p K_A}{K_0 K_v K_p} \qquad (8-18)$$

则有 $C_{ssr} = R_0$，即输出值与目标值相等。

由以上推导可知，比例调节作用的大小主要取决于比例系数 K_0。K_0 越大，比例调节作用越强，系统的动态特性也越好。但 K_0 太大，会引起系统不稳定。比例调节的主要缺点是存在误差。因此，对于干扰较大、惯性也较大的系统，不宜采用单纯的比例调节器。

（2）积分（I）调节器。

应用积分调节器时，$G_c(s) = \dfrac{1}{\tau_i s}$，$\tau_i$ 为积分时间常数，系统的闭环响应为

$$G(s) = \frac{AK_0 K_v \dfrac{K_p}{\tau_m s + 1}}{1 + \dfrac{K_0 K_v K_p K_h}{\tau_m s + 1}} R(s) + \frac{\dfrac{K_p}{\tau_m s + 1} \cdot \dfrac{1}{K_p}}{1 + \dfrac{K_0 K_v K_p K_h}{\tau_m s + 1}} D(s)$$

$$= \frac{\dfrac{AK_v K_p}{\tau_1 \tau_m}}{s^2 + \dfrac{1}{\tau_m} s + \dfrac{K_v K_p K_h}{\tau_1 \tau_m}} R(s) + \frac{\dfrac{1}{\tau_m} s}{s^2 + \dfrac{1}{\tau_m} s + \dfrac{K_v K_p K_h}{\tau_1 \tau_m}} D(s) \qquad (8-19)$$

通过计算可知，系统对阶跃干扰信号的稳态响应为零，即外部干扰不会影响系统的稳态输出。当目标值阶跃变化时，系统的稳态响应为

$$C_{str} = \lim_{s \to 0} s C_r(s) = \frac{A}{K_b} R_0 \qquad (8-20)$$

若取 $A = K_h$，则有 $C_{ssr} = R_0$，即输出值与目标值相等。

积分调节器的特点是，调节器的输出值与偏差 e 存在的时间有关，只要有偏差存在，输出值就会随时间增加而不断增大，直到偏差消除，调节器的输出值才不再发生变化。因此，积分调节作用能消除误差，这是积分调节器的主要优点。但积分调节器由于响应慢，

所以很少单独使用。

（3）比例 – 积分（PI）调节器

应用比例 – 积分调节器时，$G_c(s) = K_0\left(1 + \dfrac{1}{\tau_1 s}\right)$ 系统的闭环响应为

$$R(s) = \frac{AK_vK_p(\tau_1 s + 1)}{s^2 + \dfrac{1 + K_0K_vK_pK_b}{\tau_m} + \dfrac{K_vK_pK_h}{\tau_1\tau_m}}R(s) + \frac{\dfrac{s}{\tau_m}}{s^2 + \dfrac{1 + K_0K_vK_pK_b}{\tau_m}s + \dfrac{K_0K_vK_pK_b}{\tau_1\tau_m}}D(s)$$

$$(8 - 21)$$

当外部干扰为阶跃信号时，系统的稳态响应为零，即外部扰动不会影响系统的稳态输出。当目标值阶跃变化时，系统的稳态响应为

$$C_{ssr} = \lim_{s \to 0}C_r(s) = \frac{A}{K_h}R_0 \qquad (8 - 22)$$

这与应用积分调节器的情况相同，但系统的瞬态响应得到了改善。由以上分析可知，应用比例 – 积分调节器，既克服了单纯比例调节有稳态误差存在的缺点，又避免了积分调节器响应慢的缺点，即系统的稳态特性和动态特性都得到了改善，所以比例 – 积分调节器应用比较广泛。

（4）比例 – 积分 – 微分（PID）调节器。

比例 – 积分 – 微分调节器传递函数为

$$G_c(s) = K_0\left(1 + \frac{1}{\tau_i s} + \tau_m s\right) \qquad (8 - 23)$$

对于一个比例 – 积分 – 微分调节器，在阶跃信号的作用下，首先进行比例和微分调节，使调节作用加强，然后进行积分，直到最后消除误差为止。因此，采用比例 – 积分 – 微分调节器无论是从稳态的角度来说，还是从动态的角度来说，调节品质均得到了改善，比例 – 积分 – 微分调节器也因此成为一种应用较为广泛的调节器。由于比例 – 积分 – 微分调节器含有微分作用，所以噪声大或要求响应快的系统最好不使用。加入不同调节器的系统在阶跃干扰信号作用下的响应如图 8 – 4 所示。

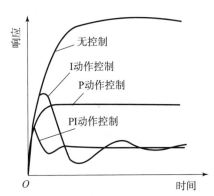

图 8 – 4　在 P、I、PI 调节作用下系统对阶跃干扰信号的响应

2）速度反馈校正

在机电伺服系统中，电动机低速运转时，工作台往往会出现爬行与跳动等不平衡现象。

当功率放大级采用晶闸管时，由于它的增益的线性相当差，可以说它是一个很显著的非线性环节，这种非线性的存在是影响系统稳定性的一个重要因素。为了改善这种状况，常采用电流负反馈或速度负反馈。

在伺服机构中加入测速发电机用以进行速度反馈是局部负反馈的实例之一。测速发电机的输出电压与电动机输出轴的角速度成正比，测速发电机的传递函数 $Ge(s) = \tau_d s$，式中 τ_d 为微分时间常数。设被控对象的传递函数为

$$G_0(s) = \frac{K}{s(Js + K)}$$

则采用测速发电机进行速度反馈的二阶伺服系统的结构图如图 8-5 所示，无反馈校正器时系统的闭环传递函数为

$$\Phi(s) = \frac{K}{Js^2 + fs + K} \tag{8-24}$$

用速度反馈校正后的闭环传递函数为

$$\Phi'(s) = \frac{K}{Js^2 + (f + \tau_d K)s + K} \tag{8-25}$$

式中，J 为二阶伺服系统的等效转动惯量；f 为系统的等效黏性摩擦系数；K 为积分调节系统的开环增益。

比较式（8-24）和式（8-25）可知，用反馈校正后，系统的阻尼（由分母中第二项的系数决定）增加了，因而阻尼比增大，超调量 M 减小，相应的相角裕量 r 增加，故系统的相对稳定性得到改善。通常，局部反馈校正的设计方法比串联校正复杂一些。但是，它具有两个主要优点：第一，反馈校正所用信号的功率水平较高，不需要放大，这在实用中有很多优点；第二，如图 8-6 所示，当 $|G(s)H(s)| \gg 1$ 时，局部反馈部分的等效传递函数为

$$\frac{G(s)}{1 + G(s)H(s)} \approx \frac{1}{H(s)} \tag{8-26}$$

因此，被局部反馈所包围部分的元件的非线性或参数的波动对控制系统性能的影响可以忽略。基于这一特点，采用局部速度反馈校正可以达到改善系统性能的目的。

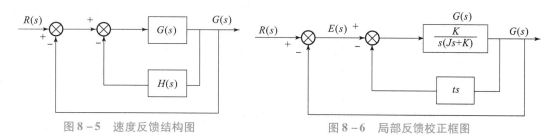

图 8-5　速度反馈结构图　　　　　　图 8-6　局部反馈校正框图

3. 进给传动系统弹性变形对系统特性的影响

在进给传动系统中，工作台、电动机、减速箱、各传动轴都有不同程度的弹性变形，并具有一定的固有谐振频率，它们的物理模型可简化为质量块-弹簧系统。对于一般要求不高且控制系统的频带也比较窄的进给传动系统，只要设计的刚度较大，系统的谐振频率通常远大于闭环上限频率，故系统谐振问题并不突出。随着科学技术的发展，对控制系统

精度和响应快速性的要求越来越高，这就必须增大控制系统的频带宽度，从而可能导致进给传动系统谐振频率逐渐接近控制系统的带宽，甚至可能落到带宽之内，使进给传动系统产生自激振动而无法工作或使机构损坏。

在滚珠丝杠构成的进给传动系统内，丝杠螺母机构的刚度是影响机电一体化系统动态特性最薄弱的环节，丝杠螺母机构的拉压刚度（又称纵向刚度）和扭转刚度分别是引起机电一体化系统纵向振动和扭转振动的主要因素。为了保证所设计的进给传动系统具有较好的快速响应性和较小的跟踪误差，并且不会在变化的输入信号激励下产生共振，必须对它的动态特性加以分析，找出影响系统动态特性的主要参数。

1）进给传动系统的综合拉压刚度计算

进给传动系统的综合拉压刚度是影响死区误差（又称失动量）的主要因素之一。增大进给传动系统的刚度可以使进给传动系统的失动量减小，有利于提高传动精度，提高进给传动系统的固有频率，使进给传动系统不易发生共振，可以增加闭环控制系统的稳定性。但是，随着刚度的提高，进给传动系统的转动惯量、摩擦力和成本相应增加。因此，设计时要综合考虑，合理确定进给传动系统各部件的结构和刚度。在进给传动系统中，丝杠螺母机构是刚度较薄弱的环节，因此进给传动系统的综合拉压刚度主要取决于丝杠螺母机构的综合拉压刚度。

丝杠螺母机构的综合拉压刚度主要由丝杠本身的拉压刚度 K_s、丝杠螺母机构的轴向接触刚度 K_N 以及轴承和轴承座的支承刚度 K_B 三个部分组成。

（1）丝杠本身的拉压刚度 K_s。

丝杠本身的拉压刚度与其几何尺寸和轴向支承形式有关，可按下式计算。

一端轴向支承时，

$$K_s = \frac{\pi d^2 E}{4l} \tag{8-27}$$

当 $l = L$ 时，$K_s = K_{smin}$。

两端轴向支承时，

$$K = \frac{\pi d^2 E}{4} \left(\frac{1}{l} + \frac{1}{L-l} \right) \tag{8-28}$$

当 $l = L/2$ 时，$K_s = K_{smin}$。

式中，K_s 为丝杠本身的拉压刚度（N/m）；d 为丝杠的直径（m）；L 为受力点到支承端的距离（m）；L 为两支承间的距离（m）；E 为拉压弹性模量（N/m）。

（2）丝杠螺母机构的轴向接触刚度 K_N。

丝杠螺母机构在特定载荷下的轴向接触刚度 K 可直接从产品样本查得，直接应用，即 $K_N = K$，如果实际载荷与特定载荷相差较大，可按下式进行修正。

丝杠螺母机构无预紧时

$$K_N = k \left(\frac{F_x}{0.3 C_a} \right)^{\frac{1}{3}} \tag{8-29}$$

丝杠螺母机构有预紧时

$$K_N = k \left(\frac{F_x}{0.1 C_a} \right)^{\frac{1}{3}} \tag{8-30}$$

式中，K_N 为丝杠螺母机构的轴向接触刚度（N/m）；K 为丝杠螺母机构在特定载荷下的轴向接触刚度（N/m）；F_x 为轴向工作负载（N）；C_a 为额定动载荷（N）。

（3）轴承和轴承座的支承刚度 K_B。

不同类型的轴承，支承刚度不同，可按下列各式分别计算。

51000 型推力球轴承：

$$K_B = 1.91 \times 10^7 \times \sqrt[3]{d_b Z^2 F_x} \tag{8-31}$$

80000 型推力滚子轴承：

$$K_B = 3.27 \times 10^9 \times l_u^{0.8} Z^{0.9} F_x^{0.1} \tag{8-32}$$

30000 型圆锥滚子轴承：

$$K_B = 3.27 \times 10^9 \times l_u^{0.8} Z^{0.9} F_x^{0.1} \sin^{1.9}\beta \tag{8-33}$$

23000 型推力角接触球轴承：

$$K_B = 2.29 \times 10^7 \times \sin\beta \sqrt[3]{d_b Z^2 F_x \sin^2\beta} \tag{8-34}$$

式中，K_B 为轴承和轴承座的支承刚度（N/m）；d_b 为滚动体的直径（m）；Z 为滚动体的数量；F_x 为轴向工作负载（N）；l_u 为滚动体有效接触长度（m）；β 为轴承接触角（°）。

对于推力球轴承和推力角接触球轴承，当预紧力为最大轴向工作负载的 1/3 时，轴承和轴承座的轴承刚度 K_B 增加一倍且与轴向工作负载呈线性关系；对于圆锥滚子轴承，当预紧力为最大轴向工作负载的 1/2.2 时，轴承和轴承座的轴承刚度 K_B 增加一倍且与轴向工作负载呈线性关系。

（4）丝杠螺母机构的综合拉压刚度 K_0。

丝杠螺母机构的综合拉压刚度 K_0 与轴向支承形式及轴承是否预紧有关。在 K_N、K_B、K_s 分别计算出来之后，可分别按下列各式计算。

一端轴向支承：

$$\frac{1}{K_{0min}} = \frac{1}{K_B} + \frac{1}{K_N} + \frac{1}{K_{smin}} \tag{8-35}$$

两端轴向支承：

$$\frac{1}{K_{0min}} = \frac{1}{2K_B} + \frac{1}{K_N} + \frac{1}{K_{smin}} \tag{8-36}$$

其中一端轴向支承和两端轴向支承的 K_{smin} 分别由式（8-27）和式（8-28）计算。

2）进给传动系统的扭转刚度计算

进给传动系统的扭转刚度对定位精度的影响较拉压刚度对定位精度的影响要小得多，一般可以忽略。但是，若进给传动系统使用细长丝杠螺母机构，则扭转刚度的影响不能忽略，因为扭转引起的变形会使轴向移动量产生滞后。

以图 8-7 为例来讨论机械传动系统的扭转变形和刚度。设电动机转矩为 T_M，轴 Ⅰ、Ⅱ 承受的转矩分别为 T_1 和 T_2，弹性扭转角分别为 θ_1 和 θ_2，扭转刚度分别为 K_1 和 K_2。

（1）进给传动系统的弹性扭转变形的计算。

根据弹性变形的胡克定律，轴的弹性扭转角 θ 正比于其所承受的扭转力矩 T，即

$$\theta = \frac{T}{K} = \frac{32Tl}{\pi d^4 G} \tag{8-37}$$

式中，K 为轴的扭转刚度（N·m/rad）；G 为剪切弹性模量（Pa），碳钢 $G = 8.1 \times 10^{10}$ Pa；l

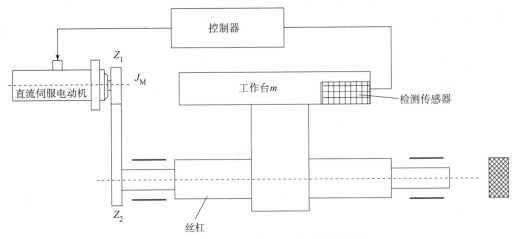

图8-7　直流伺服电动机驱动全闭控制系统

为力矩作用点间的距离（轴变形长度，m）；d 为轴的直径（m）。

当已知轴的尺寸和受力情况时，便可计算出各轴的弹性扭转角 θ_1 和 θ_2，将它们折算到丝杠轴Ⅱ上，总等效弹性扭转角 θ_{eq}^s 为

$$\theta_{eq}^s = \theta_2 + \frac{\theta_1}{i} \tag{8-38}$$

（2）扭转刚度的计算。

由式（8-37）知扭转刚度 K 为

$$K = \frac{\pi d^4 G}{32L} \tag{8-39}$$

因为

$$T_1 = T_M$$

折算到丝杠轴Ⅱ上的等效转矩为

$$T_{eq}^s = T_2 = T_1 \cdot i$$

由式（8-38）和式（8-39）得折算到丝杠轴Ⅱ上的等效弹性扭转角 θ_{eq}^s 为

$$\theta_{eq}^s = \theta_2 + \frac{\theta_1}{i} = \frac{T_2}{K_2} + \frac{T_1}{T_1 i} = T_{eq}^s\left(\frac{1}{K_2} + \frac{1}{K_1 i^2}\right) = \frac{T_{eq}^s}{\dfrac{1}{K_2} + \dfrac{1}{K_1 i^2}} \tag{8-40}$$

所以折算到丝杠轴Ⅱ上的等效扭转刚度 K_{eq}^s 为

$$K_{eq}^s = \frac{1}{\dfrac{1}{K_2} + \dfrac{1}{K_1 i^2}} \tag{8-41}$$

3）纵向振动固有频率计算

在分析进给传动系统的纵向振动时，可以忽略电动机和联轴器的影响，此时由丝杠螺母机构和移动部件构成的纵向振动系统可以简化成图8-8所示的动力学模型，它的平衡方程为

$$m_d \frac{d^2 y}{dt^2} + f\frac{dy}{dt} + K_0(y - x) = 0 \tag{8-42}$$

式中，m_d 为丝杠螺母机构和移动部件的等效质量（kg）；f 为运动导轨的黏性阻尼系数；K_0 为丝杠螺母机构的综合拉压刚度；y 为移动部件的实际位移（mm）；x 为电动机的转角折算到移动部件上的等效位移，即指令位移（mm）。

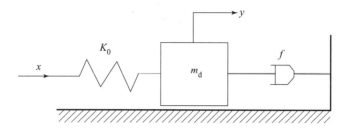

图 8 - 8 丝杠螺母机构 - 工作台纵向振动系统的简化动力学模型

对式（8 - 42）进行拉氏变换并整理，得到系统的传递函数为

$$G(s) = \frac{Y(s)}{X(s)} = \frac{K_0}{m_d s^2 + fs + K_0} \qquad (8-43)$$

将式（8 - 43）化成二阶系统的标准形式，得

$$G(s) = \frac{Y(s)}{X(s)} = \frac{K_0}{s^2 + 2\xi_{nc}s + \omega_{nc}^2} \qquad (8-44)$$

即系统纵向振动的固有频率

$$\omega_{nc} = \sqrt{\frac{k_0}{m_d}} \qquad (8-45)$$

系统的纵向振动的阻尼比为

$$\xi = \frac{f}{2\sqrt{m_d K_0}} \qquad (8-46)$$

4）扭转振动固有频率计算

在机电一体化系统设计中，往往感兴趣的是机械传动系统的扭转振动固有频率。下面就图 8 - 8 所示系统扭转振动频率的求法进行分析。在分析扭转振动时，还应考虑电动机和减速器的影响，将其反映在丝杠扭转振动的系统中。系统的动力学方程可表达为

$$J_{eq}^s = \frac{d^2\theta}{dt^2} + f_s \frac{d\theta}{dt} + K_{eq}^s \left(\theta - \frac{1}{i}\theta_1 \right) = 0 \qquad (8-47)$$

$$J_{eq}^s = \frac{d^2\theta}{dt^2} = J_1 i^2 + J_2 + m_1 \left(\frac{s}{2\pi} \right)^2 \qquad (8-48)$$

$$K_{eq}^s = \frac{1}{\dfrac{1}{K_2} + \dfrac{1}{K_1 i^2}}$$

$$f_s = \left(\frac{s}{2\pi} \right)^2 f \qquad (8-49)$$

式中，J_{eq}^s 为机械传动系统折算到丝杠轴 Ⅱ 上的总等效转动惯量（kg·m²）；K_{eq}^s 为机械传动系统折算到丝杠轴 Ⅱ 上的总等效扭转刚度（N·m/rad）；J_1 为轴 Ⅰ 及其上齿轮的转动惯量（kg·m²）；J_2 为轴 Ⅱ 及其上齿轮的转动惯量（kg·m²）；K_1 为电动机轴的扭转刚度（N·m/rad）；K_2 为丝杠轴的扭转刚度（N·m/rad）；f 为运动导轨的黏性阻尼系数；f_s 为

丝杠转动的等效黏性阻尼系数；i 为减速器传动比；θ 为丝杠转角（rad）；θ_1 为电动机的转角，即指令转角（rad）；s 为丝杠的导程（m）；m_1 为工作台的质量（kg）。

设移动部件的位移为 x，由于

$$\theta = \frac{2\pi x}{s}$$

将它代入式（8-47）得

$$J_{eq}^s \frac{d^2 x}{dt^2} + f_s \frac{dx}{dt} + K_{eq}^s x = \frac{s K_{eq}^s}{2\pi i}\theta_1 \tag{8-50}$$

对式（8-50）进行拉氏变换并整理得到系统的传递函数如下

$$G(s) = \frac{Y(s)}{X(s)} = \frac{s}{2\pi i} \cdot \frac{\omega}{s^2 + 2\xi_m s + \omega_m^2} \tag{8-51}$$

即系统扭转振动的固有频率为

$$\omega_m = \sqrt{\frac{K_{eq}'}{J_{eq}^s}} \tag{8-52}$$

系统扭转振动的阻尼比为

$$\xi = \frac{f_m}{2\sqrt{J_{eq}^s K_{eq}^s}} \tag{8-53}$$

5）减小或消除结构谐振的措施

工程上常采取以下几项措施来减小或消除结构谐振。

（1）提高传动刚度。

提高传动刚度可提高系统的谐振频率，使系统的谐振频率处在系统的通频带之外，一般使 $\omega_n \geqslant (8 \sim 10)\omega_e$，$\omega_e$ 为系统的截止频率。由式（8-44）和式（8-51）知，进给传动系统是一个二阶振荡系统，并且在形式上扭转振动系统与纵向振动系统的传递函数仅差一比例系数，影响系统动态特性的主要因素是系统的惯性、刚度和阻尼。因此，提高传动系统谐振频率的根本办法是增加传动系统的刚度、减小负的转动惯量和采用合理的结构布置。例如，选用弹性模量高、密度小的材料。增加传动系统的刚度主要是加大传动系统最后几根轴的刚度，因为末级轴的刚度对等效刚度的影响最大，常采用消隙齿轮或无齿轮传动装置，因为齿轮传动中齿隙会降低系统的谐振频率。减小惯性元件之间的距离也是提高传动系统刚度的一个措施。但增大传动系统的刚度往往导致传动系统的结构尺寸加大，而且惯性也不是越小越好，通常希望按动力方程来进行匹配，一般机电一体化系统按 $\omega_n >$ 300 rad/s 来设计刚度。

（2）提高系统阻尼。

机械系统本身的阻尼是很小的，通常采用黏性联轴器或在负载端设置液压阻尼器（或电磁阻尼器）来提高系统的阻尼，这都可明显提高系统的阻尼。如果系统的谐振频率不变，将阻尼比提高 10 倍，则系统的带宽也可提高 10 倍。由式（8-46）和式（8-53）可知，加大黏性阻尼系数 f，即增大阻尼比，能有效地减小振荡环节的谐振峰值。只要使阻尼比 $\geqslant$ 0.5，机械谐振对系统的影响就会被大大削弱。

但要注意，系统阻尼对系统动态特性的影响比较复杂，如果系统阻尼较大，将不利于系统定位精度的提高，容易降低系统的快速响应性，但可以提高系统的稳定性，减小过渡过程中的超调量，并减小振动响应的幅值。目前，许多进给系统采用了滚动导轨。实践证明，滚动导轨可以减小摩擦系数，提高定位精度和低速运动的平稳性，但阻尼较小，常使系统的稳定性裕度减小。所以，在采用滚动导轨结构时，应注意采用其他措施来控制系统阻尼的大小。

（3）采用校正网络。

可在系统中串联图 8-9 所示的反谐振滤波器校正网络来减小或消除结构谐振。该网络的传递函数为

$$G(s) = \frac{\tau_1\tau_2 s^2 + (\tau_1 + \tau_2)s + 1}{\tau_1\tau_2 s^2 + (\tau_1 + \tau_2 + \tau_{12})s + 1} \tag{8-54}$$

式中，$\tau_1 = mRC$；$\tau_2 = nRC$；$\tau_{12} = RC$。

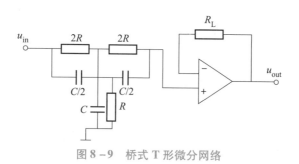

图 8-9　桥式 T 形微分网络

图 8-10 所示为该网络的频率特性。在图 8-10 中，

$$\omega_0 = \sqrt{\frac{1}{\tau_1\tau_2}}$$

$$b = 2(\tau_1 + \tau_{12} + \tau_2)\sqrt{1 - 2d^2} \tag{8-55}$$

$$d = \frac{\tau_1 + \tau_{12}}{\tau_1 + \tau_{12} + \tau_2}$$

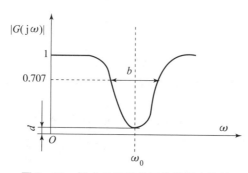

图 8-10　桥式 T 形微分网络的频率特性

由图 8-10 可知，该网络的频率特性有一凹陷处，将此处对准系统的结构谐振频率，就可抵消或削平结构谐振峰值。

（4）应用综合速度反馈。

在低摩擦系统中，谐振的消除可以通过测速发电机电压与正比于电动机电流的综合电

压来实现。这个综合电压由电容器滤波后，用作速度反馈信号，如图8-11所示。测速发电机电压 u_T 正比于电动机的输出转速，即

$$u_T = K_e \omega \tag{8-56}$$

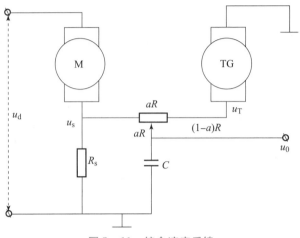

图8-11 综合速度反馈

式中，K_e 为测速发电机的电势系数。

当摩擦忽略不计时，电动机的电压正比于角加速度，从而可以写出

$$u_s = A \frac{\mathrm{d}w}{\mathrm{d}t} \tag{8-57}$$

此时，已给电路在节点 u_0 处的拉氏变换方程式为

$$\frac{U_s(s) - U_0(s)}{aR} + \frac{U_e(s) - U_0(s)}{(1-a)R} - C_s U_0(s) = 0 \tag{8-58}$$

对式（8-56）和式（8-58）进行拉氏变换，并与式（8-58）联立求解，得

$$U_0(s) = \frac{sA(1-a) + aK_t}{a(1-a)sRC + i} \Omega(s) \tag{8-59}$$

为使 $U_0(s)$ 正比于 $\Omega(s)$，要求极点和零点两者有相同的数值，即

$$\alpha^2 = \frac{A}{K_e RC} = \frac{R(s)JL}{K_e K_T RC} \tag{8-60}$$

这可以通过调节电位计来实现。将 a 值代入式（8-59），此时

$$U_0(s) = \alpha K \Omega(s) \tag{8-61}$$

即电压 $U_0(s)$ 正比于角速度 $\Omega(s)$。应用综合速度进行速度反馈是有利的。因为，在这种情况下，测速发电机电压和正比于电动机电流的综合电压，可以使结构谐振的影响降低到最低程度。但是，这种反馈也有不利的一面，那就是反馈的速度信号与转速不完全成正比，因此对速度调节不利，特别是在负载摩擦阻尼显著时这种不利更为明显。值得注意的是，实际机电一体化系统的传动装置较复杂，结构谐振频率和谐振峰值不止一个，而且系统的参数也可能变化，使谐振频率不能保持恒定，再加上受传动装置传动间隙、干摩擦等非线性因素的影响，实际的结构谐振特性十分复杂。用校正（或补偿）方法只能近似地削弱结构谐振对伺服系统的影响。对于负载惯量大的伺服系统，由于其谐振频率低，严重影响获

得系统应有的通频带，若对系统进行全状态反馈，则可以任意配置系统的极点，特别是针对结构谐振这一复极点进行阻尼的重新配置，可以有效地克服结构谐振现象的出现。

4. 进给传动系统的运动误差分析

在开环和半闭环控制的进给传动系统中，由于系统的执行部件上没有安装位置检测和反馈装置，故系统的输入与输出之间总会有误差存在。在这些误差中，有传动元件的制造和安装所引起的误差，还有伺服机械传动系统的动力参数（如刚度、惯量、摩擦力和间隙等）所引起的误差。设计进给传动系统时，必须将这些误差控制在允许的范围之内。

1）机械传动间隙

在机电一体化系统的伺服系统中，常利用机械变速装置将动力元件输出的高转速、低转矩转换成被控对象所需要的低转速、大转矩。应用较为广泛的变速装置是齿轮减速器。理想齿轮传动的输入转角和输出转角之间是线性关系，即

$$\theta_e = \frac{1}{i}\theta_r \qquad (8-62)$$

式中，θ_e 为输出转角（rad）；θ_r 为输入转角（rad）；i 为齿轮减速器的传动比。

实际上，由于减速器的主动轮和从动轮之间侧隙的存在和传动方向的变化，齿轮传动的输入转角和输出转角之间呈滞环特性。如图 8-12 所示，2Δ 代表一对传动齿轮间的总侧隙。当 $\theta_r \leqslant \Delta/R$ 时，$\theta_e = 0$，当 $\theta_r > \Delta/R$ 时，随 θ_e 线性变化；当 θ_r 反向时，开始 θ_e 保持不变，直到 θ_r 转动 $2\Delta/R$ 后，θ_e 和 θ_r 才恢复线性关系。

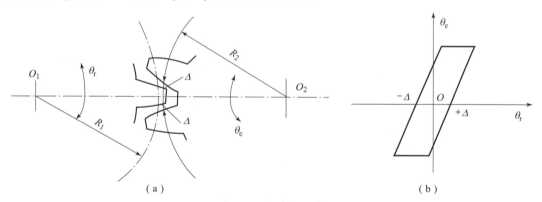

图 8-12　齿侧间隙

在进给传动系统的多级齿轮传动中，各级齿轮间隙的影响是不相同的。设有一传动链，为三级传动，R 为输入轴，C 为输出轴，各级传动比分别为 i_1、i_2、i_3，齿侧间隙分别为 Δ_1、Δ_2、Δ_3，如图 8-13 所示。因为每一级的传动比不同，所以各级齿轮的传动间隙对输出轴的影响不一样。将所有的传动间隙都折算到输出轴 C 上，系统总间隙为

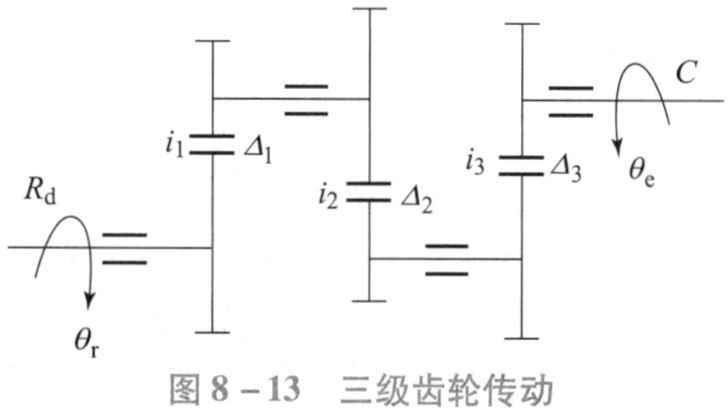

图 8-13　三级齿轮传动

$$\Delta_c = \frac{\Delta_1}{i_2 i_3} + \frac{\Delta_2}{i_3} + \Delta_3 \qquad (8-63)$$

如果将所有传动间隙折算到输入轴 R 上，系统总间隙为

$$\Delta l = \Delta_1 + i_1 \Delta_2 + i_1 i_2 \Delta_3 \qquad (8-64)$$

由于是减速运动，传动比均大于1，故由式（8-63）、式（8-64）可知，最后一级齿轮的传动间隙影响最大。为了减小间隙的影响，除尽可能地提高齿轮的加工精度外，装配时还应尽量减小最后一级齿轮的传动间隙。

2）传动间隙的影响

齿轮传动装置在系统中的位置不同，其间隙对伺服系统的影响也不同。

（1）闭环之内的机械传动链齿轮间隙影响系统的稳定性。

设图8-14中的 G2 代表闭环之内的机械传动链。若给系统输入一阶跃信号，在误差信号的作用下，电动机开始转动。由于 G2 存在齿轮传动间隙，当电动机在齿隙范围内运动时，被控对象（设为机床伺服进给系统的丝杠）不转动，没有反馈信号，系统暂时处于开环状态。当电动机转过齿隙后，主动轮与从动轮产生冲击接触，此时误差角大于无齿轮间隙时的误差角，因此从动轮以较高的加速度转动。又因为系统具有惯量，当输出转角 θ_e 等于输入转角 θ_r 时，被控对象不会立即停下来，而靠惯性继续转动，使被控对象比无间隙时更多地冲过平衡点，这又使系统出现较大的反向误差。如果间隙不大且系统中控制器设计得合理，那么被控对象摆动的振幅就越来越小，来回摆动几次就停止在平衡位置（$\theta_e = \theta_r$）上。如果间隙较大且控制器设计得不好，那么被控对象就会反复摆动，即产生自激振荡。因此，闭环之内机械传动链 G2 中的齿轮传动间隙会影响伺服系统的稳定性。

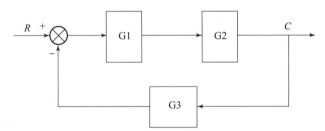

图 8-14　传动间隙在闭环内的结构图

但是，G2 中的齿轮传动间隙不会影响系统的精度。被控对象受到外力矩的干扰时，可在齿轮传动间隙范围内游动，但只要 $\theta_c \neq \theta_r$，通过反馈作用，就会有误差信号存在，从而将被控对象校正到所确定的位置上。

（2）反馈回路上的机械传动链齿轮传动间隙既影响系统的稳定性又影响系统的精度。设图8-14中反馈回路上的机械传动链 G3 具有齿轮传动间隙，该间隙相当于反馈到比较元件上的误差信号。在平衡状态下，输出量等于输入量，误差信号等于零。当被控对象（在外力的作用下）的转动不大于 $\pm\Delta$ 时，由于有齿轮传动间隙，连接在 G3 输出轴上的检测元件仍处于静止状态，无反馈信号，当然也无误差信号，所以控制器不能校正此误差。被控对象的实际位置和希望位置最多相差 $\pm\Delta$，这就是系统误差。到 G3 中的齿轮传动间隙不仅影响系统的精度，也影响系统的稳定性，且对系统稳定性影响的分析方法与分析 G2 中的齿轮传动间隙对系统稳定性影响的方法相同。由于齿轮传动间隙既影响系统的稳定性，又影

响系统的精度，目前高精度的机电一体化系统一般都采用消隙齿轮传动系统，利用消隙结构消除齿轮传动间隙。因此，在计算失动量和进给传动系统定位误差时，可以不考虑齿轮间隙的影响。

3）伺服机械传动系统的死区误差 Δx

死区误差又称失动量，是指启动或反向时，系统的输入运动与输出运动之间的差值。产生死区误差的主要原因是机械传动机构的间隙、机械传动机构的弹性变形以及动力元件的启动死区（又称不灵敏区）。在一般情况下，由动力元件的启动死区所引起的工作台死区误差相对很小，可以忽略不计。

如果系统没有采取消隙措施，那么由齿侧间隙引起的工作台位移失动量 Δx_1 较大，不能忽略。设图 8-13 中的输出轴 C 为丝杠（由于丝杠螺母机构传动间隙很小，传动误差可以忽略），齿轮传动总间隙引起丝杠转角误差 $\Delta\theta$，则由 $\Delta\theta$ 引起的工作台位移失动量 Δx_1 为

$$\Delta x_1 = \frac{s \cdot \Delta\theta}{2\pi} = \frac{s \cdot \Delta e}{\pi m_1 z_e} \tag{8-65}$$

式中，s 为丝杠的导程（mm）；z_e 为丝杠轴上转动齿轮的齿数（mm）；m_1 为齿轮模数；R_e 为丝杠轴上转动齿轮分度圆的半径，$R_e = M_1 Z_e / 2$（mm）。

由丝杠轴的总等效弹性扭转角引起的工作台失动量 Δx_2 为

$$\Delta x_2 = \frac{s \cdot \theta_{eq}^s}{2\pi} \tag{8-66}$$

启动时，导轨摩擦力（空载时）使丝杠螺母机构产生轴向弹性变形，轴向弹性变形引起的工作台位移失动量 Δx_3 为

$$\Delta x_3 = \frac{F}{K} \tag{8-67}$$

式中，F 为导轨的静摩擦力（N）；K 为丝杠螺母机构（进给传动系统）的最小综合拉压刚度（N/m）。

因此，

$$\Delta x = \Delta x_1 + \Delta x_2 + \Delta x_3 \tag{8-68}$$

启动时（空载），由系统弹性扭转角引起的工作台失动量 Δx_2 一般很小，可以忽略不计。如果系统采取了消除传动间隙的措施，由传动机构间隙引起的死区误差也可以大大减小，则系统死区误差主要取决于传动机构。为克服导轨摩擦力（空载时）而产生的轴向弹性变形，执行部件反向运动时的最大反向死区误差为 $2\Delta x$。

为了减小系统的死区误差，除应消除传动间隙外，还应采取措施减小摩擦力，提高系统的刚度和固有频率。对于开环伺服系统，为了保证单脉冲进给要求，应将死区误差控制在一个脉冲当量以内。

4）进给传动系统综合刚度变化引起的定位误差

影响系统定位误差的因素很多，但是由进给传动系统综合拉压刚度变化引起的定位误差是最主要的因素。当系统执行部件处于行程的不同位置时，进给传动系统综合拉压刚度是变化的。由进给传动系统综合拉压刚度变化引起的最大定位误差可用式（8-69）确定。

$$\delta_{Kmax} = F_1\left(\frac{1}{K_{0min}} - \frac{1}{K_{0max}}\right) \tag{8-69}$$

对于开环和半闭环控制的进给传动系统，δ_{Kmax}一般应控制在系统允许定位误差的 1/5 ~ 1/3 范围内。

拓展资源：控制系统的基本要求

尽管机电控制系统有不同的类型，而且每个系统也都有不同的特殊要求，但对于各类系统来说，在已知系统的结构和参数时，我们感兴趣的都是系统在某种典型输入信号下，其被控量变化的全过程。例如，对恒值控制系统是研究扰动作用引起被控量变化的全过程；对随动系统是研究被控量如何克服扰动影响并跟随参数量的变化过程。但对每一类系统中被控量变化全过程提出的基本要求都是一样的，且可以归结为稳定性、准确性和快速性，即稳、准、快的要求。

稳定性是保证控制系统正常工作的先决条件。一个稳定的控制系统，其被控量偏离期望值的初始偏差应随时间的增长逐渐减小或趋于零。具体来说，对于稳定的恒值控制系统，被控量因扰动而偏离期望值后，经过一个过渡过程的时间，被控量应恢复到原来的期望值状态；对于稳定的随动系统，被控量应能始终跟踪参数量的变化。反之，不稳定的控制系统，其被控量偏离期望值的初始偏差将随时间的增长而发散，因此，不稳定的控制系统无法实现预定的控制任务。

线性自动控制系统的稳定性是由系统结构所决定的，与外界因素无关。这是因为控制系统中一般含有储能元件或惯性元件，如绕组的电感、电枢转动惯量、电炉热容量、物体质量等，储能元件的能量不可能突变。因此，当系统受到扰动或有输入量时，控制过程不会立即发生，而是有一定的延缓，这就使得被控量恢复期望值或跟踪参变量有一个时间过程，称为过渡过程。例如，在反馈控制系统中，由于被控对象的惯性，会使控制动作不能及时纠正被控量的偏差，控制装置的惯性则会使偏差信号不能及时转化为控制动作。具体来说，在控制过程中，当被控量已经回到期望值而使偏差为零时，执行机构本应立即停止工作，但由于控制装置的惯性，控制动作仍继续向原来方向进行，致使被控量超过期望值又产生符号相反的偏差，导致执行机构向相反方向动作，以减小这个新的偏差；另外，当控制动作已经到位时，又由于被控对象的惯性，偏差并未减小为零，因而执行机构继续向原来方向进行，使被控量又产生符号相反的偏差，如此反复进行，致使被控量在期望值附近来回摆动，过渡过程呈现振荡形式。如果这个振荡过程是逐渐减弱的，系统最终可以达到平衡状态，控制目的得以实现，称为稳定系统；反之，如果振荡过程逐步增强，系统被控量将失控，则称为不稳定系统。

为了很好地完成控制任务，控制系统仅仅满足稳定性要求是不够的，还必须对其过渡过程的形式和快慢提出要求。例如，对用于高射炮的射角随动系统，虽然炮身最终能跟踪目标，但如果目标变动迅速，而炮身跟踪目标所需过渡过程时间较长，就不可能击中目标；对自动驾驶仪系统，当飞机受阵风扰动而偏离预定的航线时，具有自动使飞机恢复预定航线的能力，但在恢复过程中，如果机身摇晃幅度过大，或恢复速度过快，就会使乘客感到不适。又如，函数记录仪记录输入电压时，如果记录笔移动很慢或摆动幅度过大，不仅使记录曲线失真，而且会损坏记录笔，或使电气元件承受过大电压。因此，对控制系统过渡过程的时间（即快速性）和最大振荡幅度（即超调量）一般都有具体要求。

综上所述，对控制系统的基本要求是在稳定的前提下，系统要稳、准、快。由于受控对象的具体情况不同，各种系统对稳、准、快的要求各有侧重。例如，随动系统对快速性要求较高，而调速系统则对稳定性提出较严格的要求。同一系统的稳、准、快是相互制约的。快速性好，可能会有强烈振荡；改善稳定性，控制过程可能又过于迟缓，精度也可能变坏。分析和解决这些矛盾，也是本课程讨论的重要内容。对于机械动力学系统的要求，首要的也是稳定性，因为过大的振荡将会使部件过载而损坏，此外还要降低噪声、增加刚度等，这些都是控制理论研究的主要问题。

理想情况下，当过渡过程结束后，被控量达到的稳态值（即平衡状态）应与期望值一致。但实际上，由于系统结构、外作用形式及摩擦、间隙等非线性因素的影响，被控量的稳态值与期望值之间会有误差存在，称为稳态误差。稳态误差是衡量控制系统控制精度的重要指标，在技术指标中一般都有具体要求。

基本指标以能满足用户的使用要求为度，以能加工制造出合格的工件为标准，而不是越高越好，因为有时基本指标的提高将导致投资的增加。

任务 8.2　数控机床系统设计

机床是制造机器的机器。机床产业是一个国家的战略产业，关系到国家的工业和国防实力，同时也是一个国家经济发展水平的缩影。数控机床是数字控制机床的简称，它集计算机技术、电子技术、自动控制技术、传感测量技术、机械制造技术和网络通信技术于一体，是一种典型的机电一体化产品。数控机床较好地解决了复杂、精密、小批量、多品种的零件加工问题，是一种柔性的、高效能的自动化程序控制机床，代表了现代机床技术的发展方向。其中，高档数控机床是指机床功能全、加工范围广、精度高、转速高、进给速度高、4 轴以上联动，并配备高档刀库对刀仪和机内测量仪，可以实现刀具内冷等先进功能的数控机床，是当今数控机床设计研发的重点。这里介绍数控机床特别是高档数控机床的设计理念、方法和实例。

8.2.1　总体设计

机床的总体设计主要是确定机床的配置结构。机床是在床身、立柱或框架等基础结构件上配置运动部件，在程序的控制下使工件与刀具产生相对运动而实现加工过程。目前，数控机床的核心功能部件，如主轴、丝杠、导轨和数控系统均已单元化，直接采购即可，无须机床制造企业自行设计和生产，唯有机床的运动组合、总体配置和结构件设计仍是机床制造企业的核心设计任务。机床结构的总体配置决定了机床的用途和性能，是机床新产品特征的集中体现和创新关键。

机床总体结构设计的目标是：支承完成加工过程的运动部件，承受加工过程的切削力或成形力，承受运动部件运动所产生的惯性力，承担加工过程和运动副摩擦所产生热量的影响。因机床总体结构设计的主要挑战是保证机床结构在各种力载荷和热作用下变形最小，同时又使材料和能源消耗最小，就是要在满足机床性能要求的前提下寻求二者的平衡。

　　对机床结构配置的要求是实现承载工件和刀具的部件在 X、Y、Z 轴 3 个直线坐标轴上的移动和 3 个绕轴线的转动，这 6 个自由度的运动组合有多种方案。图 8 - 15 所示立式和龙门式五轴加工中心的配置方案。

　　从运动设计的角度设传动链从工件开始到刀具结束，其中直线运动用 L 表示，回转运动用 R 表示。图 8 - 16 所示为五轴加工中心常见典型结构配置。立式加工中心为了实现机床的高加工效率、高精度等，机床结构配置应遵循以下基本原则。

图 8 - 15　立式和龙门式五轴加工中心的配置方案

（a）　　　　　　　　　　　　　　（b）

（c）　　　　　　（d）　　　　　　（e）

图 8 - 16　五轴加工中心常见典型结构配置

（a）转台横向布置；（b）转台纵向布置；（c）转台前后移动；（d）转台左右移动；（e）转台上下移动

（1）轻量化原则：移动部件质量应尽可能小，以减少所需驱动功率和移动时惯性力的负面影响。

（2）重心驱动原则：移动部件的驱动力应尽量配置在部件的重心轴线上，避免形成或尽量减少移动时所产生的偏转力矩。

（3）对称原则：机床结构应尽量对称，不仅要考虑协调美观，还要考虑减少热变形的不均匀性，防止形成附件偏转力矩。

（4）短悬臂原则：应尽量缩短机床部件的悬伸量，悬伸所造成的角度误差对机床的精度是非常有害的，角度误差往往被放大成可观的线性误差。

（5）近路程原则：从刀具到工件经过结构件的传导路径应尽可能近，使热传导和结构弹性回路最短化，即承载工件和刀具载荷的机床结构材料和结合面数目越少，机床越容易稳定。

（6）力闭环原则：切削力和惯性力只通过一条路径传递到地基的配置定为开环，通过多条路径传递到地基的配置定义为力闭环。龙门式配置为力闭环结构在机床结构方案设计中，一个非常重要的问题就是结构最优化。结构优化的目标是在保证机床静态性能和动态性能的前提下使移动部件（滑座、工作台、滑枕等）轻量化，并且保证高刚度和高刚度质量比。为了实现机床结构轻量化和高精度目标，需要采用有限元分析等方法对静态特性、动态特性和热特性进行分析和优化。静态分析是在忽略随时间变化的惯性力和阻尼的前提下计算结构在稳定载荷下的响应，包括应力、应变、位移和力。当只存在小弹性变形时，采用线性分机方法。当变形大、采用了塑性材料或具有结合面时，采用非线性分析方法。动态分析是在动态力的作用下确定机床的振动特性固有频率和模态振型。此外，拓扑优化是一种新的机床结构优化方法，用于寻找承受单一载荷或多载荷结构件的最佳材料分配方案，即哪里可以去除多余的材料，哪里需要添加材料。拓扑优化后的构件有时过于理想，无法加工，需要进行形状优化，以满足加工工艺要求和提高结构的对称性等。

此外，总体设计时还需要确定机床的材料。对机床材料的功能要求是：承载移动部件和工件的质量，保证几何尺寸和位置精度，承载切削力，吸收加工过程中的能量。对机床材料的要求有：性能要求，涉及静态性能、动态性能和热性能；功能要求，即精度、质量、壁厚等要求；成本要求，即价格、数量、实用性等要求。机床结构越来越多地使用一些新材料，如树脂混凝土、花岗石、碳纤维复合材料等。另外，近年来，在高端机床结构配置设计中出现了一些创新方案。机床结构配置的新方案如图8-17所示。

图 8-17　机床结构配置的新方案

8.2.2 机械部分设计

1. 主轴单元设计

夹持刀具或工件的主轴是运动链的终端元件，是机床最关键的部件之一，在一定程度上决定着加工精度和效率。随着零传动技术的推广应用，电主轴逐渐取代皮带和齿轮传动主轴，成为高端机床主轴单元设计的首选方案。电主轴将电动机转子和主轴集成为一个整体。它的典型结构如图 8 – 18 所示。在前、后轴承之间安装电动机，在电动机定子外周甚至轴承外圈附近设计水冷槽以进行冷却，以防过热。刀具端设有密封装置，以防切屑和冷却液进入。主轴前端的刀具接口采用 HSK 或 BT 标准接口，主轴内部有刀具自动交换夹紧系统和拉杆位置监控装置。为了保证为中空刀具提供冷却液，拉杆中间还需要有冷却液通道。新型智能电主轴中还安装了监控轴承、电动机工况及加工过程稳定性的加速度、位移和温度传感器。

电主轴先进技术如图 8 – 18 所示。主轴单元范畴，变频器接收数控系统的信号以向电主轴供电，进行主轴转速的调节。电主轴将主轴的转速、电动机的温度等信息反馈给数控系统。同时，数控系统通过 PLC 控制刀具的夹紧/松开、切削液的供给以及主轴运行所需的各种介质，如冷却水、压缩空气、润滑油的供应。此外，电主轴还将刀具的位置、轴承的温度和轴向的位移等信息发给 PLC 和数控系统，构成一个闭环控制回路。目前，电主轴已经作为独立的功能单元在设计时供选用。电主轴典型的国内外生产厂家有 GMN、IBAG、FISCHER、SETCO、STEP – TEC、OMLATKESSLER、洛阳轴研科技、广州昊志、江苏星轮、台湾普森、安阳莱必泰。

图 8 – 18   电主轴机器先进技术

2. 进给系统设计

进给系统是机床实现加工过程的关键，通过直线进给运动和回转进给运动的串联或叠加刀具和工件之间可形成相对运动，加工复杂形状的表面。进给系统要在数控系统的指挥下将机床的执行部件（工作台、滑座、立柱等）移动到预定位置，主要由位置控制指令生成、伺服驱动机械传动和位移检测与反馈等环节构成。按照运动形式，进给系统分为直线进给系统和回转进给系统两种。按照驱动动力和执行部件之间是否有中间机械传动环节，进给系统分为间接驱动进给系统和直接驱动进给系统。实现间接直线驱动的机械传动机构有丝杠螺母机构、齿轮齿条传动机构和蜗轮齿条传动机构。能够完成直接直线驱动的有直线电动机和电液伺服作动器，实现间接回转驱动的有蜗轮蜗杆传动机构、滚柱凸轮传动机构。能够完成直接回转驱动的有力矩电动机、伺服作动器和混合驱动装置。进给系统的组成如图 8 – 19 所示。

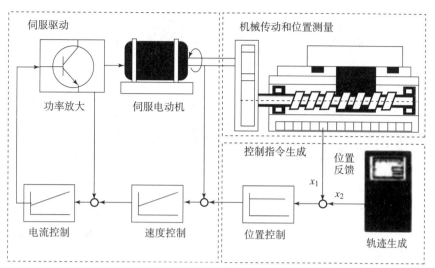

图 8 – 19　进给系统的组成

对于高端数控机床的导轨系统，应用最广泛的是滚动导轨。在需要更高刚度、精度和阻尼以及承受大载荷时，可采用静压导轨。空气静压导轨、磁性导轨等主要用于小载荷场合和精密装备。在直线进给部件设计中，滚珠丝杠是高性能数控机床不可或缺的功能部件，而直线电动机驱动是最主要的直驱方案。

8.2.3　测控部分设计

1. 状态监控系统设计

1）主轴的状态监控

电主轴的运行状态监控主要是振动、温度和变形的监控，采用的传感器有声发射传感器、位移传感器、加速度传感器、力传感器和温度传感器。在铣削和磨削时，如果出现强迫振动或颤振，机床就会发出频率较高的声音，此时采用压电式加速度传感器或声发射传感器进行测量并进行分析，即可识别是否发生了危害加工质量的情况。在线主动平衡系统，它可实现主轴不平衡的在线实时监测和主动校正控制。它的前端安装了一个主动平衡头，根据振动信息分析可以实现平衡头的调节控制，实现主轴振动主动控制。主轴状态监控技术如图 8 – 20 所示。

2）进给系统的传感检测

高端数控机床的进给系统多采用位置传感器、速度传感器、加速度传感器和载荷传感器以提高定位精度和增大响应带宽。光电式旋转编码器广泛应用于丝杠螺母机构直线进给位移的间接测量和半闭环位置控制。在高端机床中多采用直线光栅尺作为直线进给的位置反馈装置，实现闭环控制。当要求测量精度更高或长距离测量时，可采用钢带相位光栅尺。

为了跟踪工作台的运动和提高阻尼性能，伺服控制器需要检测进给速度，常将位置编码器检测到的数值加以微分，得到相应的速度值并反馈给速度控制器。加速度反馈用于改

图 8-20　主轴状态监控技术

善机床结构动态性能的控制算法和检查进给系统的真实轨迹，加速度可直接测量，也可由位置数值求二阶导数得到。

3）机床中的其他检测

高精度测量的要求，尤其是旋转坐标轴的几何精度，更无法凭借传统量具去测量。随着激光测量技术的不断发展，各种激光干涉仪已成功应用于数控机床的几何误差检测。由于激光测量的基本单位是光的波长，故它能够大幅度提高测量的精度和可信度，分辨力可达 1 nm，测量误差为 10~50 nm，成为高端数控机床几何精度检测的主要方法。

2. 数字控制系统设计

数控技术（Numerical Control，NC）是用数字化信号对机床运动及其加工过程进行控制的一种方法。现代数控系统普遍采用微机实现数控，形成计算机控制 NC，CNC 数控技术的发展大致经历了 5 个阶段，如表 8-1 所示。

表 8-1　数控技术的发展阶段

项目	第 1 阶段研究开发期（1952—1970）	第 2 阶段推广应用期（1971—1980）	第 3 阶段系统化（1981—1990）	第 4 阶段集成化（1991—2000）	第 5 阶段网络化（2001—）
典型应用	数控车床、数控铣床、数控钻床	加工中心、电加工机床和成形机床	柔性制造单元、柔性制造系统	复合加工机床、五轴联动机床	智能，可重组制造系统
系统组成	电子管、晶体管、小规模集成电路	专用 CPU 芯片	多 CPU 处理器	模块化多处理器	开放体系结构，工业微机
工艺方法	简单加工工艺	多种工艺方法	完整的加工过程	复合多任务加工	高速、高效加工，微纳米加工
数控功能	NC 数字逻辑控制，2~3 轴控制	全数字控制，刀具自动交换	多轴联动控制，人机界面友好	多过程多任务、复合化、集成化	开放式数控系统，网络化和智能化

续表

项目	第1阶段研究开发期 （1952—1970）	第2阶段推广应用期 （1971—1980）	第3阶段系统化 （1981—1990）	第4阶段集成化 （1991—2000）	第5阶段网络化 （2001—）
驱动 特点	步进电动机、伺服液压马达	直流伺服电动机	交流伺服电动机	数字智能化、直线电动机驱动	高速、高精度、全数字、网络化

随着加工工艺技术的发展，人们对数控机床功能和智能化水平的要求越来越高。数控系统一般分为低端、中端和高端3个级别。低端数控系统一般采用嵌入式单片机，以模拟量或脉冲信号控制伺服驱动系统，以实现运动控制，可完成基本的直线插补功能和圆弧插补功能，实现2轴或3轴控制。低端数控系统主轴采用变频控制。典型的低端数控系统有广州数控的GSK928、北京凯恩帝的K100Ti-B、西门子公司的808D。*XY* 平台是许多数控加工设备和电子加工设备的基本部件。固高科技（深圳）有限公司的 *XY* 平台集成有四轴运动控制器、电动机及其驱动部件、电控箱、运动平台等部件，如图8-21（a）所示。机械部分是一个采用滚珠丝杠传动的模块化十字工作台，用于实现目标轨迹和动作。执行装置根据驱动和控制精度的要求可以分别选用交流伺服电动机、直流伺服电动机和步进电动机。控制装置由PC机、GT-400-SV（或T-400-SG）运动控制卡和相应驱动器等组成，运动控制卡接受PC机发出的位置和轨迹指令，进行规划处理，将其转化成伺服驱动器可以接受的指令格式并发给伺服驱动器，由伺服驱动器进行处理和放大，输出给执行装置。控制装置和电动机（执行装置）之间的连接示意如图8-21（b）所示，通过程序可以实现直线插补、圆弧插补等功能。

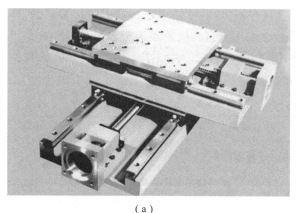
（a）

（b）

图8-21　运动控制器典型应用
（a）*XY*平台机械部分；（b）控制系统连接关系

2）中端数控系统

中端数控系统常称为全功能数控系统，可实现主要插补功能，具有丰富的图形化界面和数据交换功能。典型的中端数控系统有广州数控的25i、218、988系列，华中数控的HNC210系列，北京凯恩帝的K2000系统，西门子的828D系统，发那科的0i系统。

3）高端数控系统

高端数控系统具有 5 轴以上的控制能力，具有多通道、全数字总线，具有丰富的插补功能及运动控制功能，具有智能化的编程功能和远程维护诊断功能。典型的高端数控系统有西门子的 840Dsl、发那科的 30i、广州数控的 GSK28。高端数控系统的主要指标如表 8 - 2 所示。

表 8 - 2　高端数控系统的主要指标

内容	特点
硬件平台	采用 32 位或 6 位多微处理器结构
插补精度	纳米（10^{-9} m）甚至皮米（10^{-12} m）
通道数量	多达 10 个通道
控制轴数	可同时控制 30~40 个进给轴和主轴
智能调试	智能匹配、伺服在线辨识和整定
编程支持	支持高级语言、图形化向导、集成化 CAM
调试维护	智能化维护，远程服务支持
数字总线	现场总线，实时以太网
工艺支持	支持精优曲面加工、铣削加工动态优化等

近年来，出现了不同结构层次的数控系统，包括全系统、半成品和核心软件，如表 8 - 3 所示。例如，德国的 ISG 公司仅提供数控软件知识产权，由用户自行配置或二次开发形成自己品牌的数控系统。美国国家标准技术研究院 NIST 及其他开源组织可提供开源的 Linux CNC 数控软件，用户可免费得到其源代码，并可在 GNU 共享协议下进行开发。德国的 PA 公司、Beckhof 公司提供模块化的数控系统平台，由用户自行配置后形成自己品牌的数控产品。美国的 DeltTau 公司提供 PMAC 运动控制卡和相关软件，由用户开发组成自己的数控系统。

表 8 - 3　不同结构层次的数控系统

层次	结构	特点	生产厂商
1	全系统	全部数控软硬件系统，用户只需要完成简单的配置和测试；系统配置固定、柔性低，价格相对较高	西门子、发那科、海德汉、三菱、华中数控、广州数控和飞扬数控
2	半成品	用户可选余地大，需要有一定的开发设计能力，完成系统结构设计后可形成自己的品牌	德国 PA、倍福，美国 DeltaTau、固高
3	核心软件	提供数控核心技术、源代码，用户可选择硬件平台进行开发，对开发能力要求高	德国 ISG、美国 EMC、美国 OpenCNC

数控系统是机床的大脑和神经系统，同时承担输入输出和驱动控制功能。在生产实际中，在加工质量、生产率和易用性等方面都对数控系统提出不同要求，如图 8 - 22 所示。

机床的数控系统由人机界面、数控核心、可编程逻辑控制以及轴驱动控制四个部分组成。人机界面是人与机器进行交互的操作平台，是用户与机床相传递信息的媒介，用以实现信息的输入与输出，常由显示屏、编辑键盘、操作面和通信接口组成。数控核心对零件加工程序上进行译码和插补，将其转化为各轴的位指令，从而实现对各轴的运动控制，空间坐标的转换和线插补的算法日渐成为数系统的核心技术。机床的 M、S、T 等辅助功能主要通过 PLC 实现不同型号和类型的机床逻辑控制不尽相同。驱动控制是电能与机械能转换的过程，它将位置指令转折成速度指令，通过伺服电动机驱动机床部件的运动，在很大程度上决定着机床的加工精度。

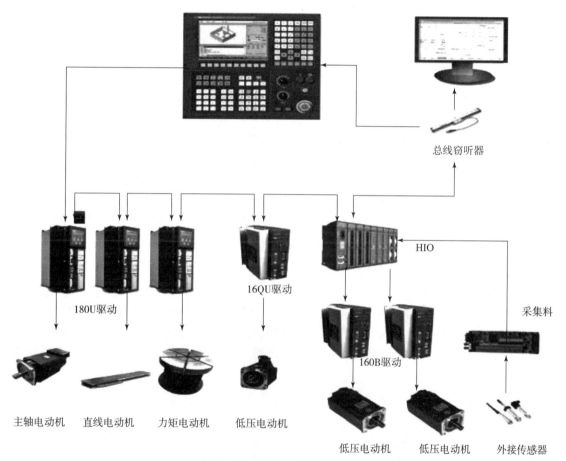

图 8-22　数控系统的连接要求

机床控制系统的设计与实现主要从以下 3 个方面进行：

（1）供电电源及传输。

确定电源的类型和功率，从工厂电网将电源引进机床电气控制柜，根据要求进行隔离、抗干扰、供电安全等方面的设计。

（2）控制功能。

选择数控系统以及相关的驱动控制器和伺服电动机，进行操作界面的设计和开发、控制柜的配置和设计，以及针对机床加工过程的 PLC 程序开发。数控系统的选型根据机床功能的要求，综合分析考虑价格、品牌、功能及服务等方面，特别要注重开放性对机床制造商和最终用户带来的益处。中高端数控系统一般选用日本发那科 0i、16i、30i 系列，德国西门子 808D、828D 和 840D 系列以及沈阳机床的 i5 系统等。西门子 840D 系列数控系统采用 S8-300 系列 PLC 实现逻辑控制的功能。还有一些新兴的数控系统采用 openPLC（又称为软 PLC）。

（3）安全功能。

对系统进行安全风险评估，按照相应的安全等级和国家标准，完成针对操作人员和设备的安全措施设计。

8.2.4　机电有机结合设计

对普通机床的数控化改造也属于机电一体化系统设计范畴，一般将普通机床改造为经济型数控机床。利用微机实现机床的机电一体化（数控化）改造有两种方法，一种是以微机为中心设计控制部件，另一种是采用标准的步进电动机数字控制系统作为控制装置。前者需要重新设计控制系统，比较复杂；后者选用标准化的微机数控系统，比较简单。对机床的控制大多是由单片机按照输入的加工程序进行插补运算，产生进给，由软件或硬件实现脉冲分配，输出一系列脉冲，经功率放大、驱动刀架、纵横轴运动的步进电动机，实现刀具按规定的轮廓线轨迹运动。微机进行插补运算的速度较快，可以使单板机每完成一次插补、进给，就执行一次延时程序，由延时程序控制进给速度。

C6132 型普通车床是一种加工效率高、操作性能好、社会拥有量大的普通车床。下面以 C6132 型普通车床的机电一体化改造为例，说明对普通车床数控进行机电一体化改造的主要步骤。

1. 改造设计的参数确定

利用微机对纵、横向进给系统进行开环控制，纵向脉冲当量为 0.01 mm/脉冲，横向脉冲当量为 0.005 mm/脉冲，动力元件为步进电动机，传动系统采用滚珠丝杠，刀架采用四工位自动转位刀架。考虑到经济性，并且主运动对工件轮廓的轨迹没有影响，主传动系统保持不变。

2. 改造总体设计方案的确定

对 C6132 型普通车床进行改造时需要修改的部分如下：

（1）挂轮架系统全部拆除。

（2）三杠（光杠、丝杠和操作杠）全部拆去，增加一根滚珠丝杠。

（3）进给齿轮箱箱体内零件全部拆去，增加一个丝杠旋转支承。

（4）溜板齿轮箱全部拆除，增加滚珠丝杠螺母座、连接螺母座和溜板的连接弯板。

（5）中拖板丝杠拆去，换成滚珠丝杠，两端换成滚珠丝杠旋转支承。

（6）在滚珠丝杠尾端连接步进电动机。为了增大输出转矩，一般在丝杠与电动机之间增加一减速箱。

（7）刀架体采用四工位自动转位刀架。

改造后，车床的主运动与原来相同，传动路线为：主电动机→带传动→主轴变速齿轮箱→传动主轴。进给运动发生了变化，传动路线为：步进电动机→减速齿轮传动→丝杠传动→溜板刀架。改造后 C6132 型普通车床的传动系统如图 8 – 23 所示。

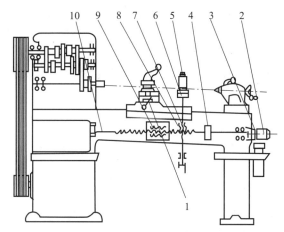

图 8 – 23　改造后 C6132 型普通车床的传动系统示意图

1—横向微调机构；2—纵向步进电动机；3、6—减速箱；4—纵向微调机构；5—横向
步进电动机；7—横向进给丝杠；8—横向螺母；9—纵向螺母；10—纵向进给丝杠

3. 传动系统的设计计算

以纵向进给传动系统为例进行设计计算。

1）已知条件

工作台质量 $m = 80$ kg，时间常数 $\tau = 25$ ms，脉冲当量 $\delta = 0.01$ mm/脉冲，步距角 $\alpha = 0.85°/$脉冲，滚珠丝杠导程 $s = 6$ mm，快速进给速度 $v_{max} = 2$ m/min，行程 $I_1 = 80$ mm，丝杠支承跨距 $L = 1\ 100$ mm。C6132 型普通车床改造后的纵向进给传动链简图如图 8 – 24 所示。

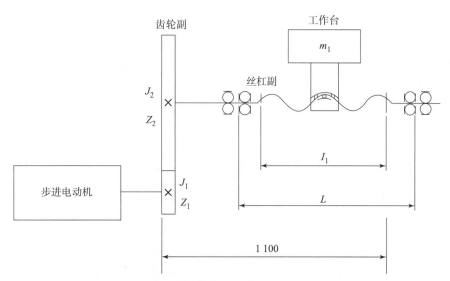

图 8 – 24　C6132 型普通车床经改造后的纵向进给传动链简图

2）设计计算

（1）切削力计算。

由切削原理知，切削功率 P_m 为

$$P_m = \eta \cdot P_E$$

式中，P_m 为切削功率（kW）；P_E 为主电动机功率，查机床说明书得 $P_E = 4$ kW；η 为主传动系统总效率，取 $\eta = 0.65$，则

$$P_m = 4 \times 0.65 = 2.6 \ (\text{kW})$$

又有

$$P_m = \frac{F_i v}{6\,120}$$

即得切削力为

$$F_i = \frac{6\,120 P_m}{v}$$

式中，v 为切削速度（m/min）。

根据 C6132 型普通车床车削时的最大合理切削用量，$v = 10$ m/min，则切削力为

$$F_i = 6\,120 \times 2.6 = 1\,591 \ (\text{N})$$

外圆车削时，有

$$F_x = (0.3 \sim 0.4)F_i, \quad F_y = (0.4 \sim 0.5)F_i$$

取

$$F_x = 0.4 F_i = 0.4 \times 1\,591 = 636.4 \ (\text{N})$$
$$F_y = 0.5 F_i = 0.5 \times 1\,591 = 895.5 \ (\text{N})$$

（2）丝杠设计计算。

计算出轴向力 F_x 后，可根据机床设计手册确定滚珠丝杠直径，再查滚珠丝杠样本，选取滚珠丝杠型号为 $FC_1 B32 \times 6 - 5 - E_2$，它的直径为 32 mm。

（3）减速比计算。

$$i = \frac{\alpha s}{360° \delta} = \frac{0.75° \times 6}{360° \times 0.01} = 1.25$$

减速比 $i = 1.25$，故采用一对齿轮即可。根据齿数确定原则，取 $z_1 = 24$，$z_2 = 30$，$m = 2$ mm，$b = 15$ mm，可算出有关齿轮和两轴中心距尺寸如下：

$$d_1 = mz_1 = 2 \times 24 = 48(\text{mm})$$
$$d_2 = mz_2 = 2 \times 30 = 60(\text{mm})$$
$$c = d_1 + 2ha^* = 52 \ \text{mm}$$
$$d_{a2} = d_2 + 2ha^* = 64 \ \text{mm}$$
$$a = 54 \ \text{mm}$$

（4）转动惯量计算。

计算丝杠转动惯量 J_s、小齿轮转动惯量 J_{a1} 和大齿轮转动惯量 J_{a2}（取 $\rho = 7.8 \times 10^3$ kg/m³）。

$$J_s = \frac{1}{8}m_1 d^2 = \frac{\rho \pi d^4 L}{32} = \frac{7.8 \times 10^3 \times \pi \times 0.032^4 \times 1.1}{32} = 8.8 \times 10^{-4}(\text{kg} \cdot \text{m}^2)$$

$$J_{a1} = \frac{7.8 \times 10^3 \times \pi \times 0.048^4 \times 0.015}{32} = 6.1 \times 10^{-5}(\text{kg} \cdot \text{m}^2)$$

$$J_{a2} = \frac{7.8 \times 10^3 \times \pi \times 0.06^4 \times 0.015}{32} = 1.5 \times 10^{-4} (\text{kg} \cdot \text{m}^2)$$

轴 I、II 转动惯量为

$$J_1 = J_{a1} = 6.1 \times 10^{-5} \text{kg} \cdot \text{m}^2 (初算时,不考虑电动机转子的转动惯量)$$

$$J_2 = J_s + J_{a2} = 8.8 \times 10^{-4} + 1.5 \times 10^{-4} = 10.3 \times 10^{-4} (\text{kg} \cdot \text{m}^2)$$

传动系统折算到电动机轴上的总等效转动惯量 J_{eq}^k 为

$$J_{eq}^k = \frac{m_1}{i^2} \left(\frac{s}{2\pi} \right)^2 + J_1 + \frac{J_2}{i^2}$$

$$= \frac{80}{1.25^2} \left(\frac{0.006}{2\pi} \right)^2 + 6.1 \times 10^{-8} + \frac{10.3 \times 10^{-4}}{1.25^2}$$

$$= 7.67 \times 10^{-4} (\text{kg} \cdot \text{m}^2)$$

传动系统折算到丝杠上的总等效转动惯量 J_{eq}^s 为

$$J_{eq}^s = m_1 \left(\frac{s}{2\pi} \right)^2 + J_1 i^2 + J_2$$

$$= 80 \left(\frac{0.006}{2\pi} \right)^2 + 6.1 \times 10^{-5} \times 1.25^2 + 10.3 \times 10^{-4}$$

$$= 11.98 \times 10^{-4} (\text{kg} \cdot \text{m}^2)$$

（5）转动力矩计算。

空载时折算到电动机轴上的加速转矩 $T_{amax} (n_m = n_{max})$ 为

$$T_{amax} = \frac{J_{eq}^k n_{max}}{9.6\tau} = \frac{J_{eq}^k \frac{v_{max}}{s}}{9.6\tau} = \frac{7.67 \frac{2 \times 1.25}{0.006}}{9.6 \times 0.025} \times 10^{-4} = 1.33 \ (\text{N} \cdot \text{m})$$

切削时折算到电动机轴上的加速转矩 $T_{a1} (n_m = n_1,$ 取进给速度 $v_1 = 0.2 \text{ m/min})$ 为

$$T_{a1} = \frac{J_{eq}^k n_1}{9.6r} = \frac{J_{eq}^k \frac{v_1 i}{s}}{9.6r} = \frac{7.67 \frac{2 \times 1.25}{0.006}}{9.6 \times 0.025} \times 10^{-4} = 0.13 \ (\text{N} \cdot \text{m})$$

取摩擦系数 $\mu = 0.16$，等效到电动机轴上摩擦转矩 T_f（空载时）和 T_{ft}（工作时）为

$$T_f = \frac{F_f \cdot s}{2\pi i} = \frac{\mu m_1 g s}{2\pi i} = \frac{0.16 \times 80 \times 9.8 \times 0.006}{2 \times \pi \times 1.25} \approx 0.096 (\text{N} \cdot \text{m})$$

$$T_{ft} = \frac{F_f \cdot s}{2\pi i} = \frac{\mu (m_1 g + F_2) s}{2\pi i} = \frac{0.16 \times (80 \times 9.8 + 1\ 591)}{2 \times \pi \times 1.25} \times 0.006 = 0.29 (\text{N} \cdot \text{m})$$

取 $\eta_0 = 0.9$，$F_0 = \frac{1}{3} F_x$，等效到电动机轴上因丝杠预紧引起的附加摩擦转矩 T_0 为

$$T_0 = \frac{F_0 s}{2\pi i} (1 - \eta_0^2) = \frac{636.4 \times 0.006}{6 \times \pi \times 1.25} \times (1 - 0.9^2) = 0.031 \ (\text{N} \cdot \text{m})$$

等效到电动机轴上因纵向进给最大切削力 $F_t (F_x)$ 产生的负载转矩 T_t 为

$$T_t = \frac{F_t s}{2\pi i} = \frac{636.4 \times 0.006}{2 \times \pi \times 1.25} = 0.49 \ (\text{N} \cdot \text{m})$$

快速空载启动所需转矩 T_1 为

$$T_1 = T_{max} + T_i + T_0 = 1.33 + 0.096 + 0.031 = 1.46 \ (\text{N} \cdot \text{m})$$

合理切削所需转矩 T_2 为

$$T_2 = T_{st} + T_f + T_0 + T_t = 0.13 + 0.29 + 0.031 + 0.49 = 0.94 \quad (\text{N} \cdot \text{m})$$

取进给传动系统总效率 $\eta = 0.85$，则

$$T_{\Sigma 1} = \frac{T_1}{\eta} = \frac{1.46}{0.75} = 1.95 \quad (\text{N} \cdot \text{m})$$

$$T_{\Sigma 2} = \frac{T_2}{\eta} = \frac{0.94}{0.75} = 1.25 \quad (\text{N} \cdot \text{m})$$

（6）步进电动机的选择。

由上述计算可知，所需最大转矩发生在快速启动时，取电动机启动转矩 $\sum T_q$，进行步进电动机选型计算。

①最大静转矩确定。

为满足最小步矩角 $\alpha = 0.85°/$脉冲要求，选用三相六拍步进电动机，查表得空载启动时它的最大静转矩 T_{max1} 为

$$T_{max1} = \frac{T_{\Sigma 1}}{0.866} = \frac{1.95}{0.866} = 2.25 \quad (\text{N} \cdot \text{m})$$

切削状态下所需步进电动机的最大静转矩 T_{max2} 为

$$T_{max2} = \frac{T_{\Sigma 2}}{0.4} = \frac{1.25}{0.4} = 3.12 \quad (\text{N} \cdot \text{m})$$

步进电动机最大静转矩为

$$T_{max} = 3.12 \text{ N} \cdot \text{m}$$

②最大运行频率 f_{max} 确定。

$$f_{max} = \frac{v_{max}}{60\delta} = \frac{2\,000}{60 \times 0.01} = 3\,333.3 \quad (\text{Hz})$$

根据已知条件及上述计算查样本，选用 110BF003 型步进电动机满足要求。

（7）刚度计算。

传动系统刚度计算包括轴向综合刚度和扭转刚度计算。

①轴向综合刚度计算。

丝杠最小拉压刚度 $K_{smim} (l = L/2)$ 为

$$K_{smim} = \frac{\pi d^2 E}{4} \cdot \left(\frac{2}{L} + \frac{2}{L} \right) = \frac{\pi d_5^2 E}{L} = \frac{3.14 \times 0.032^2 \times 2.1 \times 10^{11}}{1.1} = 6.14 \times 10^8 \quad (\text{N/m})$$

轴承和轴承座的支承刚度 K_B 根据滚珠丝杠所用轴承型号和预紧方式估算，可参照厂商技术资料。滚珠丝杠螺母的轴向接触刚度 K_N 可直接查产品样本。为了提高驱动系统综合刚度，应使 K_B 和 K_N 均不低于 K。本例初选轴承和丝杠螺母型号后，确定 $K_B = 6.4 \times 10^8$ N/m，$K_N = 8 \times 10^8$ N/m。

$$\frac{1}{K_{0min}} = \frac{1}{2K_B} + \frac{1}{K_N} + \frac{1}{K_{min}} = \frac{1}{2.6 \times 10^8} \text{ N/m}$$

$$K_{0min} = 2.6 \times 10^8 \text{ N/m}$$

$$K_{0max} = 4.5 \times 10^8 \text{ N/m}$$

②扭转刚度计算。

选 110BF003 型步进电动机，查得其结构参数为：$d_m = 11\ \text{mm}$，$l = 100\ \text{mm}$。由图 8 – 24 知，丝杠扭转变形长度 $l = 1\ 100\ \text{mm}$。

$$K_1 = \frac{\pi d_m^4 G}{32 l_b} = \frac{\pi \times 0.011^4 \times 8.1 \times 10^{10}}{32 \times 0.1} = 1.16 \times 10^3 \left[(\text{N} \cdot \text{m})/\text{rad} \right]$$

$$K_2 = \frac{\pi d_s^4 G}{32 l} = \frac{\pi \times 0.032^4 \times 8.1 \times 10^{10}}{32 \times 11} = 7.6 \times 10^3 \left[(\text{N} \cdot \text{m})/\text{rad} \right]$$

传动系统折算到滚珠丝杠上的总等效扭转刚度 K'_{me} 为

$$K'_{me} = \frac{1}{\dfrac{1}{K_2} + \dfrac{1}{K_1 \cdot i^2}} = \frac{1}{\dfrac{1}{7.6 \times 10^3} + \dfrac{1}{1.16 \times 10^3 \times 1.25^2}} = 1.46 \times 10^3 \left[(\text{N} \cdot \text{m})/\text{rad} \right]$$

（8）固有频率计算。

①纵向振动固有频率计算。

滚珠丝杠传动系统纵向振动固有频率 W_{ne}（不计丝杠质量）为

$$\omega_{ne} = \sqrt{\frac{K_0}{m_1}} = \sqrt{\frac{2.6 \times 10^8}{80}} = 1\ 803 (\text{rad/s})$$

②扭转振动固有频率计算。

滚珠丝杠传动系统扭转振动固有频率 ω_n 为

$$\omega_n = \sqrt{\frac{K_{eq}^s}{J_{eq}^s}} = \sqrt{\frac{1.46 \times 10^3}{1.2 \times 10^{-3}}} = 1\ 103 (\text{rad/s})$$

由上述计算可知，传动系统纵向振动固有频率和扭转振动固有频率均较高，符合伺服机械传动系统 $\omega_n > 300\ \text{rad/s}$ 要求，说明系统设计刚度满足要求。

（9）验算惯量匹配。

根据所选步进电动机型号查得电动机转子转动惯量 $J_M = 4.06 \times 10^{-4}\ \text{kg/m}^2$，折算到电动机轴上的负载惯量 $J_L = J_c$（不包括电动机转子转动惯量），则

$$\frac{J_L}{J_M} = \frac{7.67 \times 10^{-4}}{4.06 \times 10^{-4}} = 1.9$$

可知，满足惯量匹配条件。

（10）传动系统误差计算。

改造时采用高精度齿轮或采用消隙装置，因此不计算由齿轮间隙产生的死区误差。

进给传动系统反向死区误差为

$$\Delta x = 2 \Delta x_3 = \frac{2 F_f}{K_{0min}} = \frac{2 \mu n_1 g}{K_{0min}} = \frac{2 \times 0.16 \times 80 \times 9.8}{2.6 \times 10^8} = 0.96\ (\mu\text{m})$$

进给传动系统由综合拉压刚度引起的定位误差为

$$\delta_{Kmax} = F_t \left(\frac{1}{K_{0min}} - \frac{1}{K_{0max}} \right) = 636.4 \times \left(\frac{1}{2.6 \times 10^8} - \frac{1}{4.5 \times 10^8} \right) = 1.03 (\mu\text{m})$$

根据改造要求，电动机脉冲当量 0.01 mm/脉冲，定位误差小于 10 μm，由以上计算可知，满足要求。其他误差，如丝杠扭转变形产生的误差等均较小，可忽略。

4. 传动系统的改造结果

根据以上计算进行详细设计，C6132 型普通车床纵向进给系统改造装配图如图 8 – 25 所示。

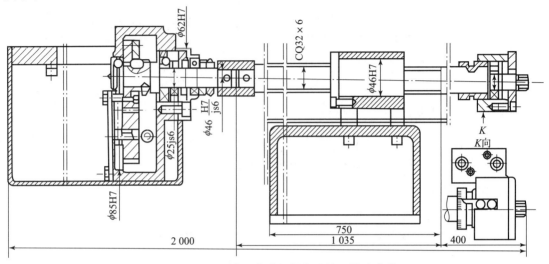

图 8 – 25　C6132 型普通车床经纵向进给系统改造装配图

5. 控制系统的设计

对数控机床的经济型改造，通常采用半闭环控制策略。图 8 – 26 所示为传感器安装在丝杠端部的一种半闭环伺服控制系统，系统控制框图如图 8 – 27 所示。在该方案中，采用测速发电机检测驱动电动机的转速，采用位移传感器检测丝杠的转动，对丝杠到工作台之间的误差不做控制。

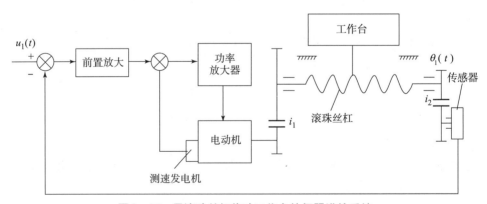

图 8 – 26　用滚珠丝杠传动工作台的伺服进给系统

控制系统的传递函数为

$$G(s) = \frac{\theta_i(s)}{U_i(s)} = \frac{G_1 G_2 G_3 G_4}{1 + G_2 G_3 G_7 + G_1 G_2 G_3 G_4 G_5 G_6} = \frac{\dfrac{K_s K_A K_m}{i_1}}{s(1 + \tau_m s) + K_A K_m K_v s + \dfrac{K_a K_A K_\tau K_m}{i_1 i_2}}$$

$$= \frac{K}{\tau_{\mathrm{m}}s^2 + (1 + K_A + K_{\mathrm{m}} + K_{\mathrm{v}})s + \dfrac{KK_{\mathrm{r}}}{i_2}}$$

式中，$K = \dfrac{K_a K_A K_{\mathrm{m}}}{i}$。

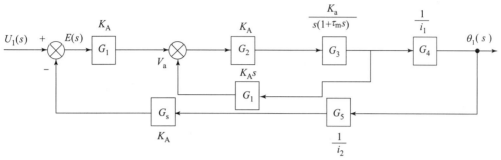

图 8 - 27　伺服进给系统控制框图

K_a—前置放大器增益；K_A—功率放大器增益；K_{m}—直流伺服电动机增益；K_{V}—速度反馈增益；

τ_{m}—直流伺服电动机时间常数；i_1，i_2—减速比；K_z—位置检测传感器增益；

$U_1(s)$—输入电压的拉氏变换；$\theta_1(i)$—丝杠输出转角的拉氏变换

针对所设计的控制方案，代入机械部分的设计结果，分析系统的传递函数，研究控制过程的稳定性、过渡过程的品质和系统的稳态精度。当系统无法稳定或虽然稳定但过渡过程的性能或者系统的稳态性能无法满足设计要求时，需要调节系统参数。如果调节系统参数后，系统还无法达到设计目标，就需要进行系统校正，如 PID 校正。采用 PID 校正时，通常先调整比例系数，再调整微分系数，后调整积分系数，反复调整上述三个参数，直到控制过程曲线满足设计要求为止。

下面以永磁式直流电动机驱动控制系统为例。在永磁式直流电动机驱动控制系统中常需要对电动机的转矩、速度和位置等物理量进行控制。因此，从控制角度来看，直流电动机驱动及其控制过程有电流反馈、速度反馈和位置反馈等控制形式。图 8 - 28 所示为使用了这 3 个反馈控制回路（电流环、速度环和位置环）的运动控制系统方框图。其中，电流环的作用是通过调节电枢电流控制电动机的转矩，并改善电动机的工作特性和安全性。

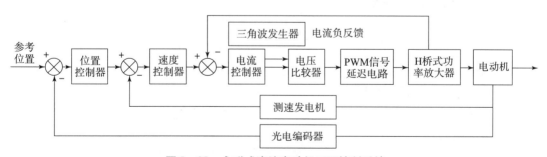

图 8 - 28　永磁式直流电动机三环控制系统

为了获得正确的直流电动机数学模型，可根据电磁学原理和物理学原理得出以下方程。电压平衡方程：

$$u_a(t) = R_a i_a(t) + L_a \frac{\mathrm{d}i_a(t)}{\mathrm{d}t} + E_a(t)$$

感应电动势方程：

$$E_a(t) = K_e \omega$$

电磁转矩方程：

$$\tau(t) = K i_a(t)$$

转矩平衡方程：

$$T(t) = J \frac{\mathrm{d}\omega(t)}{\mathrm{d}t} + B\omega(t) + T_d(t)$$

式中，J、B 分别为等效到电动机控制轴上的转动惯量和黏性阻尼系数，K_e、K_t 分别为感应电动势系数和电磁转矩系数，$T_a(t)$ 为电动机空载转矩和负载等效到电动机轴上的转矩之和。为了把输入/输出关系式写成传递函数形式，需要对各个方程进行拉普拉斯变换，得到如下代数方程组：

$$U_a(s) = R_a I_a(s) + L_a s I_a(s) + E_a(s)$$
$$E_a(s) = K_e \Omega(s)$$
$$T(s) = K_t I_a(s)$$
$$T(s) = J s \Omega(s) + B\Omega(s) + T_d(s)$$

消除中间变量后，可以得到以电枢电压为输入变量、以电动机转速为输出变量的传递函数。

$$\frac{\Omega(s)}{U_a(s)} = \frac{K_t}{L_a J s^2 + (L_a B + R_s J)s + R_a B + K_e K_t}$$

上式是直流电动机速度控制系统精确的输入/输出关系式，可以看出，它是一个二阶系统。

实际上，由于 $L \ll R$，电动机的电磁时间常数 $= L/R$ 极小，即可以忽略电感 L，同时可以不考虑黏性阻尼系数 B 的影响，则直流电动机速度控制系统的传递函数可以近似为一个一阶惯性环节。

$$\frac{\Omega(s)}{U_a(s)} = \frac{\frac{1}{K_e}}{T_m s + 1}$$

式中，T_m 为电动机的时间常数，有

$$T_m = \frac{R_a J}{K_e K_t}$$

速度信号经过积分即可得到位置（角度）信号，所以在开环速度系统后串联一个积分环节可以得到开环的位置系统的传递函数。

下面采用阶跃辨识即所谓的"飞升法"进行一阶控制系统的参数辨识。设某一运动控制系统的传递函数为

$$G(s) = \frac{K}{Ts + 1}$$

则其单位阶跃响应的时域表达式为

$$y(t) = K(1 - \mathrm{e}^{\frac{t}{7}})$$

系统对应的响应过程如图 8-29 所示。

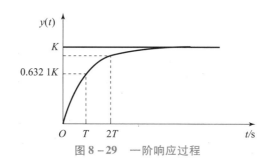

图 8-29 一阶响应过程

由图 8-29 可知，

$$K = y(t \rightarrow \infty)$$

所以，可取响应稳态值为 K 值，如果 $t = \mathrm{e}^{\frac{-t}{T}}$，则

$$y(t) \Big|_{t=T} = K(1 - \mathrm{e}^{T}) \Big|_{t=T} = K(1 - \mathrm{e}^{-1}) = 0.632\,1K$$

在曲线上找到纵坐标为 $0.632\,1\,K$ 的点，其横坐标即为 T 的值，这就是一阶控制系统的阶跃参数辨识方法。

下面再针对直流伺服电动机进行位置环的 PID 调整。一般来说，位置控制系统的瞬态特性和稳态特性均不能令人满意，必须在系统中加入适当的校正装置来改造系统的结构。这里，通过在系统的前向通道中串联一个 PID 调节器来改善系统的性能。其系统框图如图 8-30 所示。

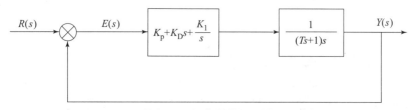

图 8-30 具有 PID 调节器的位置控制系统框图

模拟 PID 的控制算法为

$$u(t) = K_{\mathrm{p}} \Big[e(t) + \frac{1}{T_1} \int_0^t e(\tau)\,\mathrm{d}\tau + T_\mathrm{D} \frac{\mathrm{d}e(t)}{\mathrm{d}t} \Big]$$

式中，$u(t)$、$e(t)$ 分别为调节器的控制量输出和系统的跟随误差；K_P、T_I、T_D 分别为比例系数、积分时间常数、微分时间常数。

离散化后得到数字 PID 的控制算法为

$$K_\mathrm{P} \Big\{ k + \frac{T}{T_\mathrm{I}} \sum_{i=0}^k e(i) + \frac{T_\mathrm{D}}{T} [e(k) - e(k-1)] \Big\} = k + K_\mathrm{I} \sum_{i=0}^k e(i) + K_\mathrm{D} [e(k) - e(k-1)]$$

式中，K_I、K_D 分别为积分系数、微分系数。

由于计算机适合计算增量式的算式，推导可得如下增量式形式

$$u(k) = u(k-1) + \Delta u(k)$$

$$\Delta u(k) = K_{\mathrm{P}}\left[e(k) - e(k-1)\right] + K_{\mathrm{I}}e(k) + K_{\mathrm{D}}\left[e(k) - 2e(k-1) + e(k-2)\right]$$

以上形式是控制程序中实现的 PID 控制算法形式对 PID 控制参数的调节，一般在一定的准则下采取现场调试的方法。在 PID 控制的三个组成部分中，比例项的作用是对偏差信号做出及时响应；微分项的作用是减少超调，提高系统的稳定性，改善系统的动态特性；积分项的作用是消除静差，提高控制精度，改善系统的稳态特性。实际调试时，可以先选取一组 PID 参数初值，然后根据实际系统的控制情况对参数进行调节，一般在经过几次调节以后均能得到较好的控制效果。

拓展资源：数控机床的基本组成

1. 控制介质

数控机床工作时，不需要操作者直接操作机床，但机床又必须执行操作者的意图，这就需要在操作者和数控机床之间建立某种联系，这种联系的媒介物称之为控制介质（或称程序载体、输入介质）。

数控机床是按照输入的加工零件的程序运行的。这就需要将加工零件所需的全部动作、相关数据及刀具相对于工件的位置等内容，用数控装置所能接收的数字和文字代码来表示，并把这些代码储存在控制介质上。控制介质可以是穿孔带、穿孔卡、磁带、软磁盘或其他可以储存代码的载体。

2. 数控装置

数控装置是数控机床的中枢，一般由输入装置、存储器、控制器、运算器和输出装置组成。数控装置接收输入介质的信息，将其代码加以识别、储存、运算，并将其结果送到伺服机构中，用以驱动机床运动。

3. 伺服系统

伺服系统包括伺服驱动机构与机床的运动部件，它是数控系统的执行部分。伺服系统将数控装置的指令信息加以放大，通过机床进给传动元件，去驱动机床移动部件做精确定位或按照规定的轨迹和速度运动，使机床加工出符合图样要求的零件。

伺服机构直接影响数控机床的速度、位置、加工精度、表面粗糙度等，所以是数控机床的关键部件。

数控装置每发出一个脉冲信号，反映到机床移动部件上的移动量称为脉冲当量。常用的脉冲当量为 0.01 mm 或 0.001 mm，它的值取得越小，加工精度越高。

伺服驱动机构中常用的驱动装置，随控制系统的不同而有所不同。开环系统的伺服机构常用步进电动机和电液脉冲电动机，闭环系统的伺服机构有直流进给伺服电动机和电液伺服驱动装置等。近年用交流电动机驱动的伺服系统在国外应用非常活跃，并趋于成熟。在我国交流伺服系统的研究与应用也发展很快。

4. 测量装置

测量装置的作用是将机床的实际位置、速度以及机床当前的环境（如温度、振动、摩擦和切削力等因素的变化）参数加以检测，转变为电信号，输送给数控装置，使数控装置能够校核该机床的实际情况是否与指令一致，并由数控装置发出指令纠正所产生的误差，并及时做出补偿。因此，测量装置可较大幅度地提高零件的加工精度。

5. 机床

与普通机床相比，传动部件的间隙要更小，相对运动表面的摩擦因数也更小，更好的刚性和抗振性及自动换刀功能等。因此，它的结构要根据数控技术的特殊要求设计，以便充分发挥数控机床的性能。

任务8.3　四摆臂六履带机器人系统设计

伴随德国"工业4.0"在全球掀起新一轮的工业革命，我国也在大力推行"中国制造2025"发展战略，使机器人迎来了前所未有的发展机遇及挑战，同样也推动着各类机器人的大力发展。目前，与地面上的机器人相关的技术已经很发达，机器人的智能化程度也非常高。在机器人的研制中因橡胶履带具有抗振性好、牵引力大、速度高、噪声低、耐磨损、质量轻、不损坏路面、使用寿命长、防爆及耐高温的特点，橡胶履带式结构的机器人被广泛采用。例如，履带机器人逐渐扩展到月球环境、战场环境等复杂地面环境。在这些复杂环境下，机器人的行走控制主要采用传感检测、信息融合、远程通信等关键技术，以实现机器人的智能控制。常用的传感器有里程计、摄像系统、激光雷达、超声波传感器、红外传感器、陀螺仪、速度或加速度计、触觉或接近觉传感器等。本节将对四摆臂六履带机器人的本体结构、控制系统及检测系统进行设计。

8.3.1　四摆臂六履带机器人总体设计

1. 总体设计需求分析

四摆臂六履带机器人能在复杂环境中自如运行，并探测、采集信息。机器人所面对的地形主要有台阶地形、沟地形、斜坡地形等，因此机器人机构系统需要有足够多的运动关节，以实现多姿态变化。机器人机身上还应当有足够的传感检测及通信系统，即机器人机械系统要留有足够的空间来放置各种电子器件，如无线通信设备、姿态检测传感器、环境信息传感器及机器人本体控制系统。为了保证机器人的续航能力，机器人的本体结构不宜过大，同时还应当有独立供电的动力系统。

根据设计要求，机器人机械结构应具有以下几个特点：

（1）探测机器人质量最小化，但具有一定的强度。

（2）结构功能多样化，以适应各种复杂环境。

（3）动态性能好，能保证其行走平稳。

（4）具有一定的防御、防尘、防爆、防振等特殊能力。

（5）具备自主导航与路径规划的能力。

（6）适应远距离无线数据传输的要求。

2. 四摆臂六履带机器人机械系统设计

适应各种复杂环境，在多种路面下自主行走，具有一个良好稳定的越障性能，是机器人实现功能的最基本的保障。机器人主要部件由车体、摆臂装置、履带行走机构、传动装置、控制系统、无线通信系统等组成。四摆臂六履带机器人主要由前左摆臂系统、前右摆臂系统、后左摆臂系统、后右摆臂系统及机器人本体组成，如图8-31所示。机器人由锂电池作动力源，锂电池为六台伺服电动机提供动力，其中有两台伺服电动机是为机器人行走提供动力的主电动机，其余是为完成各种姿态变化而单独控制的四台摆臂电动机。履带机器人采用套筒轴结构，使四个摆臂系统的旋转运动与两条行走履带的旋转运动相分离，以实现多姿态变化。机器人可以随时根据地形的变化来调整自身姿态，同时，机器人在调整姿态时不影响

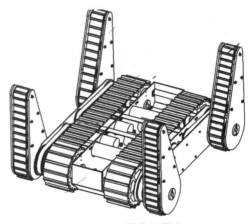

图8-31　履带机器人

正常行走。它们的传动方式为斜齿轮传动，即机器人设有六对斜齿轮传动副，其中两对与主电动机相连控制其行走运动，其余四对与摆臂电动机相连控制其各姿态控制。

3. 远程测控系统设计

以煤矿救援为例，煤矿救援机器人的主要任务就是在煤矿井下发生瓦斯爆炸后，机器人代替救护队员先进入事故发生现场，对现场的环境进行探测，并及时地将井下情况发往地面救援指挥中心。机器人具体完成以下任务：自主或者在人工干预下准确快速地到达事故发生区域；将沿途经过区域的情况进行摄像、拍照；对事故发生地点的氧气、有害气体、易燃易爆气体的浓度和温度等环境信息进行监测；及时将监测的环境信息反馈给地面救援指挥中心，为救援的成功实施提供准确依据。

1）传感检测系统

（1）内部传感器。

内部传感器主要用于监测机器人系统内部的状态参数，以保证机器人能够快速、准确地到达事故发生地。内部传感器主要有里程计、陀螺仪及光电编码器等。

（2）外部传感器。

外部传感器主要用于感知外部环境信息，如环境的温度、湿度、气体浓度、机器人与障碍物的距离等。外部传感器种类也很多，主要包括视觉传感器、激光测距传感器、超声波传感器、红外传感器、气体浓度传感器、温度传感器等。

（3）数据采集卡和调理电路。

每个传感器都有各自的数据采集卡和调理电路，用于采集和处理采集到的信息。

2）控制系统

对于功能较为齐全的智能机器人系统，计算机控制平台主要分为两种：通用计算机控制平台和嵌入式计算机控制平台。采用双主履带进行机器人驱动时，四个摆臂为机器人跨越障碍物、上下坡等行为提供辅助作用。

3）远程人机控制系统设计

（1）远程通信系统。

远程通信系统能够通过人工本地遥控或者远距离地面控制，实现机器人的前后左右行走、越沟和上下坡等行为和信息传输。

（2）人机控制系统。

①环境探测功能。

人机控制系统能够采集和处理外部的环境信息，如氧气浓度、一氧化碳浓度、瓦斯浓度和温度等。

②实时图像采集功能。

人机控制系统能够通过机器人所携带的摄像头来对事故地点进行录像，并将这些信息发送至地面远程操作主机。

③状态检测功能。

人机控制系统能对机器人的运行状态进行实时监控。

4）测控系统方案

煤矿救援机器人测控系统主要由电源模块、环境信息检测模块、障碍物检测模块、姿态检测模块、视频监视模块以及运动控制模块等组成。煤矿救援机器人的测控系统搭建如图 8-32 所示。

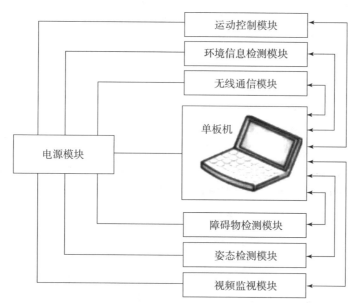

图 8-32　煤矿救援机器人的测控系统搭建

8.3.2　四摆臂六履带机器人系统设计

1. 四摆臂六履带机器人动力及传动系统设计

1）四摆臂六履带机器人传动系统的组成及工作原理

四摆臂六履带机器人传动系统结构简图如图 8-33 所示。机器人的传动系统主要分为摆臂系统及行走系统，两个传动系统相互独立。其中，机器人摆臂系统的旋转工作原理为：机器人摆臂电动机通过摆臂小锥齿轮、大锥齿轮及摆臂轴，把动力传递给摆臂外支架，以实现机器人摆臂空间 360°旋转。机器人行走的工作原理为：机器人主电动机通过主履带小锥齿轮、大锥齿轮及套筒轴，把动力传递给主履带轮，主履带轮再通过主履带及摆臂履带把动力分别传递给从履带轮及摆臂履带轮，以实现机器人的正常行走。

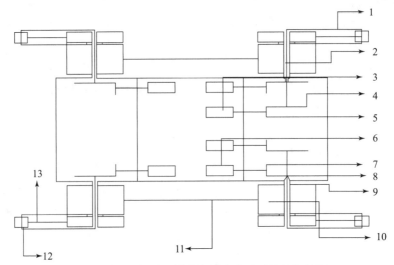

图 8 – 33　四摆臂六履带机器人传动系统结构简图

1—摆臂外支架；2—摆臂轴；3—摆臂电动机；4—摆臂大锥齿轮；5—摆臂小锥齿轮；
6—主电动机；7—主履带小锥齿轮；8—主履带大锥齿轮；9—套筒轴；10—主履带轮；
11—主履带；12—摆臂履带；13—摆臂履带轮

2）四摆臂六履带机器人简化模型

四摆臂六履带机器人机械系统是一个比较复杂的系统，在设计分析的前期，往往需要对机械结构初步方案的模型进行简化，以方便机器人机械系统、动力系统及检测系统的设计及选型。简化后机器人模型如图 8 – 34 所示。简化后履带机器人预估质量为 $G = 160$ kg，摆臂长度 $L = 250$ mm，带轮半径 $r = 102$ mm，锥齿直齿轮传动比 $i = 1/2$，履带机器人的检测速度 $V = 1$ km/h。

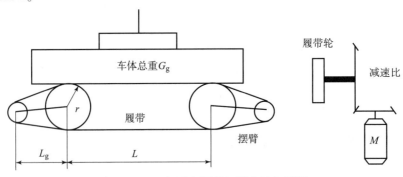

图 8 – 34　四摆臂六履带机器人简化模型

因此，可得机器人履带轮转速要求为

$$n_{轮} = \frac{V}{2\pi r} = \frac{\dfrac{1\,000}{60}}{2\pi \times 0.102} \approx 26 \text{（r/min）}$$

机器人主电动机的转速为

$$n_{主电动机} = 2n_{轮} = 52 \text{ r/min}$$

3）主履带系统设计

（1）等效转矩计算。

根据四摆臂六履带机器人本体质量、结构尺寸及路面条件可以推算出机器人负载转矩折算到电动机端的等效转矩。履带机器人行走过程中，路面条件为随机的，为保障机器人在各种路面条件下行走，机器人履带与地面的摩擦系数选取最大值 $\mu = 0.6$，锥齿轮系的传动效率为 $\eta = 96\%$，可得机器人单侧电动机端的等效静转矩为

$$T_{eq} = \frac{G}{2} \times \frac{\mu r}{i\eta} = \frac{160 \times 10}{2} \times \frac{0.6 \times 0.102}{2 \times 0.96} = 25.5 \ (\text{N} \cdot \text{m})$$

（2）等效惯性转矩（加速转矩）。

由于机器人电动机的转动经过小锥齿轮、大锥齿轮再到履带轮上，因此，机身负载的转动惯量近似为

$$J_d = J_M + J_{c1} + \frac{J_{c2} + J_L}{i^2} + \frac{J_L}{i^2}$$

式中，J_M 为电动机轴的转动惯量（$\text{kg} \cdot \text{m}^2$）；$J_{c1}$ 为小锥齿轮的转动惯量（$\text{kg} \cdot \text{m}^2$）；$J_{c2}$ 为大锥齿轮的转动惯量（$\text{kg} \cdot \text{m}^2$）；$J_L$ 为履带轮的转动惯量（$\text{kg} \cdot \text{m}^2$）。

通过机器人单边履带受力分析，可得机器人履带轮的转动惯量为

$$J_L = \frac{1}{2}mr^2 = \frac{1}{2} \times 80 \times (102 \times 10^{-3})^2 = 0.4 \ (\text{kg} \cdot \text{m}^2)$$

根据机器人结构尺寸设计的大、小斜齿轮及电动机轴端的转动惯量较小，远远小于 $0.4 \ \text{kg} \cdot \text{m}^2$，在初始计算时可忽略不计。

因此，折算到电动机轴端的惯量为

$$J_d = \frac{J_L}{i^2} = 0.1 \ \text{kg} \cdot \text{m}^2$$

设计允许带轮在 $0.5 \ \text{s}$ 内达到转速 $n(n = 26 \ \text{r/min})$，电动机角加速度计算为

$$a = \frac{\Delta n}{\Delta t} = \frac{2\pi}{60} = \frac{26}{0.5} = 5.4 \ (\text{rad/s}^2)$$

由以上分析可得减速箱端所需要的加速转矩为

$$T_a = J_d \times a = 0.1 \times 5.4 = 0.54 \ (\text{N} \cdot \text{m})$$

因此，减速箱输出轴端所需的转矩为

$$T_{maxload} = T_{eq} + T_a = 25.5 + 0.54 = 26.04 \ (\text{N} \cdot \text{m})$$

（3）动力系统设计。

根据机器人设计要求，并对机器人结构进行初步分析，机器人的电动机应当满足以下几点要求：

①电动机适用于低转速、大扭矩场合。

②电动机结构尺寸要小。

③电动机选用直流无刷电动机。

④电动机要有良好的控制性能等。

由上可知，为达到相关要求，可选用功率密度较大的电动机。同时，由于直流无刷电动机的转速较大，但扭矩较小，电动机端还需要配合一个行星齿轮减速箱以组成组合电动机，以满足机器人本体结构的使用要求。电动机主要参数如表8-4所示。

表8-4　电动机主要参数

额定电压下的参数	数值
额定电压/V	24
空载速度/($r \cdot min^{-1}$)	8 670
空载电流/mA	897
额定速度/($r \cdot min^{-1}$)	7 970
额定转矩/最大连续转矩/($mN \cdot m$)	311
额定电流/最大连续电流/A	12.5
堵转转矩/($mN \cdot m$)	4 400
启动电流/A	167
最大效率/%	86
转矩常数/($mN \cdot m/A^{-1}$)	26.3
速度常数/($r \cdot min^{-1} \cdot V^{-1}$)	364
速度/转矩梯度/($r \cdot min^{-1} \cdot mN \cdot m^{-1}$)	1.98
机械时间常数/ms	4.34
转子转动惯量/($g \cdot cm^2$)	209

电动机行星齿轮减速箱主要参数如表8-5所示。

表8-5　电动机行星齿轮减速箱主要参数

参数	数值
传动比	126
转动惯量/($g \cdot cm^2$)	16.4
传动轴数目	3
最大连续转矩/($N \cdot m$)	30
输出轴峰值转矩/($N \cdot m$)	45
最大效率/%	75
推荐输入速度/($r \cdot min^{-1}$)	6 000
输出轴最大轴向载荷/N	200
输出轴最大径向载荷（法兰外12 mm）/N	900

（4）计算校核。

①电动机减速箱输出轴段所需的扭矩为

$$T_{\max,\text{load}} = 26.04 \text{ N} \cdot \text{m}$$

实际上，驱动器额定电流为 12 A，电动机组合连续输出转矩为

$$T = \frac{12}{12.5} \times 311 \times 126 \times 75\% = 28.2 (\text{N} \cdot \text{m}) > T_{\max,\text{load}}$$

因此，转矩满足要求，扭矩有 8% 富余量。

② 转速校核。

要求电动机减速箱输出轴端的转速为 $n = 52$ r/min。

所选电动机组合输出转速为车轮半径 $r = 102$ mm，斜齿轮传动比 $i = 1/2$。

电动机组合输出转速 $n_e = 63$ r/min，小车实际速度为

$$V_{\text{小车实际}} = n_e \times 2\pi r \times \frac{60}{2} = 1.2 \text{ km/h}$$

实际最大可输出功率为

$$P = M \times n_e = 28.1 \times 2\pi/60 = 185.3 \text{ (W)}$$

因此，转速满足要求。

③ 转动惯量。

大惯量直流伺服电动机是相对小惯量而言的，其数值 JME(0.1,0.6)kg·m²，其转矩与惯量比高于普通电动机而低于小惯量电动机，其快速性在使用上已经足够。

折算到减速箱输出轴端的惯量为

$$J_d = 0.1 \text{ kg} \cdot \text{m}^2$$

电动机组合的等效转动惯量为

$$J_M = (J_{\text{电动机}} + J_{\text{减速箱}}) \times i_{\text{减速箱}}^2 = (209 + 16.4) \times 126^2 = 0.36 \text{ (kg} \cdot \text{m}^2)$$

注：对于采用惯量较小的直流伺服电动机的伺服系统，惯量比推荐 $J_L/J_M > 3$ 对电动机的灵敏度和响应时间有很大的影响，甚至使伺服放大器不能在正常调节范围内工作。小惯量直流伺服电动机的惯量低至 $J_M = 5 \times 10$ kg·m²，其特点是转矩与惯量比大、机械时间常数小、加速能力强，所以其动态性能好，响应快。但是，使用小惯量电动机时容易发生对电源频率的响应共振，当存在间隙、死区时容易造成振荡和蠕动，这才提出了"惯量匹配原则"，并在数控机床伺服进给系统采用大惯量电动机。

由上可知，四摆臂六履带机器人转速、转矩及转动惯量等参数满足设计要求。但要注意的是，还得考虑配套行星齿轮减速箱转速、转矩等参数，也应当满足相关要求，这些参数在本书中不再详细计算。

4）摆臂履带系统设计

（1）等效转矩计算。

四摆臂六履带机器人的四个摆臂在姿态变换过程中，要求摆臂旋转速度 $n_{\text{摆}} = 10$ r/min 即可，所以对摆臂转速无要求，主要侧重摆臂电动机转矩的确定。摆臂电动机在工作状态下是小带轮接触地面，假设小车被 4 个摆臂支承时受力均匀，则每个摆臂承受的质量是 40 kg。机器人摆臂受力分析图如图 8 – 35 所示。在摆臂从水平到垂直地面的过程中，摆臂处于水平状态时，摆臂电动机承受的扭矩最大。摆臂长度 $l = 250$ mm，摆臂轮半径 $r = 48$ mm。

$$T_{L_p} = \frac{1}{4}Gl_d\cos\alpha + \mu + \frac{1}{4}mg(L_d\sin\alpha + r)$$

对方程求偏导可得，当 $\alpha = 31°$ 时，扭矩最大，因此有

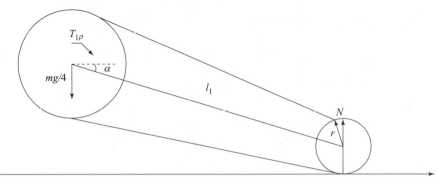

图 8 - 35　四摆臂六履带机器人摆臂受力分析图

$$M_{L_p} = \frac{1}{4} \times 160 \times 10 \times 250 \times \cos 31° + 0.6 \times 160 \times 10 \times (250 \times \sin 31° + 48)$$

$$= 128.2 \ (N \cdot m)$$

经 2∶1 的斜齿之后：

$$T_{gearpeak}(31) = 128 \div 2 \div 96\% = 66.7 (N \cdot m)$$

当机器人摆臂与地面垂直时，摆臂电动机经 2∶1 的斜齿之后所受扭矩为

$$M_{gearpeak}(90) = \left[\frac{1}{4} mgl_d \cos 90° + \mu \times \frac{1}{4} mg(l_d \sin 90° + r) \right] \div 2 \div 96\%$$

$$= 37.2 \ N \cdot m$$

（2）等效转动惯量计算。

以摆臂电动机轴折算转动惯量，主要包括机身的转动惯量和摆臂的转动惯量。由于摆臂的质量远小于机身的质量，所以摆臂的转动惯量可以忽略不计。

参考折算到减速箱输出轴端的转动惯量为

$$J_d = 0.1 \ kg \cdot m^2$$

（3）动力系统设计。

综上所述，摆臂电动机主要考虑转矩需求，并且考虑供电电源是 24 V。摆臂电动机主要参数如表 8 - 6 所示，摆臂电动机行星齿轮减速箱主要参数如表 8 - 7 所示。

表 8 - 6　摆臂电动机主要参数

额定电压下的参数	数值
额定电压/V	24
空载速度/(r·min⁻¹)	5 000
空载电流/mA	341
额定速度/(r·min⁻¹)	4 300
额定转矩/最大连续转矩/(mN·m)	331
额定电流/最大连续电流/A	7.51
堵转转矩/(mN·m)	2 540

续表

额定电压下的参数	数值
启动电流/A	55.8
最大效率/%	85
转矩常数/$(\mathrm{mN \cdot m \cdot A^{-1}})$	45.5
速度常数/$(\mathrm{r \cdot min^{-1} \cdot r^{-1}})$	210
速度/转矩梯度/$(\mathrm{r \cdot min^{-1} \cdot mN^{-1} \cdot m^{-1}})$	1.98
机械时间常数/ms	4.34
转子转动惯量/$(\mathrm{g \cdot cm^2})$	209
最大连续转矩/$(\mathrm{N \cdot m})$	50
输出轴峰值转矩/$(\mathrm{N \cdot m})$	75
最大效率/%	70
推荐输入速度/$(\mathrm{r \cdot min^{-1}})$	3 000
输出轴最大轴向载荷/N	120
输出轴最大径向载荷（法兰外 12 mm）/N	570

表 8-7　摆臂电动机行星齿轮减速箱主要参数

参数	数值
传动比	236
转动惯量/$(\mathrm{g \cdot cm^2})$	89
传动轴数目	3

（4）计算校核。

摆臂电动机提供额定电流/最大连续电流为 8.51 A/12 A，在驱动器输出最大电流限制以内，故摆臂电动机组合输出的额定转矩为

$$T_{\mathrm{G}} = 331 \times 236 \times 80\% = 54.6 \ \mathrm{N \cdot m} < T_{\mathrm{gearpeak}}(31) = 66.8 \ \mathrm{N \cdot m}$$

此时不满足要求。

但机器人摆臂与地面垂直时，摆臂电动机所承受的扭矩为 $T_{\mathrm{gearpeak}}(90) = 38.2 \ \mathrm{N \cdot m}$，此时满足要求。

因此，机器人的摆臂旋转过程为变扭矩过程。此时，机器人的摆臂扭矩应该考虑其输出轴峰值转矩 $T_{\mathrm{gearpeak}}(31) = 66.8 \ \mathrm{N \cdot m} < T_{\mathrm{peak}} = 85 \ \mathrm{N \cdot m}$，满足要求。

机器人摆臂旋转速度为 10 r/min，其从最大角度 31°旋转到摆臂与地面垂直，时间约为 1 s，因此，机器人摆臂旋转时，摆臂电动机过载时间小于 1 s。摆臂电动机组合输出峰值转矩按 85 N·m（1 s）时，摆臂电动机电流和可持续时间计算如下：

$$I_\text{L} = \frac{M_\text{p}}{i \times \eta \times K_\text{M}} = \frac{75}{236 \times 70\% \times 45.5} = 9.98 \ (\text{A})$$

摆臂电动机空载电流 $I = 0.34$ A，故总电流 $I_总 = I_0 + I_\text{C} = 0.34 + 9.98 = 10.32$ （A）（摆臂电动机的额定电流为 8.5 A，实际电流是额定电流的 1.4 倍），摆臂电动机电流超过额定电流需要有时间的限制。

在环境温度 25 ℃的条件下，摆臂电动机可持续的时间为 $3\tau_\text{w}$（3 倍的绕组热时间常数），即可持续时间 $t = 93$ s，而摆臂时峰值转矩持续时间为 1 s 左右，因此，完全满足要求。

2. 远程测控系统设计

根据煤矿救援机器人的需求分析，要实现煤矿救援机器人的各种功能，就必须搭建出一个层次清晰、模块化、可靠性高、功能性强、灵活性好、可移植性强、可扩展性强、鲁棒性好的可搭载在煤矿救援机器人上的系统。采用分布式、模块化的思想来搭建煤矿救援机器人的测控系统。

将该系统分为三个层次，即运动与执行控制层、传感与信号处理层和决策控制层。

1）传感与信号处理层

应用于移动机器人的传感器可分为内部传感器和外部传感器两类。内部传感器用于监测机器人系统内部状态参数，外部传感器用于感知外部环境信息。该层通过各个传感器模块对机器人的内部状态和外部环境进行监测，通过各自的调理电路和通信总线将采集到的数据上传至决策控制层的 IPC。

2）决策控制层

该层采用单板机作为平台，做隔爆处理。该层的主要功能是对各个传感器的数据进行融合，然后把处理的结果转化为运动与执行控制层的命令并发送给运动与执行控制层。

3）运动与执行控制层

该层主要由驱动器和电动机组成。决策控制层将接收到的传感与信号处理层的信息转换为运动与执行控制层的命令。控制主履带的电动机驱动器通过 CAN – open 总线接收决策控制层的命令，然后驱使主电动机进行相应的动作。控制摆臂的摆臂电动机通过 RS – 232 接收控制命令，从而实现摆臂的动作，调整机器人的姿态。电动机各种动作的组合就实现了机器人的前进、后退、转弯、避障、越障等行为。

通过这三个层次的协调工作，煤矿救援机器人实现了通过监测内部状态和外部环境来控制自己行为的功能。

根据煤矿救援机器人实际应用需求所设计的机器人测控系统能够按照预期的目标记录障碍物的位置、采集障碍物边沿形状和距离、机器人姿态角度、环境信息等参数，并能够通过远程遥控操作控制机器人的前进、后退和转弯等动作。系统还将摄像头所拍摄的画面上传至监控主机。

拓展资源　MBB 工厂（计算机集成制造自动化工厂）

联邦德国在奥克斯堡建造的 MBB 工厂是制造飞机的自动化工厂。该工厂包括三个系统设计系统、工艺系统和制造系统，如图 8 – 36 所示。

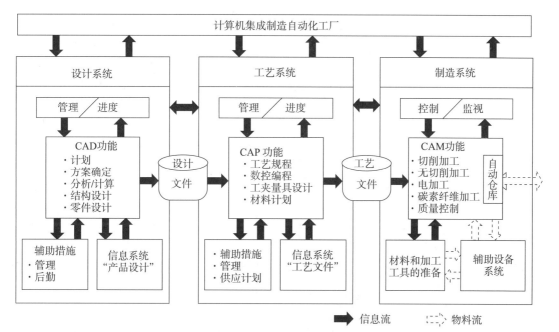

图 8 - 36　MBB 自动化工厂的构成

（1）设计系统。该系统的核心是具有计算机辅助设计的一系列功能。在飞机设计过程中，从制订计划到零件设计的各个阶段，都采用了大量的 CAD 程序。如用于绘图的 CAD-AM，用于型面设计的 GEOLAN 和用于有限元计算的 NASTRAN 系统等。

（2）工艺系统。该系统是产品设计几何数据与加工工艺数据的提供者。它可高速、高质量地完成工艺规程设计。在这方面，计算机主要用于大量的数据管理，如工艺规程数据、零件明细表、工夹具设计和材料计划等。

（3）制造系统。该系统具有计算机辅助制造功能，在自动化生产系统总体管理控制下，达到了非常高的自动化程度，不但金属加工过程实现了自动化，而且物料和刀具的准备，以及所有辅助设备都实现了自动化，成为集成生产系统的最重要组成部分。该系统还在发展无切削加工、电加工和碳素纤维加工，同时进行质量控制。制造系统的主要目标是提高机床利用率，实现切削加工的自动化，为此，必须使各设备的辅助时间尽可能与机床的切削加工时间重合，使各种辅助措施以及原材料、刀夹量具的供应工作处于最佳服务状态。这个系统由 28 台 CNC 机床组成，大部分均备有高效的辅助设备，如自动换刀装置、工件自动交换装置、刀具尺寸自动校正装置等，所有机床的 NC 程序均由一台 DNC 计算机提供，并同时收集处理机床的各种信息。

该制造系统的组成与功能如图 8 - 37 所示，坯料和工件自动输送系统向 CNC 机床提供必需的物料。工件用托盘转换器输送。坯料和工件输送系统、坯料及工件仓库均与控制中心相连。系统计算机、DNC 计算机和工件系统计算机的功能与过程控制计算机相似。它们由管理计算机调度、构成多级控制网络。管理计算机主要作用是制定合同、规划、任务分配及仓库管理，它和生产指示计算机"在线"联系。生产指示计算机的主要任务是制造文件的管理、定期进行需求量调查和数据编程等功能。

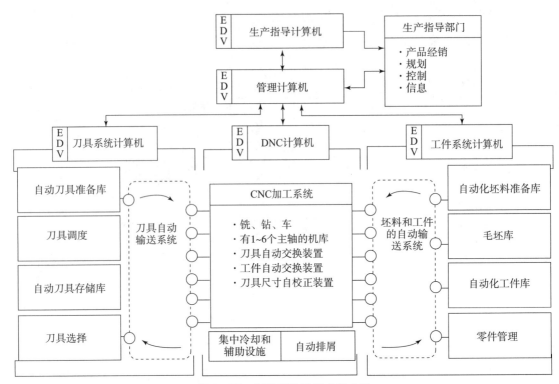

图 8-37   制造系统的组成与功能

项目八　典型机电一体化系统设计

任务工单

任务 名称	典型机电一体化系统设计	组别	
		组员：	

一、任务描述

机电一体化系统设计依据及评价标准、机电一体化系统总体设计方法和机电有机结合方法。机电一体化系统总体设计包括系统原理方案设计、结构方案设计、测控方案设计和系统的完整设计。

二、技术规范

三、计划（制订小组工作计划）

工作流程	完成任务的资料、工具或方法	人员安排	时间分配	备注

四、决策（确定工作方案）

1. 小组讨论、分析、阐述任务完成的方法、策略，确定工作方案。

2. 教师指导、确定最终方案。

五、实施（完成工作任务）

工作步骤	主要工作内容	完成情况	问题记录

六、检查（问题信息反馈）

反馈信息描述	产生问题的原因	解决问题的方法

任务名称	典型机电一体化系统设计	组别		组员：	

七、评估（基于任务完成的评价）

1. 小组讨论，自我评述任务完成情况、出现的问题及解决方法，小组共同给出改进方案和建议。

2. 小组准备汇报材料，每组选派一人进行汇报。

3. 教师对各组完成情况进行评价。

4. 整理相关资料，完成评价表。

任务名称			姓名	组别	班级	学号	日期
考核内容及评分标准			分值	自评	组评	师评	均分
三维目标	素质	自主学习、合作学习、团结互助等	25				
	认知	任务所需知识的掌握与应用等	40				
	能力	任务所需能力的掌握与数量度等	35				
加分项	收获（10分）	有哪些收获（借鉴、教训、改进等）：	你进步了吗？			加分	
			你帮助他人进步了吗？				
	问题（10分）	发现问题、分析分问题、解决方法、创新之处等：				加分	
	总结与反思					总分	

八、拓展（基于本任务延伸的知识与能力）

九、备注（需要注明的内容）

指导教师评语：

任务完成人签字：　　　　　　　　　　　　　　　　　日期：　　年　　月　　日

指导教师签字：　　　　　　　　　　　　　　　　　　日期：　　年　　月　　日

习题与思考题

1. 稳态设计和动态设计各包含哪些内容？

2. 在机电一体化系统中，所谓的典型负载有哪些？

请说明以下公式的含义：

$$J_{eq}^k = \frac{1}{4\pi^2} \sum_{i=1}^{m} M_i \left(\frac{V_i}{n_k}\right)^2 + \sum_{j=1}^{n} \left(\frac{n_j}{n_k}\right)^2$$

$$T_{eq}^k = \frac{1}{2\pi} \sum_{i=1}^{m} F_i V_i / n_k + \sum_{j=1}^{m} T_j n_j / n_k$$

3. 设有一工作台 x 轴驱动系统，如图 8-38 所示，已知，参数为表中所列以及 M_A = 400 kg，丝杠基本导程 P = 5 mm，$F_{1水平}$ = 800 N，$F_{1垂直}$ = 600 N，工作台与导轨间为滑动摩擦，其摩擦系数为 0.2。试求转换到电动机轴上的等效转动惯量和等效转矩。

参数 单位	齿轮				轴		丝杠	电动机
	G1	G2	G3	G4	I	II		
$n/(r \cdot min^{-1})$	720	360	360	180	720	360	180	720
$J/(kg \cdot m^2)$	0.01	0.016	0.02	0.032	0.024	0.004	0.012	0.004

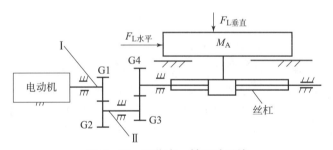

图 8-38　工作台 x 轴驱动系统

4. 机电一体化系统的伺服系统的稳态设计要从哪两头入手？

5. 机电一体化系统的数学模型建立过程及主谐振频率的计算方法、比例调节、积分调节（D）、比例－积分调节（PD）和比例－积分－微分调节（PID）的优缺点。

6. 机电一体化系统在干扰作用下所产生的输出 C_{ssd} 对目标值来说，全部都是误差吗？减小或消除机电一体化系统的结构谐振，工程上常采取哪些措施？

7. 在闭环之外的动力传动链齿轮传动间隙对系统的稳定性有无影响？为什么？

8. 何谓机电一体化系统的可靠性？

9. 机电一体化系统的失效与故障有何异同？

10. 保证机电一体化系统（产品）可靠性的方法。

11. 以工业机器人为例，为保证机电一体化系统（产品）安全性，在设计中应采取哪些措施？

参 考 文 献

[1] 闻邦春. 机械设计手册［M］. 北京：机械工业出版社，2020.

[2] 机电一体化技术手册编委会. 机电一体化技术手册：上册［M］. 北京：机械工业出版社，1994.

[3] 机电一体化技术手册编委会. 机电一体化技术手册：下册［M］. 北京：机械工业出版社，1994.

[4] 李峻勤. 数控机床及其使用与维修［M］. 北京：国防工业出版社，2000.

[5] 吕炳仁. 断续控制系统［M］. 北京：电子工业出版社，1999.

[6] 张迎新. 非电量测量技术基础［M］. 北京：北京航空航天大学出版社，2002.

[7] 曾光奇. 工程测试技术基础［M］. 武汉：华中科技大学出版社，2002.

[8] 黄贤武. 传感器原理与应用［M］. 成都：电子科技大学出版社，1999.

[9] 张崇巍. 运动控制系统［M］. 武汉：武汉理工大学出版社，2002.

[10] 魏俊明. 机电一体化系统设计［M］. 北京：中国纺织出版社，1998.

[11] 钟肇新. 可编程控制器原理及应用［M］. 广州：华南理工大学出版社，1992.

[12] 马香峰，余达太，等，工业机器人的操作设计［M］. 北京：冶金工业出版社，1996.

[13] 马香峰，余达太，等. 工业机器人应用工程［M］. 北京：冶金工业出版社，1991.

[14] 徐元昌. 工业机器人［M］. 北京：中国轻工出版社，1999.

[15] 江秀汉，等. 计算机控制原理及应用［M］. 西安：西安电子科技大学出版社，1999.

[16] 郑堤，唐可洪. 机电一体化设计基础［M］. 北京：机械工业出版社，1997.

[17] 张立勋，孟庆鑫，张今瑜. 机电一体化系统设计［M］. 哈尔滨：哈尔滨工程大学出版社，1997.

[18] 张莹. 机械设计基础：下册［M］. 北京：机械工业出版社，1997.

[19] 梁森，等. 自动检测与转换技术［M］. 北京：机械工业出版社，2002.

[20] 朱名铨，等. 机电工程智能检测技术与系统［M］. 北京：高等教育出版社，2002.

[21] 沈美明，温东婵. IBM－PC 汇编语言程序设计［M］. 北京：清华大学出版社，1994.

[22] 张仰森，等. 微型计算机常用软硬件技术速查手册［M］. 北京：北京希望电脑公司，1991.

[23] 刘杰，等. 机电一体化技术基础与产品设计［M］. 北京：冶金工业出版社，2003.

[24] 苏广川，沈英. 高级计算机系统及接口技术［M］. 北京：北京理工大学出版社，2001.

[25] 张建民，等. 机电一体化系统设计［M］. 第2版. 北京：高等教育出版社，2001.

[26] 冯浩，等. 机电一体化系统设计［M］. 武汉：华中科技大学出版社，2020.